绿色经济与绿色发展丛书

编委会

广西大学马克思主义生态经济发展研究院、商学院特别委托项目

国家出版基金项目
NATIONAL PUBLICATION FOUNDATION

"十二五"国家重点图书出版规划项目
绿色经济与绿色发展丛书 / 刘思华 · 主编

绿色低碳循环农业

GREEN LOW-CARBON CIRCULAR AGRICULTURE

梁吉义 著

中国环境出版社 · 北京

图书在版编目（CIP）数据

绿色低碳循环农业/梁吉义著. —北京：中国环境出版社，2016.11
（绿色经济与绿色发展丛书/刘思华主编）
ISBN 978-7-5111-2868-3

Ⅰ. ①绿… Ⅱ. ①梁… Ⅲ. ①绿色农业—研究 Ⅳ. ①F303.4

中国版本图书馆 CIP 数据核字（2016）第 182530 号

出 版 人 王新程
策　　划 沈　建　陈金华
责任编辑 陈金华　宾银平
责任校对 尹　芳
封面设计 耀午设计　彭　杉

出版发行 中国环境出版社
（100062　北京市东城区广渠门内大街 16 号）
网　　址：http://www.cesp.com.cn
电子邮箱：bjgl@cesp.com.cn
联系电话：010-67112765（编辑管理部）
010-67113412（教材图书出版中心）
发行热线：010-67125803，010-67113405（传真）
印　　刷 北京中科印刷有限公司
经　　销 各地新华书店
版　　次 2016 年 12 月第 1 版
印　　次 2016 年 12 月第 1 次印刷
开　　本 787×960　1/16
印　　张 19
字　　数 320 千字
定　　价 56.00 元

总　序

迈向生态文明绿色经济发展新时代

在党的十七大提出的“建设生态文明”的基础上，党的十八大进一步确立了社会主义生态文明的创新理论，构建了建设社会主义生态文明的宏伟蓝图，制定了社会主义生态文明建设的基本任务、战略目标、总体要求、着力点和行动方案；并向全党全国人民发出了“努力走向社会主义生态文明新时代”的伟大号召。按照生态马克思主义经济学观点，走向社会主义生态文明新时代，就是迈向生态文明与绿色经济发展新时代。这既是中华文明演进和中国特色社会主义经济社会发展规律与演化逻辑的必然走向和内在要求，又是人类文明演进和世界经济社会发展规律与演化逻辑的必然走向和内在要求。因此，绿色经济与绿色发展是21世纪人类文明演进与世界经济社会发展的大趋势、大方向，集中表达了当今人类努力超越工业文明黑色经济发展的旧时代而迈进生态文明绿色经济发展新时代的意愿和价值期盼，已成为人类文明演进和世界经济社会发展的必然选择和时代潮流。据此，建设绿色文明、发展绿色经济、实现绿色发展，是全人类的共同道路、共同战略、共同目标，是生态文明绿色经济及新时代赋予我们的神圣使命与历史任务。毫无疑问，当今世界和当代中国一个生态文明绿色经济发展时代正在到来。为了响应党的十八大提出的“努力走向社会主义生态文明新时代”的伟大号召，迎接生态文明绿色经济发展新时代的来临，中国环境出版社特意推出“十二五”国家重点图书出版规划项目“绿色经济与绿色发展丛书”（以下简称“丛书”）。笔者作为“丛书”主编，并鉴于目前“半绿色经济论”“伪绿色经济发展论”日渐盛行，故就“中国智慧”创立的绿色经济理论与绿色发展学说的几个重大问题添列数语，是为序。

一、关于绿色经济的理论本质问题

绿色经济的本质属性即理论本质：不是环境经济学的范畴，而是生态经济学与可持续发展经济学的范畴。西方绿色思想史表明，“绿色经济”这个词汇最早见于英国环境经济学家大卫·皮尔斯 1989 年出版的第一本小册子《绿色经济的蓝图》（后称“蓝图 1”）的书名中。其后“蓝图 2”的第二章的第一节两次使用了“绿色经济”这个名词，直到 1995 年出版“蓝图 4”，也没有对绿色经济作出界定，这就是说 4 本小册子都没有明确定义绿色经济及诠释其本质内涵。对此，方时姣教授从世界绿色经济思想发展史的视角进行了全面评述：[①]“蓝图 1”主要介绍英国的环境问题和环境政策制定，正如作者指出的“我们的整个讨论都是环境政策的问题，尤其是英国的环境政策”。“蓝图 2”1991 年出版，是把“蓝图 1”的环境政策思想拓展到世界及全球性环境问题和环境政策。“蓝图 3”1993 年出版，又回到“蓝图 1”的主题，即英国的环境经济与可持续发展问题的综合。“蓝图 4”则又回到“蓝图 2”讨论的主题，正如作者在前言中所指出的“绿色经济的蓝图从环境的角度，阐述了环境保护及改善问题”。因此，从“蓝图 1”到“蓝图 4”，对绿色经济的新概念、新思想、新理论，没有作任何诠释的论述，仅仅只是借用了绿色经济这个名词，来表达过去的 25 年环境经济学流派发展的新综合，确实是“有关环境问题的严肃书籍”。

皮尔斯等人在当今世界率先使用“绿色经济”这一词汇并得到了广泛传播；但基本上只是提及了这个概念，没有深入研究，尤其是理论研究。因此，在西方世界的整个 20 世纪 90 年代至 2008 年爆发国际金融危机的这一时期，仍然主要是环境经济学界的学者使用绿色经济概念，从环境经济学的视角阐述环境保护、治理与改善等绿色议题，其核心问题是讨论经济与环境相互作用、相互影响的环境经济政策问题，而关注点集中于环境污染治理的经济手段。在我国首先使用皮尔斯等人的绿色经济概念的是环境污染与保护工作者，并对其进行界定。例如，原国家环境保护局首任局长曲格平先生在 1992 年出版的《中国的环境与发展》一书中指出：“绿色经济是指以环境保护为基础的经济，主要表现在：一是以治理污染和改善生态为特征的环保产业的兴起；二是因环境保护而引起的工业和农业生产方式的变

① 方时姣：《绿色经济思想的历史与现实纵深论》，载《马克思主义研究》2010 年第 6 期，第 55～62 页。

革，从而带动了绿色产业的勃发。”[①]在这里，十分清楚地表明了曲格平先生同皮尔斯等人一样，是借用绿色经济的概念来诠释环境保护、治理和改善的问题。其后，我国学界有一些学者把绿色经济当作环境经济的代名词，借用绿色经济之名，表达环境经济之实。总之，长期以来，国内外不少学者按照皮尔斯等人的学术路径，对绿色经济作了狭隘的理解而被看作是环境经济学的新概括，把它纳入环境经济学的理论框架之中，成为环境经济学的理论范畴。这就必然遮盖了绿色经济的本来面目，极大地扭曲了它的本质内容与基本特征，不仅产生了一些不良的学术影响，而且会误导人们的生态与经济实践。正如方时姣教授指出的："把绿色经济纳入环境经济学的理论框架来指导实践，最多只能缓解生态环境危机，是不可能从根本上解决生态环境问题的，也不可能克服生态环境危机，也就谈不上实现生态经济可持续发展。”[②]

20世纪90年代，我国生态经济学界就有学者用绿色经济这一术语概括生态环境建设绿色议题和生态经济协调发展研究的新进展，论述重点是“一切都将围绕改善生态环境而发展，核心问题是要实现人和自然的和谐、经济与生态环境的协调发展。”[③]为此，笔者针对皮尔斯等国内外学者以环境经济学理论范式来回应绿色经济议题，在1994年出版了《当代中国的绿色道路》一书，以生态经济学新范式来回应绿色经济议题，以生态经济协调发展理论平台在深层次上阐述“发展经济必须与发展生态同时并举，经济建设必须与生态建设同步进行，国民经济现代化必须与国民经济生态化协调发展”的绿色发展道路。这就在国内外首次拉开了从学科属性上把绿色经济从环境经济学理论框架中解放出来的序幕。在此基础上，笔者于2000年1月出版的《绿色经济论——经济发展理论变革与中国经济再造》一书，深刻地论述了一系列重大的绿色经济理论前沿和现实前沿问题，科学地揭示了生态经济与知识经济同可持续发展经济之间的本质联系及其发展规律，破解了三者之间相互渗透、融合发展的绿色经济与绿色发展的内在奥秘，成为中国绿色经济理论与绿色发展学说形成的重要标志。尤其是该书把绿色经济看作是生态经济与可持续经济的新概括与代名词，并从这个新高度的最高层次对绿色经济提出了新命题：“绿色经济

① 转引自刘学谦、杨多贵、周志强等：《可持续发展前沿问题研究》，北京：科学出版社，2010年版，第126页。

② 方时姣：《绿色经济思想的历史与现实纵深论》，载《马克思主义研究》2010年第6期，第55～62页。

③ 郑明焕：《把握机遇，在大转变中求发展》，1992年3月28日《中国环境报》。

是可持续经济的实现形态和形象概括。它的本质是以生态经济协调发展为核心的可持续发展经济。"[①]这个界定肯定了绿色经济的生态经济属性，揭示了它的可持续经济的本质特征，从学科属性上把它从环境经济学理论框架中彻底解放出来，真正纳入生态经济学与可持续发展经济学的理论体系，成为生态经济学与可持续发展经济学的理论范畴，恢复了绿色经济的本来面目。虽然这个绿色经济的定义十分抽象，却反映了它的本质属性与科学内涵，得到了多数绿色经济研究者的认同和广泛使用。然而时至今日，在我国学者中仍有少数学者尤其在实际工作中也有不少人还在用环境经济学范畴中的绿色经济理念来指导经济实践，这种现象不能继续下去了。

二、关于绿色经济的文明属性问题

绿色经济的文明属性不是工业文明的经济范畴，而是生态文明的经济范畴。世界绿色经济思想史告诉我们，在学科属性上把绿色经济当作环境经济学的新观念与代名词，纳入环境经济学的理论框架，就必然在文明属性上把它纳入工业文明的基本框架，成为工业文明的经济范畴，即发展工业文明的经济模式。这是因为，环境经济学是调整、修补、缓解人与自然的尖锐对立、环境与经济的互损关系的工业文明时代的产物，是工业文明"先污染后治理"经济发展道路的理论概括与学理表现。自皮尔斯等人指出环境经济学范畴的绿色经济概念以来，国内外一个主流绿色经济观点就是对绿色经济的狭隘的认识与把握，只是把它看成是解决工业文明经济发展过程中出现的生态环境问题的新经济观念，是能够克服工业文明的褐色经济或黑色经济弊端的经济模式。在我国这种观点比较流行。例如，有的学者认为："绿色经济是以市场为导向、以传统产业经济为基础、以经济与环境的和谐为目标而发展起来的一种新型的经济形式即发展模式"，"是现代工业化过程中针对经济发展对环境造成负面影响而产生的新经济概念"。时至今日，这种工业文明经济范畴的绿色经济概念仍被人引用来论证自己的绿色经济观念。因此，在此我要再次强调：工业文明经济范畴的绿色经济观念，在本质上仍是人与自然对立的文明观，并没有从根本上消除工业文明及黑色经济反生态和反人性的黑色基因，丢弃了绿色经济是生态经济协调发展的核心内容和超越工业文明黑色经济、铸造生态文明生态经济的本质属性，从而否定了绿色经济是生态文明生态经济形态的理论内涵与实践价值。因此，

① 刘思华：《绿色经济论》，北京：中国财政经济出版社，2001 年版，第 3 页。

以工业文明经济范式或理论平台来回应绿色经济议题，是不可能从根本上触动工业文明黑色经济形态的，是难以走出工业文明黑色经济发展道路的；最多是缓解局部自然环境恶化，是不可能解决当今人类面对的生态经济社会全面危机的。因此，决定了我们必须也应当以生态文明新范式或理论平台在深层次回应绿色经济与发展绿色经济议题，才能顺应21世纪生态文明与绿色经济时代的历史潮流。

生态马克思主义经济学哲学告诉我们：彻底的生态唯物主义者，不仅要在学科属性上把绿色经济从环境经济学的理论框架中解放出来，成为生态经济与可持续发展经济的理论范畴，而且在文明属性上，要把它从工业文明的基本框架中解放出来，作为生态文明的经济范畴。前面提到的笔者所著的《当代中国的绿色道路》《绿色经济论》这两部著作，是实现绿色经济这两个生态解放的成功探索。早在1998年笔者在《发展绿色经济，推进三重转变》一文中就明确提出了发展绿色经济的新的经济文明观，明确指出："人类正在进入生态时代，人类文明形态正在由工业文明向生态文明转变，这是人类发展绿色经济、建设生态文明的一个伟大实践。"[①]邹进泰、熊维明的《绿色经济》一书中指出：绿色经济发展"是从单一的物质文明目标向物质文明、精神文明和生态文明多元目标的转变。发展绿色经济，尤其要避免'石油工业''石油农业'造成的高消耗、高消费、高生态影响的物质文明，而要造就高效率、低消耗、高活力的生态文明"。[②]可见"中国智慧"在世界上最早实现绿色经济的两个生态解放、纳入生态文明的基本框架，是人与自然和谐统一、生态与经济协调发展的建设生态文明的必然产物。下面还要作几点说明：

(1) 按照人类文明形态演进和经济社会形态演进一致性的历史唯物主义社会历史观的理论思路，生态文明是继原始文明、农业文明、工业文明（包括后工业文明）之后的全新的人类社会文明形态，它不仅延续了它们的历史血脉，而且创新发展了它们尤其是工业文明的经济社会形态，使工业文明从人与自然相互对立、生态与经济相分裂的工业经济社会形态，朝着生态文明以人与自然和谐统一、生态与经济协调发展的生态经济社会形态演进。这是人类文明经济社会的全方位、最深刻的生态变革与绿色经济转型，可以说是人类文明历史发展以来最伟大的生态经济社会变革运动。

---

① 刘思华：《刘思华文集》，武汉：湖北人民出版社，2003年版，第403页。

② 邹进泰、熊维明等：《绿色经济》，太原：山西经济出版社，2003年版，第12页。

（2）我们要深刻认识和正确把握绿色经济的概念属性与本质内涵，正是这个属性和内涵决定了它是生态文明生态经济形态的实现形式与形象概括。世界工业文明发展的历史表明，无论是资本主义工业化，还是社会主义工业化；无论是发达国家工业化，还是发展中国家工业化，都走了一条工业经济黑色化的黑色发展道路，形成了工业文明黑色经济形态。据此，工业文明主导经济形态的工业经济形态的实现形态与形象概括就是黑色经济形态。而生态文明开辟了经济社会发展绿色化即生态化的绿色发展道路，最终形成生态文明绿色经济形态。它是对工业文明及其黑色经济形态的批判、否定和扬弃，是在此基础上的生态变革和绿色创新。这就是说，绿色经济的根本属性与本质内涵是生态经济与可持续发展经济，使它必然在本质上取代工业经济并融合知识经济的一种全新的经济形态，是生态文明新时代的主导经济形态的现实形态。所以，笔者反复指出："绿色经济作为生态文明时代的经济形态，是生态经济形态的现实象征与生动概括。"[①]这不仅肯定了绿色经济是生态经济学与可持续发展经济学的理论范畴，而且界定了绿色经济是生态文明的经济范畴，恢复了绿色经济的本来面目。

（3）绿色经济实现"两个生态解放"之后，就应当对它重新定位。现在我们可以将绿色经济的科学内涵和外延表述为：以生态文明为价值取向，以自然生态健康和人体生态健康为终极目的，以提高经济社会福祉和自然生态福祉为本质特征，以绿色创新为主要驱动力，促进人与自然和谐发展和生态与经济协调发展为根本宗旨，实现生态经济社会发展相统一并取得生态经济社会效益相统一的可持续经济。因此，发展绿色经济是广义的，不仅是指广义的生态产业即绿色产业，而且包括低碳经济、循环经济、清洁能源和可再生能源、碳汇经济以及其他节约能源资源与保护环境、建设生态的经济等。[②]这个新界定正确地揭示了绿色经济的本质属性、科学内涵、概念特征与实践主旨，准确地体现了绿色经济历史趋势与时代潮流；绿色经济观念、理论是人与自然和谐统一、生态与经济协调发展的生态文明新时代的理论概括与学理表现。只有这样认识和把握绿色经济，才能真正符合生态文明与绿色经济发展的客观进程与内在逻辑。

（4）生态文明经济范畴的绿色经济包含两层经济含义：一是它作为理论形态是

---

① 中国社会科学院马克思主义学部：《36 位著名学者纵论中国共产党建党 90 周年》，北京：中国社会科学出版社，2011 年版，第 409 页。

② 刘思华：《生态文明与绿色低碳经济发展总论》，北京：中国财政经济出版社，2001 年版，第 1 页。

生态文明的经济社会形态范畴，是生态文明时代崭新的主导经济，我们称之为绿色经济形态。二是它作为实践形态是生态文明的经济发展模式，是生态文明崭新时代的经济发展模式，我们称之为绿色经济发展模式。这就决定了建设生态文明、发展绿色经济的双重战略任务，既要形成生态和谐、经济和谐、社会和谐一体化的绿色经济形态，又要形成生态效益、经济效益、社会效益最佳统一的绿色经济发展模式。据此，建设生态文明、发展绿色经济应当是经济社会形态和经济社会发展模式的双重绿色创新转型发展过程，这是革工业文明的黑色经济形态和经济发展模式之故、鼎生态文明的绿色经济形态和经济发展模式之新的过程。因此，每个战略任务都是双重绿色使命：一方面背负着克服、消除工业文明的黑色经济形态与发展模式的黑色弊端，对它们进行生态变革、绿色重构与转型，改造成为绿色经济形态与绿色经济发展模式；另一方面担负着创造人类文明发展的新形态，即超越资本主义工业文明（包括高度发达的后工业文明）的社会主义生态文明，构建与生态文明相适应的绿色经济形态和绿色经济发展模式。这是生态文明建设的中心环节，是绿色经济发展的实践指向，因此双重绿色经济就是我们迈向生态文明与绿色经济发展新时代，也是推动人类文明形态和经济社会形态与发展模式同步演进的双重时代使命与实践目标。实现双重时代使命所推动的变革不仅仅是工业文明形态及其黑色经济形态与发展模式本身的变革，而且是超越工业文明的生态文明及其他的经济形态与发展模式的生态变迁与绿色构建。这才符合生态文明与绿色经济的本质属性与实践主旨。

三、关于绿色发展理论与道路的探索问题

自 2002 年以来的 10 多年间，一直流传着联合国开发计划署在《2002 年中国人类发展报告：让绿色发展成为一种选择》中首先提出绿色发展，中国应当选择绿色发展之路。这个“首先”之说不知是何人的说法，是根本不符合绿色发展思想理论发展的历史事实的，是一种学术误传。

1. 我们很有必要对中国绿色发展思想理论发展的历史作简要回顾

如前所述，1994 年笔者在《当代中国的绿色道路》一书中，以生态经济学新范式及生态经济协调发展的新理论平台来回应绿色发展道路议题，阐述了绿色发展的一系列主要理论与实践问题，明确提出中国绿色发展道路的核心问题是“经济发展生态化之路”，“一切都应当围绕着改善生态环境而发展，使市场经济发展建立在

生态环境资源的承载力所允许的牢固基础之上，达到有益于生态环境的经济社会发展。”[①]1995 年著名学者戴星翼在《走向绿色的发展》一书中首次从“经济学理解绿色发展”的角度，明确使用“绿色发展”这一词汇，诠释可持续发展的一系列主要理论与实践问题，并认为“通往绿色发展之路”的根本途径在于“可持续性的不断增加”。[②]在这里，绿色发展成为可持续发展的新概括。2012 年著名学者胡鞍钢出版的《中国：创新绿色发展》一书，创新性地提出了绿色发展理念，开创性地系统阐述了绿色发展理论体系，总结了中国绿色发展实践，设计了中国绿色现代化蓝图。所以，笔者认为本书虽有不足之处，但从总体上说，丰富、创新、发展了中国绿色发展学说的理论内涵和实际价值，提出了一条符合生态文明时代特征的新发展道路——绿色发展之路。总之，中国学者探索绿色发展的理念、理论与道路的历史轨迹表明，在此领域“中国智慧”要比“西方智慧”高明，这就在于绿色发展在发展理念、理论、道路上突破了可持续发展的局限性，“将成为可持续发展之后人类发展理论的又一次创新，并将成为 21 世纪促进人类社会发生翻天覆地变革的又一次大创造。”[③]

2. 21 世纪的绿色经济与绿色发展观

进入 21 世纪以后，绿色经济与绿色发展观念逐步从学界视野走进政界视野，尤其是面对 2008 年国际金融危机催化下世界绿色浪潮的新形势，以胡锦涛为总书记的中央领导集体正确把握当今世界发展绿色低碳转型的新态势、未来世界绿色发展的大趋势，站在与世界各国共建和谐世界与绿色世界的发展前沿上，直面中国特色社会主义的基本国情，提出了绿色经济与绿色发展的一系列新思想、新观点、新理论，揭示了发展绿色经济、推进绿色发展是当今世界发展的时代潮流。正如习近平同志所指出的：“绿色发展和可持续发展是当今世界的时代潮流”，其“根本目的是改善人民生活环境和生活水平，推动人的全面发展。”[④]李克强还指出：“培育壮大绿色经济，着力推动绿色发展”，“要加快形成有利于绿色发展的体制机制，通过政策激励和制度约束，增强推动绿色发展的自觉性、主动性，抑制不顾资源环境承

① 刘思华：《当代中国的绿色道路》，武汉：湖北人民出版社，1994 年版，第 86 页、第 101 页。

② 戴星翼：《走向绿色的发展》，上海：复旦大学出版社，1998 年版，第 1～23 页。

③ 胡鞍钢：《中国：创新绿色发展》，北京：中国人民大学出版社，2012 年版，第 20 页。

④ 习近平：《携手推进亚洲绿色发展和可持续发展》，2010 年 4 月 11 日《光明日报》。

载能力盲目追求增长的短期行为。”[①]笔者曾发文把以胡锦涛为总书记的中央领导集体的绿色发展理念概括为“四论”，即绿色和谐发展论、国策战略绿色论、绿色文明发展道路论、国际绿色合作发展论。[②]在此我们还要重视的是胡锦涛同志在2003年中央经济工作会议上明确指出：“经济增长不能以浪费资源、破坏环境和牺牲子孙后代利益为代价。”其后，他进一步指出：“我国是社会主义国家，我们的发展不能以牺牲精神文明为代价，不能以牺牲生态环境为代价，更不能以牺牲人的生命为代价。”“我们一定要痛定思痛，深刻吸取血的教训。”[③]胡锦涛提出的不能以“四个牺牲为代价”换取经济发展的绿色原则，反映了改革开放以来，我国经济发展的基本经验和严重教训，这实质上是实现科学发展的四项重要原则，是推进绿色发展的四项重要原则。凡是以“四个牺牲为代价”换取的经济发展就是不和谐的、不可持续的非科学发展，这种发展可以称为黑色发展；凡是没有以“四个牺牲为代价”的经济发展就是和谐的、可持续的科学发展，这种发展可以称为绿色发展。正是在这个意义上说，不能以“四个牺牲为代价”是区分黑色发展和绿色发展的四项绿色原则。

3. 依法治国新政理念：发展绿色经济、推进绿色发展

当下中国执政者对绿色经济与绿色发展的认识与把握，已不只是学界那样把发展绿色经济、推进绿色发展视为全新的思想理论，而是一种崭新的全面依法治国的执政理念、发展道路与发展战略。党的十八大首次把绿色发展（包括循环发展、低碳发展）写入党代会报告，是绿色发展成为具有普遍合法性的中国特色社会主义生态文明发展道路的绿色政治表达，标志着实现中华民族伟大复兴的中国梦所开辟的中国特色社会主义生态文明建设道路是绿色发展与绿色崛起的科学发展道路。这条道路的理论体系就是“中国智慧”创立的绿色经济理论与绿色发展学说。它既是适应世界文明发展进步，更是适应中国特色社会主义文明发展进步需要而产生的科学发展学说，甚至可以说，是一种划时代的全新科学发展学说。对此，近几年来，我多次强调指出：绿色经济理论与绿色发展学说不是引进的西方经济发展思想，而是中国学界和政界马克思主义学人自主创立的科学发展新学说。它是立足中国、面向世界、通向未来的马克思主义发展学说，必将指引着中国特色社会主义沿着绿色发展与绿色崛起的科学发展道路不断前进。

---

① 李克强：《推动绿色发展　促进世界经济健康复苏和可持续发展》，2010年5月9日《光明日报》。

② 刘思华：《科学发展观视域中的绿色发展》，载《当代经济研究》2011年第5期，第65～70页。

③ 中共中央文献研究室：《科学发展观重要论述摘编》，北京：中央文献出版社，2008年版，第34页、第29页。

“中国智慧”不仅从绿色经济的根本属性与本质内涵论证了绿色经济是生态文明的经济范畴，而且从绿色发展的根本属性与本质内涵界定了绿色发展是生态文明的发展范畴。故笔者把绿色发展表述为：“以生态和谐为价值取向，以生态承载力为基础，以有益于自然生态健康和人体生态健康为终极目的，以追求人与自然、人与人、人与社会、人与自身和谐发展为根本宗旨，以绿色创新为主要驱动力，以经济社会各个领域和全过程的全面生态化为实践路径，实现代价最小、成效最大的生态经济社会有机整体全面和谐协调可持续发展，因此，绿色发展必将使人类文明进步和经济社会发展更加符合自然生态规律、社会经济规律和人自身的规律，即支配人本身的肉体存在和精神存在的规律（恩格斯语）”[①]或者说“更加符合三大规律内在统一的”自然、人、社会有机整体和谐协调发展的客观规律。现在我要进一步指出的是，从学理层面上说，绿色发展的理论本质是“生态经济社会有机整体全面和谐协调可持续发展”；从实践层面上看，绿色发展的实践主旨是实现“生态经济社会有机整体全面和谐协调可持续发展”。现在我们完全可以作出一个理论结论：绿色发展是生态经济社会有机整体全面和谐协调可持续发展的形象概括与现实形态。正是在这个意义上说，绿色发展是永恒的经济社会发展。这是客观真理。

4. 绿色发展学说中若干基本理论观点和现实问题

(1) 绿色发展的经济学诠释，就是绿色经济与绿色发展内在统一的绿色经济发展。笔者在 2002 年《发展绿色经济的理论与实践探索》的学术报告中，首次提出了绿色经济发展新观念和构建了绿色经济发展理论的基本框架，明确指出：“发展绿色经济是建设生态文明的客观基础和根本问题”，“绿色经济发展是人类文明时代的工业文明时代进入生态文明时代的必然进程”，“是推进现代经济的‘绿色转变’走出一条中国特色的绿色经济建设之路”，“必将引起 21 世纪中国现代经济发展的全方位的深刻变革，是中国经济再造的伟大革命”，还强调指出：“只有建立生态市场经济制度才能真正走出一条中国特色的绿色经济发展道路。”[②]因此，21 世纪中国绿色发展道路在经济领域内，就是绿色经济发展道路，这是中国特色社会主义经济发展道路走向未来的必由之路。

(2) 20 世纪人类文明发展事实表明工业文明发展黑色化是常态，故工业文明确实是黑色文明，其发展是黑色发展，它的一切光辉成就的取得，说到底是以牺牲

① 刘思华：《生态马克思主义经济学原理》（修订版），北京：人民出版社，2014 年版，第 578～579 页。

② 刘思华：《刘思华文集》，武汉：湖北人民出版社，2003 年版，第 607～612 页。

自然生态、社会生态和人体生态为代价，创造着黑色的文明史。因此，生态马克思主义经济学哲学得出一个人类文明时代发展特征的结论："工业文明是黑色发展时代，生态文明是绿色发展时代……'中国智慧'对从工业文明黑色发展向生态文明绿色发展巨大变革的认识，是21世纪中华文明发展头等重要的发现，是科学的最大贡献。"[①]从工业文明黑色发展走向生态文明绿色发展是生态经济社会有机整体的全方位生态变革与全面绿色创新转变，是人类文明发展史上最伟大的最深刻的生态经济社会革命。它的中心环节是要实现工业文明黑色发展道路向生态文明绿色发展道路的彻底转轨，其关键所在是要实现工业文明黑色发展模式向生态文明绿色发展模式的全面转型。[②]只有实现这两个"根本转变"，人类文明形态演进和经济社会形态演进才能真正迈向生态文明与绿色经济发展新时代。

(3) 和谐发展和绿色发展是生态文明的根本属性与本质特征的两种体现，是生态文明时代生态经济社会有机整体全面和谐协调可持续发展的两个方面。这是因为：① 生态马克思主义经济学哲学告诉我们，人类文明进步和经济社会发展的实质就是自然、人、社会有机整体价值的协调与和谐统一，是实现人与自然、人与人、人与社会、人与自身的全面和谐协调，成为人类文明进步与经济社会发展的历史趋势和终极价值追求。因此，笔者在《生态马克思主义经济学原理》一书中就指出了狭义与广义生态和谐论，指出"狭义生态和谐"就是人与自然的和谐发展即自然生态和谐，这是狭义生态文明的核心理念。而和谐发展不仅是人与自然的和谐发展，还包括人与人、人与社会及个人的身心和谐发展，于是我把这"四大生态和谐"称之为"广义的生态和谐"的全面和谐发展。这是广义生态文明的根本属性与本质特征，就必然成为生态文明的绿色经济形态与绿色发展模式的根本属性与本质特征。② 生态马克思主义经济学哲学还认为，从自然、人、社会有机整体的四大生态和谐协调发展意义上说，生态和谐协调发展已成为当今中国和谐协调发展的根基。这是绿色发展的核心与灵魂。因此，建设生态文明、发展绿色经济、推进绿色发展，必须贯穿于中国生态经济社会有机整体发展的全过程和各个领域，不断追求和递进实现"四大生态关系"的全面和谐发展，这是绿色发展的真谛。

---

① 刘思华：《生态马克思主义经济学原理》（修订版），北京：人民出版社，2014年版，第579页。

② 胡鞍钢教授在《中国：创新绿色发展》一书中认为："以高消耗、高污染、高排放为基本特征的发展，即黑色发展模式。"我认为应当以高投入、高消耗、高排放、高污染、高代价为基本特征的发展就是工业文明黑色发展模式，而以"五高"黑色发展模式为基本内容与发展思路就是工业文明黑色发展道路。

（4）全面生态化或绿色化是绿色发展的主要内容与基本路径。2011 年夏，中国绿色发展战略研究组课题组撰写的《关于全面实施绿色发展战略向十八大报告的几点建议》一书指出：按照马克思主义生态文明世界观和方法论，生态化应当写入党代会报告，使中国特色社会主义旗帜上彰显着社会主义现代文明的生态化发展理念，这是建设社会主义生态文明的必然逻辑，是发展绿色经济、实现绿色发展的客观要求，是构建社会主义和谐社会的必然选择。这里所说的生态化发展理念，就是绿色发展理念。后者是前者的现实形态与形象概括，在此我们很有必要作进一步论述：

☞ 生态化是一个综合科学的概念，是前苏联学者首创的现代生态学的新观念：早在 1973 年苏联哲学家 B. A. 罗西在《哲学问题》杂志上发表的《论现代科学的"生态学化"》一文中，就将生态化称为"生态学化"，其本质含义是"人类实践活动及经济社会运行与发展反映现代生态学真理"。以此观之，生态化主要是指运用现代生态学的世界观和方法论，尤其依据"自然、人、社会"复合生态系统整体性观点考察和理解现实世界，用人与自然和谐协调发展的观点去思考和认识人类社会的全部实践活动，最优地处理人与自然的自然生态关系、人与人的经济生态关系、人与社会的社会生态关系和人与自身的人体生态关系，最终实现生态经济社会有机整体全面和谐协调可持续的绿色发展"。①生态化这个术语是国内外学者，尤其在中国新兴、交叉学科的学者广泛使用的新概念，其论著中使用的频率最高，当代中国已经出现新兴、交叉经济学生态化趋势。因此，这个界定从学理上说，我们可以作出一个合乎逻辑的结论：生态化应当是生态文明与绿色发展的重要范畴，甚至是基本范畴。

☞ 当今人类生存与发展需要进行一场深刻的生态经济社会革命，走绿色发展新道路，推进人类生存与发展的生产方式和生活方式的生态化转型，实现人类生存方式的全面生态化。它就内在要求人类社会的经济、科技、文教、政治、社会活动等经济社会运行与发展的全面生态化。在当代中国就是使中国特色社会主义生态经济社会体系运行朝着生态

---

① 刘思华：《论新型工业化、城镇化道路的生态化转型发展》，载《毛泽东邓小平理论研究》2013 年第 7 期，第 8～13 页。

化转型的方向发展。这种生态化转型发展就成为生态经济社会运行与发展的内在机制、主要内容、基本路径与绿色结果。这样的当代中国走生态化转型发展之路，是走绿色发展的必由之路与基本走向。可以说，“顺应生态化转型者昌，违背生态化转型者亡。”[①]这不仅是当今人类文明进步和世界经济社会发展，而且是中国特色社会主义文明进步和当代中国经济社会发展的势不可当的生态化即绿色化发展大趋势。

☞ 生态马克思主义经济学哲学强调生态文明是广义和狭义生态文明的内在统一，[②]并把广义生态文明称为绿色文明，既然生态化是生态文明的一个重要范畴，那么它就同生态文明，也是广义与狭义生态化的内在统一；这样说，可以把广义生态化称之为绿色化。两者的本质内涵是完全一致的。2015 年 3 月 24 日，中共中央政治局审议通过的《关于加快推进生态文明建设的意见》首次使用了绿色化这一术语，要求在当前和今后一个时期内，协同推进新型工业化、城镇化、信息化、农业现代化和绿色化。如果说绿色发展（包括循环发展和低碳发展）是生态文明建设的基本途径，那么可以说生态化发展是生态文明建设的内在机制和基本内容与途径。这是因为生态文明建设的理论本质是以生态为本，即主要是以增强提高自然生态系统适应现代经济社会发展的生态供给能力（包括资源环境供给能力）为出发点和落脚点，既要构建优化自然生态系统，又要推进社会经济运行与发展的全面生态化，建立起具有生态合理性的绿色创新经济社会发展模式。所以“生态文明建设的实践指向，是谋求生态建设、经济建设、政治建设、文化建设与社会建设相互关联、相互促进，相得益彰、不可分割的统一整体文明建设，用生态理性绿化整个社会文明建设结构，实现物质文明建设、政治文明建设、精神文明建设、和谐社会建设的生态化发展。这是中国特色社会主义生态文明建设的真谛。”[③]

☞ 笔者借写“丛书”总序之机，代表中国绿色发展战略研究组课题组和“丛书”的作者们向党中央建议：两年后把“绿色化”或“生态化”

① 刘本炬：《论实践生态主义》，北京：中国社会科学出版社，2007 年版，第 136 页。
② 刘思华：《生态马克思主义经济学原理》（修订版），北京：人民出版社，2014 年版，第 540～542 页。
③ 刘思华：《生态马克思主义经济学原理》（修订版），北京：人民出版社，2014 年版，第 549 页。

写入党的十九大报告，使它成为中国特色社会主义道路从工业文明黑色发展道路向生态文明绿色发展道路全面转轨的一个象征，成为当今中国社会主义经济社会发展模式从工业文明黑色发展模式向生态文明绿色发展模式全面转型的一个标志，成为中国特色社会主义文明迈向社会主义生态文明与绿色经济发展新时代的一个时代标识。

四、关于迈向生态文明绿色发展的使命与任务问题

自 2008 年国际金融危机以来，绿色经济与绿色发展迅速兴起，是有着深刻的生态、经济和社会历史背景的。应当说，首先是发源于回应工业文明黑色发展道路与模式的负外部效应所积累的全球范围“黑色危机”越来越严重，已经走到历史的巅峰。“物极必反”，工业文明黑色发展道路与模式的历史命运也逃避不了这个历史的辩证法。它在其黑色发展过程中自我否定因素不断生成，形成向绿色经济与绿色发展转型的因素日渐清晰彰显，使我们看到了绿色经济与绿色发展的时代晨光，人类正在迎来生态文明绿色发展的绿色黎明。这是人类实现生态经济社会全面和谐协调可持续发展的历史起点。

1. 我们必须深刻认识和正确把握生态文明的绿色发展道路与模式的时代特征

迈向生态文明绿色经济发展新时代的时代特色应是反正两层含义：一是当今世界仍然处于黑色文明达到了全面异化的巨大危机之中，使当今人类面临着前所未有的工业文明黑色危机的巨大挑战；二是巨大危机是巨大变革的历史起点，开启了绿色文明绿色发展的新格局、新征途，使人类面临着前所未有的绿色发展历史机遇，并给予全面生态变革与绿色转型的强大动力。因此，当今人类正处于工业文明黑色发展衰落向生态文明绿色发展兴起的更替时期。这是危机创新时代，黑色发展危机逼进绿色创新发展，绿色创新发展走出黑色发展危机。毫无疑问，当今世界和当代中国的一个生态文明绿色创新发展时代正在到来。对此，我们必须从工业文明黑色发展危机来认识与把握生态文明绿色发展道路与模式的历史必然性和现实必要性与可能性。

(1) 历史和现实已经表明，自 18 世纪资本主义工业革命以来，在工业文明（包括其最高阶段的后工业文明）时代资本主义文明及工业文明成功地按照自身发展的工业文明发展模式塑造全世界，将世界各国都引入工业文明黑色经济与黑色发展道路与模式，形成了全球黑色经济与黑色发展体系。当今中外多学科学者在对工业文

明黑色发展的反思与批判中，有一个共识：黑色文明发展一方面使物质世界日益发展，物质财富不断增加；另一方面使精神世界正在坍塌，自然世界濒临崩溃，人的世界正在衰败。它不仅是自然异化，而且是人的物化、异化和社会的物化、异化。当今世界的南北两极分化加剧，以美国为首的国际垄断资本主义势力为掠夺自然资源不断发动地区战争，没有硝烟的经济战和经济意识形态战频发；恐怖主义嚣张，物质主义、拜金主义、消费主义盛行，道德堕落和精神与理智崩溃，无论是发达国家还是发展中国家内部的贫富悬殊、两极分化正在加剧，各种社会不公正与不平等的社会生态关系恶化加深，已成为当今世界的社会生态黑色发展现实。因此，当今工业文明黑色发展的黑色效应已经全面地、极大地显露出来了，使工业文明黑色发展成为当今世界以及大多数国家和民族发展的现状特征。正是在这个意义上，我们完全可以说，当今人类已经陷入工业文明发展全面异化危机及黑色深渊，使今日之工业文明黑色发展达到了可以自我毁灭的地步，同时也包含着克服、超越工业文明黑色发展险境的绿色发展机遇和种种因素条件，也就预示着黑色发展道路与模式的生态变革与绿色转型是历史的必然。这就是说，如果人类不想自我毁灭的话，就必须自觉地走超越工业文明的生态文明绿色发展的新道路，及构建绿色发展的新模式。这是历史发展的必然道路，是化解当今工业文明黑色发展危机的人类自觉的选择，也是唯一正确的选择。

(2)深刻认识和真正承认开创生态文明绿色发展道路与模式的现实必要性和紧迫性。这首先在于当今世界系统运行是依靠“环境透支”“生态赤字”来维持，使自然生态系统的生态赤字仍在扩大，将世界各国都绑在工业文明黑色发展之舟上航行。工业文明发展的一切辉煌成就的取得，都是以自然、人、社会的巨大损害为代价，尤其是以毁灭自然生态环境为代价的，这是西方各学科的进步学者的共识，也是中国有社会良知的学者的共识。在 1961 年人类一年只消耗大约 2/3 的地球年度可再生资源，世界大多数国家还有生态盈余。大约从 1970 年起，人类经济社会活动对自然生态的需求就逐步接近自然生态供给能力的极限值，自 1980 年首次突破极限形成“过冲”以来，人类生活中的大自然的生态赤字不断扩大，到 2012 年已经需要 1.5 个地球才能满足人类正常的生存与发展需要。因此，《增长的极限》一书的第 2 版即 1992 年版译者序就明确指出：“人类在许多方面已经超出了地球的承载能力之外，已经超越了极限，世界经济的发展已经处于不可持续的状况。”足见工业文明黑色发展确实是一种征服自然、掠夺自然、不惜以牺牲自然生态来换取经济发展的黑色发展道路，使“今天世界上的每一个自然系统都在走向衰落”。[①]进入21世纪的15年间，生态赤字继续扩大、自然生态危机及黑色发展危机日益加深。对此，《自然》杂志发文说：“地球生态系统将很快进入不可逆转的崩溃状态。”[②]联合国环境规划署2012年6月6日在北京发布全球环境展望报告中指出，当今世界仍沿着一条不可持续之路加速前行，用中国学者的话说，就是人类仍在继续沿着工业文明黑色发展道路加速前行。因此，从全球范围来看，“目前还没有一个国家真正迈入了‘绿色国家的门槛’”[③]，这是不可否认的客观事实。据报道，今年春季欧洲大面积雾霾污染重返欧洲蓝天，使巴黎咳嗽、伦敦窒息、布鲁塞尔得眼疾……这是今春西欧地区空气污染现状大致勾勒出的一幅形象的画面。这就意味着这些欧洲各城市又重新回到大气危机的黑色轨道上来了，因此，人们发出了西欧“霾害根除”还只是个传说之声。这的确是事实，欧洲遭遇空气污染已经不是新鲜事。2011年9月7日英国《卫报》网站曾报道，欧洲空气质量研究报告称空气污染导致欧洲每年有50万人提前死亡，全欧用于处理空气污染的费用高达每年7 900亿欧元。2014年11月19日西班牙《阿贝赛报》报道，欧洲环境署公布的空气质量年度报告显示空气污染问题造成欧洲每年大约45万人过早死亡，其中约有43万人的死因是生活在充满$PM_{2.5}$的环境中。2014年4月初，英国环境部门监测到伦敦空气污染达10级，是1952年以来最严重的污染，引发全国逾162万人哮喘病发[④]。近年来欧洲大面积雾霾污染事件，击碎了英国、法国、比利时等发达国家是“深绿发展水平国家”的神话。

(3) 一个国家和民族或地区经济社会运行，从生态盈余走向生态赤字并不断扩大的发展道路，就是工业文明的黑色发展道路，其自然生态环境必然是不断恶化的，没有绿色发展可言。与此相反，从生态赤字逐步减少走向生态盈余的发展道路，就是迈向生态文明的绿色发展道路，其自然生态环境不断朝着和谐协调绿色发展的方向前行。因此，逐步实现生态赤字到生态盈余的根本转变，构成判断是不是绿色发展及一个国家和民族及地区是不是“绿色国家”的一个基础根据与根本标准。据此，抛弃工业文明黑色发展模式，坚定不移走绿色发展道路，其根本的、最终的目标与

① 保罗·替肯：《商业生态学》（中译本），上海：上海译文出版社，2001年版，第26页。

② 详见2012年7月28日《参考消息》，第7版。

③ 杨多费、高飞鹏：《绿色发展道路的理论解析》，载《科学管理研究》第24卷第5期，第20～23页。

④ 戴军：《英国：“霾害根除”还只是个传说》，2015年3月22日《光明日报》。

首要任务就是尽快扭转自然生态环境恶化趋势，实现生态赤字到生态盈余的根本转变，达到生态资本存量保持非减性并有所增殖，这是人类生态生存之基、绿色发展之源。

2. 开创绿色经济发展新时代的绿色使命与历史任务

当今人类发展已经奏响绿色经济与绿色发展的新乐章。发展绿色经济、推进绿色发展是开创绿色经济发展新时代的绿色使命与历史任务，必将成为人类文明演进与经济社会发展的时代潮流。从全球范围来看，迄今为止，世界上还没有一个国家或地区真正是生态文明的绿色国家或绿色地区，中国也不例外。但是当今世界主要发达国家和发展中国家，已经奏响经济社会发展绿色低碳转型的主旋律，开始朝着建设绿色国家或地区，推进绿色发展的方向前行。在此我们要指出的是，发展绿色经济、推进绿色发展是世界各国的共同目标和绿色使命。2010 年美国学者范·琼斯出版的《绿领经济》一书谈到美国兴起的绿色浪潮时说："不管是蓝色旗帜下的民主党人还是红色旗帜下的共和党人，一夜之间都摇起了绿色的旗帜。"[①]奥巴马政府实行绿色新政，主打绿色大牌，实施绿色经济发展战略，其战略目标是要促进经济社会发展的绿色低碳转型，再造以美国为中心的国际政治经济秩序。以北欧为代表的部分国家如瑞典、丹麦等在实施绿色能源计划方面走在世界前列。日本推进以向低碳经济转型为核心的绿色发展战略总体规划，力图把日本打造成全球第一个绿色低碳国家。韩国制定和实施低碳绿色增进的经济振兴国家战略，使韩国跻身全球"绿色大国"之列。尤其是在绿色新政席卷全球时，不仅美国而且英、德、法等主要发达国家，都企图引领世界绿色潮流。这些事实充分表明发展绿色经济、推进绿色低碳转型、实现绿色发展，是世界发展的新未来、新道路，已成为 21 世纪人类文明进步和经济社会发展的主旋律即绿色发展主旋律，标志着当今人类发展已经开启了迈向绿色经济发展新时代的新航程。

然而，历史发展不是一条直线，而是螺旋式上升的曲线。当今人类历史仍处在资本主义文明及工业文明占主导地位的时代，主要资本主义国家仍有很强的调整生产关系、分配关系和社会关系的能力和活力。因此，主要资本主义国家尤其是西方发达资本主义国家，在工业文明基本框架内对生态环境与绿色经济的认识，制定和实行生态环境保护、治理与生态建设政策、措施和行动，并发展绿色经济，来调节、

---

① 范·琼斯：《绿领经济》（胡晓姣、罗俏鹃、贾西贝译），北京：中信出版社，2010 年版，第 55 页。

缓解资本主义生态经济社会矛盾，力图走出工业文明发展全面异化危机即黑色发展困境。但是，正如一些学者所指出的，“事实的真相”则是到目前为止，西方发达资本主义国家所实施的绿色经济发展战略和自然生态环境治理与修复的思路与方案，主要是在工业文明基本框架内进行①，仍然没有根本触动工业文明也无法超越现存资本主义文明的黑色经济社会体系。这主要表现在两个方面：一是西方发达资本主义国家对内实行绿色资本主义的发展路线。目前西方发达国家主要是在不根本触动资本主义文明及工业文明黑色经济体系与发展模式的前提下，通过单纯的技术路线来治理、修复、改善自然生态环境，寻求自然生态环境和资本主义协调发展，缓解人与自然的尖锐矛盾，并在对高度现代化的工业文明重新塑造的基础上走有限的“生态化或绿色化转型发展道路”，即绿色发展道路，实践已经论证，这是不可能走出工业文明黑色危机的。今春欧洲大面积雾霾污染重返欧洲蓝天就是有力佐证。二是目前西方发达资本主义国家对外实行生态帝国主义政策，主要有3种形式：资源掠夺、污染输出和生态战争，使发达资本主义大多数踏上了生态帝国主义黑色之路，使西方发达国家的黑色发展道路与模式所付出的高昂生态环境成本即发生巨大黑色成本由发展中国家为他们“买单”。因此，我们从现实中可以看到，绿色资本主义和生态帝国主义的路线与实践不仅可以成功地改善资本主义国家国内的自然生态环境，缓解甚至能够度过“生存危机”，而且可以“在承担着创造后工业文明时代资本主义的‘绿色经济增长’和‘绿色政治合法性’新机遇的使命。”②

当今人类虽然正在迎来生态文明即绿色文明的黎明，但人类文明发展却是在迂回曲折中前进的。自2008年国际金融危机之后，先是美国实行“再工业化战略”，推进“制造业回归”。随后欧洲发达国家纷纷宣称要“再工业化”，不仅把包括绿色能源战略在内的绿色经济发展战略纳入经济复苏的轨道，而且还针对经济虚拟化、产业空心化，试图通过实施“再工业化战略”和“回归实体经济”，重塑日益衰落的工业文明生态缺位的黑色经济，重新走上工业文明增长的经济发展道路。这是向高度现代化的工业文明发展的回归，阻碍着人类文明发展迈向生态文明绿色经济发展新时代。

按照生态马克思主义经济学哲学观点，在资本主义文明及工业文明框架的范围

---

① 张孝德：《生态文明模式：中国的使命与抉择》，载《人民论坛》2010年第1期，第24～27页。

② 郇庆治：《“包容互鉴”：全球视野下的“社会主义生态文明”》，载《当代世界与社会主义》2013年第2期，第14～22页。

内，是不可能从根本上走出工业文明发展全面异化危机即黑色危机的深渊。对此，连西方学者也认为：在资本主义文明及工业文明的“基本框架内对经济运行方式、政治体制、技术发展和价值观念所作的任何修补和完善，都只能暂时缓解人类的生存压力，而不可能从根本上解决困扰工业文明的生态危机。”[①]这就是说，绿色资本主义和生态帝国主义的推行会使全球自然生态、社会生态和人类生态的黑色危机越来越严重。这与20世纪90年代以来世界各国在工业文明框架内实施可持续发展一样，其结果是“20多年来的可持续发展，并没有有效遏制全球范围的环境与生态危机，危机反而越来越严重，越来越危及人类安全。”[②]因此，世界人民有理由把更多的目光集聚到社会主义中国，将开创工业文明黑色发展道路与模式转向生态文明绿色发展道路与模式，这一人类共同的绿色使命与历史任务寄托于中国建设社会主义生态文明。2011年在美国召开的生态文明国际论坛上有位美国学者说道：“所有迹象表明，美国政府依然将在错误的道路上越走越远。”“所有目光都聚到了中国。放眼全球，只有中国不仅可以，而且愿意在打破旧的发展模式、建立新的发展模式上有所作为。中国政府将生态文明纳入其发展指导原则中，这是实现生态经济所必需的，并使得其实现变为可能，是一个高瞻远瞩的规划。”[③]

3. 中国在当今世界已经率先拉开超越工业文明的社会主义生态文明绿色经济发展新时代的序幕，引领全人类朝着生态文明绿色经济形态与绿色发展模式的方向发展

我国改革开放以来，始终坚持保护环境和节约资源的基本国策，实施可持续发展战略，一些省市和地区实行“生态立省（市）、环境优先、发展与环境、生态与经济双赢”的战略方针。从发展生态农业、生态工业到建设生态省、生态城市、生态乡村；从坚持走生产发展、生活富裕、生态良好的文明发展道路，建设资源节约型、环境友好型经济社会，到发展绿色经济、循环经济、低碳经济；从大力推进生态文明建设到着力推进绿色发展、循环发展、低碳发展等，都取得了明显进展和积极成效。特别是党的十八大确立了社会主义生态文明科学理论，提出和规定了建设

① 转引自杨通进：《现代文明的生态转向》，重庆：重庆出版社，2007年版，总序第4页。

② 胡鞍钢：《中国：创新绿色发展》，北京：中国人民大学出版社，2012年版，第9页。

③ 《第五届生态文明国际论坛会议论文集（中英文）》，April 28-29，2011，Claremont，CA，USA，Fifth International Forum on Ecological Civilization：toward an Ecological Economics。

中国特色社会主义的两个“五位一体”[①]：建设中国特色社会主义“五位一体”总体目标，使中国特色社会主义道路的基本内涵更加丰富；建设中国特色社会主义“五位一体”总体布局，使中国特色社会主义的基本纲领更加完善。这不仅是奏响我们党“领导人民建设社会主义生态文明”（新党章语）的新乐章，而且标志着全国人民踏上社会主义生态文明绿色发展道路的新征途。因此，党的十八大明确提出“努力建设美丽中国”是社会主义生态文明建设的战略目标，即建设美丽中国首先是建设绿色中国，其中心环节就是走出一条生态文明绿色经济发展道路，构建绿色经济形态与发展模式。据此而言，党的十八大向全党全国人民发出的“努力走向社会主义生态文明新时代”的伟大号召，意味着中国特色社会主义文明发展要努力迈向生态文明绿色经济与绿色发展新时代。为此，《中共中央　国务院关于加快推进生态文明建设的意见》中又提出把经济社会绿色化作为生态文明建设与绿色发展的核心内容与基本途径，从而在当今世界率先开拓了从工业文明黑色发展道路与模式转向生态文明绿色发展道路与模式，使当下中国朝着生态文明绿色经济形态与发展模式的方向发展，努力成为成功走出工业文明的新型工业化道路、真正进入生态文明的绿色化发展道路的榜样国家。

当然，当今中国的客观现实还是一个加速实现工业化的发展中国家，刚走过发达国家100多年所走过的工业文明发展历程，成为以工业文明为主导形态的工业大国。在这几十年间，中国工业化、现代化道路的探索，尽管在一定程度上符合中国国情和实际情况，但仍然走的是工业文明黑色发展与黑色崛起道路，它在本质上是沿袭了西方发达资本主义文明所走过的高碳高熵高代价的工业文明——“先污染后治理、边污染边治理”的黑色发展道路。因此，我们“不得不承认，我们原先走在黑色发展和崛起的征途上，所以尽管我们即使按西方工业文明的标准未达到发展与崛起的程度，但是黑色发展和崛起的一切代价和后果我们都已尝到了。”[②]历史经验教训值得重视，党的十八大之前的20多年里，我们在没有根本触动刚刚形成的工业文明经济社会形态前提下，换言之，在工业文明基本框架内实施可持续发展战略、生态环境治理与修复，建设生态省市，走文明发展道路以及发展绿色经济等，是不可能有效遏制、克服工业文明黑色发展道路与模式的黑色效应，工业文明发展异化

① 刘思华：《生态马克思主义经济学原理》（修订版），北京：人民出版社，2014年版，第561～566页。
② 陈学明：《生态文明论》，重庆：重庆出版社，2008年版，第22页。

危机即黑色危机反而日益严重。它突出体现在3个方面[①]：一是当下中国自然生态恶化状况从总体上看，范围在扩大、程度在加深、危害在加重；二是城乡地区差距不断扩大、分配不公与物质财富占有的贫富悬殊已成常态；三是平民百姓生活质量相对变差等社会生态恶化，公众健康相对变差的国民人体生态恶化等，使得生态经济社会矛盾不断积累与日益突出甚至不同程度的激化，已成为建设美丽中国、全面建成小康社会的重大"瓶颈"，是实现绿色中国梦的最大桎梏。因此，我们必须正视当下中国"自然、人、社会"复合生态系统的客观现实，深刻认识与正确把握当今中国从工业文明黑色发展道路向生态文明绿色发展道路的全面转轨，从工业文明黑色发展模式向生态文明绿色发展模式的全面转型的必要性、迫切性、重要性与艰巨性。事实上，近年来，我国学术界有人为了所谓填补研究空白、标新立异，制造一些伪绿色发展论，不仅把西方主要发达国家说成是"深绿色发展国家"，掩盖当今资本主义国家工业文明发展全面恶化危机即黑色危机的客观现实；而且把处于"十面霾伏"的雾霾污染重灾区的京津冀、长三角、珠三角的一些城市界定为"高绿色城镇化"，这完全不符合客观事实的假命题，否定不了当下中国及城市自然生态危机仍在加深的严峻事实，动摇不了我国以壮士断腕的决心和信心，打好大气、水体、土壤污染的攻坚战和持久战。

所谓攻坚战和持久战，就在于当前国内外事实表明，大气、水体、土壤污染治理与修复已成为世界性的难题。而当今中国大气、水体、土壤污染日益严重，应当说是长期中国工业化、城市化黑色发展积累的必然恶果，是中国工业文明黑色发展道路与模式对自然生态损害的直观展示，是对中国过去GDP至上主义发展的严厉惩罚及严重警示。改革开放30多年，中国经济发展规模迅速扩大，快速成长为工业文明经济大国，这是世所罕见的。然而，它所付出的自然生态环境代价也是世所罕见的。当今世界上很少有国家像中国这样，以如此之高的激情加速折旧自己的生态环境未来，已经是世界头号污染排放大国，正如国内外学者所指出的，中国已经成为世界上最大的"黑猫"，"全球最大的生态'负债国'"[②]。目前中国生态足迹是生物承载力的两倍，生态系统整体生态服务功能不断退化，生态赤字还在扩大。中

① 刘思华：《论新型工业化、城镇化道路的生态化转型发展》，载《毛泽东邓小平理论研究》2013年第7期，第8～13页。

② 卢映西：《出口导向型发展战略已不可持续——全球经济危机背景下的理论反思》，载《海派经济学》2009年第26辑，第81页。

国生态系统的生态负荷已达到临界状态，一些资源与环境容量已达支撑极限，经济社会发展是依靠“环境透支”与“生态赤字”来维持。因而，生态赤字不断扩大，生态（包括资源环境）承载力日益下降，在大中城市尤其是大城市十分突出，如上海市人均生态足迹是人均生态承载力的46倍，广州市为31倍，北京市为26倍。在存在生态赤字的国家中，日本是8倍，其他国家均在2～3倍，中国大城市特大城市普遍存在巨大的生态赤字，都面临比其他国家更为严峻的自然生态危机[①]。由此要进一步指出，目前全国600多个大中城市，特别是大城市，其高速发展不仅正在遭遇各种环境污染，如水、土、气三大污染之困，而且正在遭遇“垃圾围城”之痛，有2/3的城市陷入垃圾的包围之中，有1/4的城市已没有适合场所堆放垃圾，从而加剧了城市生态系统的黑色危机。近日有学者发文认为，“中国城镇化离绿色发展要求的内涵、绿色发展的模式相去甚远”，“中国的绿色发展目标尚未实现”[②]。这就是说，迄今为止，我国还没有一个大中城市真正走入按照社会主义生态文明的本质属性与实践指向所要求的生态文明绿色城市的门槛，这是不容争辩的客观事实。

综上所述，无论当今世界还是今日中国，生态足迹不断增加，生态赤字日益扩大，这是自然生态危机的核心问题与根本表现。而当下中国各类环境污染呈现高发态势，已成民生之患、民心之痛、发展之殇；生态赤字与生态资本短缺仍在加重，使我国进入生态“还债”高发期，良好的自然生态环境已经成为最为短缺的生活要素、生产要素及生存发展要素。这就决定了生态环境问题是严重制约中国生态经济社会有机整体、全面和谐协调可持续发展的最短板，是建设美丽中国、实现绿色中国梦的最大阻碍，是中国绿色发展与绿色崛起面临的最大挑战与绿色压力。因此，我们要直面这一严峻现实，必须也应当摆脱与摒弃过去所走过的工业文明高碳高熵高代价的黑色发展道路，与工业文明黑色发展模式彻底决裂，积极探索生态文明低碳低熵低代价的绿色发展道路及发展模式，使中国特色社会主义文明发展尽早实现从工业文明黑色发展道路与模式向生态文明绿色发展道路与模式的根本转变，成功地建成生态文明绿色强国。

---

① 齐明珠、李月：《北京市城市发展与生态赤字的国内外比较研究》，载《北京社会科学》2013年第3期，第128～134页。

② 庄贵阳、谢海生：《破解资源环境约束的城镇化转型路径研究》，载《中国地质大学学报（社科版）》2015年第2期，第1～10页。

五、关于“绿色经济与绿色发展丛书”的几点说明

“绿色经济与绿色发展丛书”是目前世界和中国规模最大的绿色社会科学研究与出版工程，覆盖数10个社会科学和自然科学，是现代经济理论与发展思想学科群绿色化的开篇，故不得不说明几点：

(1)“丛书”站在中国特色社会主义文明从工业文明走向生态文明的文明形态创新、经济社会形态创新、经济发展模式及发展方式创新的新高度，不仅探讨了中国社会主义经济的发展道路、发展战略、发展模式和发展体制机制等生态变革与绿色创新转型即生态化、绿色化发展，而且提出了从国民经济各部门、各行业到经济社会发展各领域等方面，都要朝着生态化、绿色化方向发展。为建设社会主义生态文明和美丽中国，实现把我国建成绿色经济富国、绿色发展强国的绿色中国梦，提供新的科学依据、理论基础和实践框架及路径。

(2)“丛书”力争出版45部，涉及学科很多、内容广泛，理论与实践问题研究较多，大致可以归纳为4个方面：一是深化生态文明和绿色经济与绿色发展的马克思主义基础理论研究；二是若干重大宏观绿色化问题研究；三是主要领域、重要产业与行业发展绿色化问题研究；四是微观绿色化问题研究。因此，整部“丛书”是以建设生态文明为价值取向，以发展绿色经济为主题，以推进绿色发展为主线，比较全面、系统地探讨生态经济社会及各领域、国民经济各部门、各行业与其微观基础的绿色经济与绿色发展理论和实践问题；向世界发出“中国声音”，展示中国的绿色经济发展理论与实践的双重探索与双重创新。

(3)“丛书”是新兴、交叉学科群绿色化多卷本著作，必然涉及整个经济理论与发展学说和马克思主义的基本原理与重要的基本理论问题，并涉及众多的非常重要的现实的前沿话题，难度很大，有些认识还只能是理论的假设与推理，而作者和主编的多学科知识和理论水平又很有限，因而“丛书”作为学科群绿色化的开篇，很难说是一个十分让人满意的开头，只能是给读者和研究者提供一个学术平台继续深入探讨，共同迎接绿色经济理论与绿色发展学说的繁荣与发展。

(4)“丛书”把西方世界最早研究生态文明的专家——美国的罗伊·莫里森所著的《生态民主》译成中文出版。《生态民主》一书于1995年出版英文版，至今已有20年了，中国学界和出版界却无人做这项引进工作，出版中译本。近几年来，在我国研究生态文明的热潮中，很多论文和著作都提到《生态民主》一书，尤其我

国权威媒体记者多次采访莫里森，使这本书在中国有较大影响。然而，众多研究者介绍本书时都没有具体内容，既没有看英文版原版，又无中译本可读，只是相互转抄、添油加醋，就产生了一些学术误传，不利于正确认识世界生态文明思想发展史，更不能正确认识中国马克思主义生态文明理论发展史。因此，笔者下决心请刘仁胜博士译成中文，由中国环境出版社出版，与中国学者见面。在此，我要强调指出的是莫里森先生所写中译本序言和该书一些基本观点，并不代表我作为“丛书”主编的观点，我们出版中译本是表明学术思想的开放性、包容性，为中国学者深入研究生态文明提供思想资料与学术空间，推动社会主义生态文明理论与实践研究不断创新发展。

（5）“丛书”的作者们在梳理前人和他人一些与本领域有关的思想材料、引用观点时，都尽可能将原文在脚注和参考文献中一一列出，也有可能被遗漏，在此深表歉意，请原著者见谅。在此，我们还要指出的是，“丛书”是“十二五”国家重点图书出版规划项目，多数书稿经历了四五年时间才完稿，有的书稿所引用的观点和材料是符合当时实际的。党的十八大后，党和政府对市场经济发展进程中出现的某些经济社会问题，认真地进行治理并有所好转，但在出版时对书稿中过去的材料未作改动，把它作为历史记录保留在书中，特此说明。总之，“丛书”值得商榷之处一定不少，缺点甚至错误在所难免，故热切盼望得到专家指教和广大读者指正。

刘思华

2015 年 7 月

目　录

Contents

第 1 章

绿色低碳循环农业发展导论

农业在经历了原始农业、传统农业，进入现代农业后，随着现代工业化带来的污染，现代（石油）农业以机械化、水利化、化学化和电气化的高输入和大量消耗能源，过量使用化肥和农药，不合理开发利用农业资源，造成严重的环境污染、生态破坏、能源短缺、自然资源缺乏、农产品质量安全问题凸显等一系列问题。在这样的背景下，人类为了保护生态环境、防止食品污染、生产安全的农产品、增进人们的身体健康，相继发展了生态农业、绿色农业、低碳农业、循环农业，成为替代石油农业的现代农业模式。绿色低碳循环农业将绿色农业、低碳农业、循环农业三者融为一体，形成一个可持续农业系统有机整体，成为一种理想的现代农业模式。它的实践将成为农业发展史上的一场革命，实现农业生产区域化、专业化、集约化、绿色化、低碳化、循环化，为人类提供无污染、无公害的绿色、有机、安全的农产品，实现经济效益、社会效益、生态效益的高效统一。

1.1 农业发展的历史演变

农业发展的历史大体上经历了原始农业、传统农业、现代农业 3 个阶段，每个阶段农业的特点不同，对整个世界农业发展的影响也有很大差别。纵览和探求农业发展的历史演变，对于深入认识整个农业的发展历程和发展趋势，以及绿色低碳循环农业的发展有着十分重要的意义。下面就此做简要分析与认识。

1.1.1 原始农业

在人类漫长的历史过程中，农业的出现和发展大致不超过一万年。人类经过长期的采集、渔猎生活，逐步熟悉了植物和动物的生活习性，在旧石器时代晚期和新石器时代即约在公元前 8 000 年左右开始驯养繁殖动物和种植谷物，可以说人类进入了原始农业阶段。

原始农业（primitive agriculture）是一种最初级农业形态，基本是利用自然力而自发进行农产品生产，主要供劳动者自己及其家庭食用。它经历了从采集向种植的发展，大约是在一万年前的旧石器时代末期或新石器时代初期。原始农业一开始就是对野生植物的驯化，对各种野生植物的利用价值和栽培方法进行大量而广泛的试验实践，逐渐将它们栽培、驯化为农作物，从而发明了农业。中国传说中有所谓"神农尝百草，日遇七十毒" 终于选择出可供人们食用的谷物。接着又观察天时地利，创制斧斤耒耜，教导人们种植谷物，于是出现了农业，这种传说是农业发生和确立的时代留下的史影，也反映了这个过程的艰难和风险。

据记载，全世界农业的起源地（主要是指谷物农业，即栽培作物）主要有 3 个。

（1）西亚，即伊拉克及其周围地区。这个地区是小麦与大麦的起源地，也是绵羊和山羊的起源地。这种农业叫有畜农业。西亚的农业是有畜农业，这种农业发展到一定阶段，便产生了两河流域的文明，就是古苏美尔、阿卡德和后面的巴比伦。这种农业传到尼罗河流域，产生了古埃及文明；传播到印度河流域，产生了古印度文明。以小麦、大麦为基础的农业，传播范围相当广，在历史上起了非常大的作用。

（2）中国，中国是小米和大米的起源地。小米是指粟、黍，主要在黄河流域起源和发展，后来成为北方的主要农作物。长江流域是稻作农业的起源地。所以中国是两种农业的起源地——北方是以小米为主的农业，南方长江流域是以大米、稻作农业为主的农业起源地。现代考古学为我们了解中国农业的起源和原始农业的状况提供了丰富的新资料，中国目前已经发现了成千上万的新石器时代原始农业的遗址，遍布在从岭南到漠北、从东海之滨到青藏高原的辽阔大地上，尤以黄河流域和长江流域最为密集。著名的河南新郑裴李岗和河北武安磁山以种粟为主的农业聚落，浙江余姚河姆渡以种稻为主的农业聚落，都是最好的佐证。

（3）美洲，美洲是玉米的起源地。美洲的农业是无畜农业。它是以玉米为主体，还有南瓜、豆类，所以玉米、南瓜、豆子，在印第安人的传说里是叫作“农业三姐妹”。

上述就是世界上最主要的农业起源中心。它们都对后来古代文明的产生起了决定性作用[1]。

中国原始农业的产生大约 1 万年以前，即进入新石器时期初期[2]。中国原始种植业在新石器时代大体经历了 3 个发展阶段。

第一阶段，10 000 年前—8 000 年前是以石刀之类的工具砍烧林木，纵火焚烧开垦荒地，用尖头木棒开孔点种，即原始刀耕或火耕阶段。

第二阶段，8 000 年前—5 000 年前为原始锄耕或耜耕阶段。

第三阶段，5 000 年前—4 000 年前为发达锄耕阶段。

原始畜牧业经过长期圈养驯化，家畜种类有所增加。在北方地区马、牛、羊、鸡、犬、豕“六畜”俱全的畜牧业已具雏形。在南方，10 000 年前—8 000 年前养猪有了很大发展。这一时期人们开始由以前游移和季节性的野营生活逐渐转入定居生活，男子在农业生产中渐居主要地位，从而实现了母系氏族公社向父系氏族公社的转变。到了五六千年前，黄河流域的原始农业进一步发展，黄河中下游人口持续繁衍，逐渐成为中原经济文化的中心。夏、商、周王朝相继在这里建立了强盛的国家。这个时期的农业有了一定的进步，但仍处于粗放农业阶段。

原始农业没有发明之前，人类食物和生活资料的主要来源是由采集和渔猎活动而得到的野生动植物。在很大程度上是仰赖于自然的恩赐。原始农业的出现，才开始改变人与自然的关系，人类在自然界才取得了一些主动，在农业生产实践中获得了生物繁殖的知识，从而才能依靠自己的活动来增殖天然产品，找到较稳定可靠的衣食来源。因此，可以说原始农业最大的贡献就是对野生动植物的驯化，今天我们常见的主要农作物和家畜大多在 4 000 年前就已被人类所驯化。这是一份珍贵的历史遗产，它在今天还极大地影响着我们的日常生活。原始农业的逐步发展，人类就可以生产出除满足生产者本身所需之外的剩余粮食，于是出现了城市，农业和畜牧业、手工业分工，因此农业的出现是具有划时代意义的大事。

以上分析，原始农业的最基本特征可以概括为：以石刀、石铲、石锄和棍棒等简单落后生产工具为主，生产水平低下；采用刀耕火种原始粗放的耕作方法，如轮垦制、烧垦制；多为从事简单协作的集体劳动，获取有限的生活资料，维持低水平的共同生活需要。原始农业的积极意义在于开始了人类通过自己的劳动获取增殖天然产品的途径，开拓了人类新的活动领域和空间。

1.1.2 传统农业

传统农业是在原始农业的基础上，随着炼铁技术及铁制工具制作技术的成熟，并且随着铁制农具使用的普及，由粗放经营逐步转向精耕细作，由完全放牧转向舍饲与放牧相结合，改造利用自然的能力和生产力水平逐步提高，农业发展就进入了传统农业阶段。

传统农业（traditional agriculture）是在当地自然条件下，以使用人力、畜力、手工工具、铁器等手工劳动方式为主，采用历史上沿袭下来的传统耕作方法和农业技术，以自给自足的自然经济居主导地位的农业。

中国传统农业经历了漫长发展过程，春秋战国时期，在社会制度上实现了由奴隶社会向封建社会的演变，在农业生产方面则开始了由粗放农业向精耕农业的转变。这一时期中国已进入铁器时代，铁制农具的使用已较普遍。与铁犁相配，牛马被用于农业，从而实现了农业动力上由人力耦耕向畜力耕作的革命性变迁。正如《吕氏春秋•上农》所言："一人治之，十人食之，六畜皆在其中矣。"

春秋战国至魏晋南北朝时期，中国主要农业区在秦岭和淮河以北，全国 70% 以上的人口居住在黄河流域。秦汉时期，精耕细作的优良传统逐渐形成。在耕作技术方面，进一步改进垄作法，低成本有效地利用土壤的保水保肥能力，逐渐形成了耕、耙、磨、压、锄相结合的防旱保墒耕作技术体系，创造了用力少而得谷多的旱作农业传统。冬小麦的推广，汉代时轮作复种制初步发展。在施肥方面，也创造了基肥、种肥、追肥等一系列施肥技术。园艺事业出现了一些有相当规模的果园和菜圃，栽培和管理技术也明显提高。畜牧业的相畜术、畜禽良种的选育、牲畜杂交和杂交优势的利用，以及畜禽的饲养管理均有一定进步。在中兽医方面，脉学和症治、阉割去势、本草学方面都有进展，并且制定了一些防疫制度。养蚕业与蚕桑技术继续发展，中国的丝织品和养蚕技术通过"丝绸之路"传至西亚。秦汉时期，二十四节气与七十二候已完全形成并广泛用于指导农业生产。

中国传统农业技术的精华，有许多值得学习和继承的经验和做法，对世界农业的发展有着积极的影响，特别是现在仍然对第三世界国家农业发展起着重要的作用。概括其表现为：

（1）以精耕细作为特征的耕作技术体系。在农业耕作过程中十分注重用地与养地结合，补充和培肥地力，施用各种有机肥，改善土壤的物理结构；精耕细作，合理的轮作倒茬，丰富多样的轮作复种和间套作形式等；形成了选种与育种、施肥与土壤耕作、农田灌溉与旱作技术等比较完备的耕作技术体系。在上述方面可以说达到了世界传统农艺的尖端。

（2）农牧结合，物质循环利用。中国传统农业是以种植业为主、农牧结合、多种经营的综合经济。在农区利用秸秆、糠麸等农副产品作为牲畜饲料，发展畜牧业，同时又充分利用牲畜粪便肥田，发展种植业。农牧结合，相互利用，相互促进，相得益彰。这些做法符合自然界物质循环和能量转化的规律，能更有效更合理更充分地利用自然资源。在牧区，有条件的地方发展为畜牧业服务的种植业，使畜牧业建立在更稳固的基础上，同时以适当的方式建立农区和牧区之间合理的经济联系。

（3）因地制宜、集约、多种经营的农业管理和经营思想。如 “时宜、地宜、物宜”三宜原则、集约经营、多种经营等。

（4）农业生物资源在全世界得到广泛传播与交流。在传统农业阶段，中国原始农业起源中心驯化的各种生物资源在全世界得到了广泛传播和交流，促进了世界农业的发展。

（5）具有低能耗、低污染的特点。

为此，重视、继承和发扬传统农业技术的精华，使之与现代农业技术合理地结合，对加速发展农业生产，建设现代农业，仍具有十分重要的意义。但传统农业也存在许多不足，主要是农业部门结构较单一，生产规模较小，经营管理和生产技术较落后，抗御自然灾害能力差，商品经济较薄弱，生产地域分工不明显。

1.1.3 现代农业

1.1.3.1 发展历程

传统农业的长期发展，在第二次世界大战后经济发达国家和地区进入现代农业阶段，其主要是指经过 18 世纪的农业革命，到 19 世纪 40 年代以后，以美国为代表的发达国家结束了几千年的传统农业而进入了以机械化、水利化、化学化和电气化为标准的现代（石油）农业时期。石油农业亦称石油密集农业、化学农业、无机农业或工业式农业（industrial agriculture），是世界经济发达国家以廉价石油为基础的高度工业化的农业总称。它是建立在以石油、煤、天然气等能源和原料为基础，大量使用以石油产品为动力的农业机械和以石油、煤炭制品为原料的化肥、农药等农用化学品，以高投入、高能耗方式经营的大型农业。机械化和化学化是这一农业现代化模式的最大特点。由于大型农业机械的出现，化学工业的飞速发展及农业技术的创新，尤其是杂交品种的不断涌现，西方发达国家的农业劳动生产率大大提高，农畜产品大幅度增加，形成了高产出的机械化集约农业，在20世纪60年代达到鼎盛时期。这种以高收入和大量消耗能源（机械、化肥、农药）为特征的现代（石油）农业，尽管在提高农业生产率方面发挥了积极作用，但同时也带来了严重问题。主要表现为机械化耕作与不合理的种植导致了严重的土壤侵蚀；化肥和农药的大量使用，不仅增加了农业生产成本，而且造成了能源短缺、环境污染及生态破坏、自然资源的缺乏等一系列问题，使得现代（石油）农业走入了困境，面临着严峻的挑战。为此，60年代后期，世界上不少专家提出了发展生态农业。通过大量的实践证明，发展生态农业不仅可以避免石油农业带来的弊病，而且可以有效地发展农业生产、充分合理地利用自然资源，提高农业生产力，维护生态平衡。70年代生态农业的蓬勃发展，使世界农业发展进入了一个新的历史阶段。于是相继出现了绿色农业、有机农业、休闲农业、低碳农业等替代农业，成为新型现代农业。

1.1.3.2 现代农业的概念

关于现代农业（modern agriculture）的概念目前尚无统一定义。一般认为，现代农业是一个动态的和历史的概念，它不是一个抽象的东西，而是一个具体的事物，它是农业发展史上的一个重要阶段。它是用现代工业装备的，用现代科学技术武装的，用现代组织管理和经营的社会化、商品化、区域化、专业化农业。现代农业具体可概括为：用现代物质条件装备农业、用现代科学技术改造农业、用现代产业体系提升农业、用现代经营形式推进农业、用现代发展理念引领农业、用培养新型农民发展农业，实现农业可持续发展。

1.1.3.3 现代农业的特征

现代农业的基本特征可以归纳为：

（1）农业机械化程度越来越高。现代农业机械广泛应用，使农业由手工畜力农具生产转变为机械生产，拖拉机、耕耘机、联合收割机、农用汽车、农用飞机以及林、牧、渔业中的各种机械，成为农业的主要生产工具，使投入农业的能源显著增加，电子、原子能、激光、遥感技术以及人造卫星等也运用于农业，农业机械化程度越来越高。

（2）现代农业科学技术广泛应用，农业科技进步率越来越高。如现代生物技术、化学技术的广泛应用，育种、栽培、土壤改良、植保、饲养、畜保等农业科学技术显著提高，使得农业科技进步率越来越高。

（3）现代经营管理方式广泛应用，电子计算机、经济数学方法等现代科学技术在现代农业企业管理和宏观管理中运用越来越广，现代化管理程度越来越高。

（4）农业生产的社会化、商品化程度越来越高，形成了种植、养殖、加工、销售的“农工商一体化”“产供销一条龙”的农业产业化经营。大幅度地提高了农业劳动生产率、土地生产率和农产品商品率，良好的生态系统逐步形成。

1.1.3.4 现代农业的发展模式与案例

目前世界上出现了美国、日本、韩国、荷兰、法国、以色列等国家多种现代农业模式，下面简要介绍：人少地多，以机械化为特色的美国现代农业模式；人多地少，以设施农业（工厂化农业）为特色的荷兰现代农业模式。把美国现代农业模式、荷兰现代农业模式作为现代农业的案例，供现代农业发展模式的绿色低碳循环农业发展借鉴。

案例 1-1 美国以机械化为特色的现代农业模式

美国是一个地多人少的国家，是当今世界以机械化为特色的现代农业最发达的国家之一，20 世纪 40 年代后，美国农业已实现了机械化、现代化。目前美国已经进入全部机械化、自动化阶段，不但大田作物生产及收获已全部机械化，一些难度大的行业与作业也都实现了机械化，并向大功率、高速度发展。近几年，美国在谷物联合收割机、喷雾机、播种机等农业装备上已经开始采用卫星全球定位系统监控作业等高新技术，农业出现了向精准农业方向发展的趋势。

美国也是世界最大的农业生产国和农产品出口国。农业在国民经济中占有举足轻重的地位，从事务农的人口占全国人口的 2%，但农业及其为农业服务的相关产业所创造的产值占全国 GDP 的 17%，一个农民生产的农产品可供养的人数达到 125 人。粮食年产量超过 3 亿 t，其中玉米占 2 亿 t，小麦 6 000 万 ~ 7 000 万 t，大豆年产 5 000 万 ~ 6 000 万 t，猪、牛、羊等畜产品产量约 2 000 万 t。每年出口的农牧产品价值 300 多亿美元，其中粮食占世界粮食市场的 40% ~ 50%。

美国作为最先进的现代化农业国家，其主要做法是：

（1）重视农业教育、科研和推广。美国十分重视农业教育、科研和推广，形成了教育、研究、推广“三位一体”的农业技术推广体系（网络），使农业教育、科学研究和技术推广成为美国农业发展的三大支柱。据统计，美国现有农技推广机构3 300个，农技推广员1.7万名左右。美国借助各州的科研、推广体系和联邦农业部直属的农业科技研究中心以及一些私人农业科研机构，从20世纪80年代开始，把高新技术在农业上的应用作为建立优质、高效农业的重点来抓，在遗传工程、生物技术、计算机科学技术、遥感、遥测研究和推广自动化技术等领域取得巨大突破，取得了明显成效。

（2）注重精准农业和食品安全。美国十分重视3S技术（RS、CIS、GPS）的开发，并广泛用于精准农业，如病虫监测、精准施药、精准施肥、灌溉、农作物产量估测，甚至牧场管理等。标准化生产方式是食品质量安全的保障，为了确保农产品和食品的质量安全，美国联邦政府建立了包括农业部、食品药物管理局、环境保护局、卫生部等在内的诸多行政管理机构，各州县市也建立了相应的管理机构，上下形成了一套成熟的行政管理机制，各类农产品生产都有具体的量化标准。把食品安全管理放到了突出的位置，确保了食品安全和市场秩序。

（3）强化农业投入、补贴及信贷支持。美国农业部从职人员10万多人，是仅次于美国国防部的第二大部，农业预算是仅次于国防部和卫生部的预算项目。美国对农业的高强度投入大致可分为直接投入、补贴、税收优惠、立法管理四大方面。①直接投资改善农业生产的基础条件，发展农业技术教育，建立农业产前产后服务体系；②农产品价格补贴和保险补贴；③采取优惠的税收；④谷物储备计划、生产控制、贸易保护和信贷支持。

从20世纪80年代起，美国政府贷款成为农民间的最直接的贷款，贷款的目的是鼓励农民从可持续发展农业的角度去进行农业生产，使农民改变传统的生产方式。主要有农村房屋服务、农村公共设施服务、农村经济和合作发展服务等项目。政府还有可持续发展农业赠款，过去10年，有175项赠款已批准应用，最大的一次赠款有2.5万美元。这些措施，有力地促进了农业的可持续发展，保持美国农产品在国际市场的强势的竞争力。美国农产品的价格一般由市场供需情况决定，但对小麦、棉花、大豆等非常重要的作物，政府会结合基本成本和最低利润，考虑制定目标价格，即全国统一的指导价。如果当年产品价格达不到目标价格，政府就会以补贴的办法，使之达到目标价规定的水平，以保护农民的收入。农民如果因自然灾害使农作物绝收，除通过农业保险获得一定的赔偿外，也能通过政府农产品减收项目获得价格补贴。

（4）大力促进农产品转化和加工。美国的农产品转化和加工主要表现为“农工贸一体化”“产供销一条龙”的农业产业化经营。农业产业化表现在以下 5 个方面：①产业层次上的结构优化；②产品品质不断提高，绿色食品、健康食品等主导农产品市场，农业满足多样化、专用化、优势化消费需求的供给能力不断增强；③重视发展农业产后储藏业和加工业，使农产品实现某种程度的均衡上市，从而消除农产品市场供求关系的大幅波动；④充分利用国际市场转换资源，把国内农业结构调整至国际市场的大背景下，大力生产本国具有比较优势的产品，通过国际贸易进行产品互补，从而实现国际国内双重资源和双重市场格局下的农业结构优化；⑤农产品加工向精细化发展。加工食品占食物消费总量的比重已达到 90%以上，食品深加工呈现出方便化、工程化、功能化和专用化四大趋势。

（5）农业立法保障。1776 年美国独立后，农业立法工作开始提上议事日程。美国农业立法史几乎同美国历史一样长，颁布了一系列有关农业的法规。农业立法对于促进美国农业产品市场机制，保护农业，使农业走向法制化道路发挥着积极的作用和影响。

美国的农业法规体系、联邦的综合性农业法规包括农产品价格支持、生产控制、农业信贷、土地保护、剩余农产品处理、出口贸易等一揽子内容的法律。由于该法律既包括农业发展的一些基本原则，又包括一个时期的具体农业政策，一般 5 年左右修改 1 次，有时 1～2 年修正或补充，从最初的《农业调整法》变到后来的《农业法》或《食品与农业法》。除综合性农业法规以外，美国还制定了 30 多项单项农业法规。在州一级，一般都有一部内容较全面的综合性农业法规，单项性农业法规较少。如德克萨斯州，制定的《农业法典》分 7 大部分、252 章，内容从州一级农业行政管理机构的设置、农业的研究和发展、农业组织、农资供应、农产品的生产、加工、销售，到动植物的品质、等级、病虫害防治、水土保持、农牧场的保护、年轻农场主的贷款担保等。

（6）加强农业基础设施建设。美国通往农田的道路也基本上都是柏油路，农用机械在田间作业和农产品的运输十分方便。电力公司将电缆直接拉到农民庭院和工棚。主要农业区或流域修建排灌设施。农产品销售市场网络遍及全国，农产品销售十分便利。

（7）充分发挥农产品协会的作用。美国农产品协会在农业生产中的地位举足轻重，是介于政府和企业之间的一种行业组织。如蔬菜水果协会，蔬菜水果生产者、加工商、批发商、零售商、进出口商都是协会的会员，有关流通方面的政策和建议都由协会与政府沟通。协会组织建立批发市场、定期举办交易会、展示会，增进会员间的信息交流和供需衔接；开展国际交流与合作，促进进出口贸易；举办专题培训，向会员介绍最新流通政策与法规，与政府及国会保持经常性的联系。

目前，美国农产品协会已经发展到了高级阶段，它将“农、工、商、产、学、研”有机地结合起来，同时，也将农产品的加工、销售和出口有机结合起来，通过签订合同，使农业合作社成了契约化经营的主体。如美国新奇士橙协会成员几乎占了美国加利福尼亚、亚利桑那两州的 60%~70%的果农户，协会对每周果树的成熟情况都有电脑统计，确保产量均匀分布在各个时期，而且协会的全球代表每天都将订单传到总部，总部再分发到 60 多家包装厂，由包装厂将订单按周向果农收购，从总部分订单到装集装货柜仅需 3 天。

（8）农业合作社为农民走向市场搭建桥梁。目前，全美国有 4 000 多个农业合作社，80%以上的农民是农业合作社的社员。美国农业合作社的主要功能是为农民提供产、供、销环节的服务。①合作社为农民提供农业生产资料供应。据统计，农民通过合作社购买化肥占 45%，汽油占 43%，农用化学品占 28%，饲料占 20%，种子占 14%。②提供农产品的销售服务。农民通过合作社出售的牛奶占 81%，棉花及种子占 36%，谷物和油料作物占 38%，水果和蔬菜占 18%，牲畜占 8%。③合作社还在产供销过程中向农民提供其他各种服务，如提供贷款发展水电、灌溉、电话通信，出租大型农用机械，提供市场信息和技术咨询等。

综上所述，美国现代农业的主要特征表现在以下方面：

（1）农业生产的高度区域化与专业化。美国农业生产正走向高度区域化与专业化，全美农业形成了区域化与专业化的生产布局，即西南部盛产蔬菜、中西部盛产小麦；西部地区牧产品丰富；东北部是玉米产地；北部主产奶制品；东部及东南部盛产棉花、烟草、蔬菜等；南部是牧产品和蔬菜。单项品种也日趋专业性，如美国果品生产以区域化布局，其专业性甚至每一树种或品种，均被安排在最适宜区集中栽植，从而为果品的优质高效打下良好的基础。专业化的兴起，使美国迅速向规模化集约化迈进。

（2）农业生产高度机械化。机械化是美国现代农业的主要特征。农业机械的发明与应用，促进了农业机械化。美国在1940年基本实现农业机械化。20世纪60年代后全面进入机械化，农业劳动生产率比19世纪提高了10倍多。早在1988年，每个农业劳动力平均负担耕地60多hm^2，平均可养活80人。

（3）农业社会服务网络化与专业化。在农业社会服务网络中，除政府的服务外，一切同农业有关的企业都十分重视为农业、农民服务，把自身的利益同农民的利益紧密联系在一起。合作社不仅向农户提供所需生产资料、技术、政策咨询及有关培训，而且提供信贷业务，深受农户欢迎。美国农业生产服务实现了专业化，如蔬菜业服务体系基本上实现了全程专业化服务，包括技术推广、咨询服务，农资供应服务，生产作业服务，购销服务，信息服务以及信贷、保险、管理咨询、法律、会计、土壤测试等服务。

（4）农业批发市场规模化。美国批发市场，都属于私营或股份制性质，政府不插手直接组建市场，但必须由政府统一规划后方可建立。美国批发市场最大特点是批发业务的规模化，批发商的数量都不多，但每个批发商的经营规模都很大。如美国西部最大的洛杉矶蔬菜水果批发市场拥有25家批发商，他们经营着500多种蔬菜水果，供应美国及世界各地的消费者，其经营活动几乎垄断了美国的农产品流通市场。批发业务规模化使农民和加工厂商紧密联系在一起，农民按照批发市场内批发商的订购合同，组织农产品生产；加工商根据批发商对农产品的质量和规格要求，对生产者提供的产品进行加工，然后交由批发市场组织销售，从而实现了农产品的生产、加工、销售有机联系。

（5）农业信息服务系统化。20世纪80年代以来，美国信息技术的兴起，使农业信息服务发展为一种新的农业产业。现在提供农业信息服务的商业性系统已近300家。美国在肯塔基建立的全美第一个农用视频电报系统，用户通过个人计算机键盘的识别号，即可存取该系统大型数据库里当前市场价格、天气、新闻和其他农业信息。农业部形成了庞大、完整、健全的信息体系和制度，建立了手段先进和四通八达的全球电子信息网络来保证信息的来源。他们通过立法确保农产品市场信息的收集、发布，还将市场信息收集、发布的整个过程及人员都纳入农业部统一管理，并建立农产品市场信息收集、发布制度，使市场信息标准化、工作规范化。其组织严密科学。

目前，美国农业部通过合同关系与各州的农业部门合作，实施全国农业市场信息项目，提供有关畜牧、肉类、谷物、蔬菜、水果、棉花、家禽、奶、蛋、烟草和羊毛等各种农产品贸易方面的信息，包括供应、需求、价格、趋势等。农业部和有关州设立了100多个信息收集办事处，共有270名市场报告员，其中80名属联邦政府，190名属州政府，负责搜集、审核和发布全国农产品在直销、拍卖、合同、期货、集散、加工、批发等市场环节的信息，并要求所提供的市场报告具有中立性、即时性和可靠性的特点。

（6）农业产、供、销的市场化。①土地和劳力资源的市场化。农场主可以在自己的土地上经营，也可以根据效益状况购买、租用、转让、出租土地以保持合适的经营规模，实现规模效益。同时，农业及相关产业的劳力按市场需要优化配置在各相关部门。②生产资料和农机具供应的市场化。美国农民所需的化肥、农药、种子、除草剂、排灌设施及农业机械等市场，由农民自主选择。③农产品销售市场化。由于农产品完全靠市场调节，所以一方面使农民十分注意选择优质的、与市场对路的产品进行生产，并尽量降低生产成本，以获得较好的收益[①]。

案例 1-2　荷兰以设施农业为特色的现代农业模式

荷兰是一个人多地少、耕地资源短缺的国家，现代农业是以温室农业为代表的现代设施农业。着力发展高附加值的温室作物和园艺作物，以提高土地单位面积产量和种植高附加值农产品为主要特色。

荷兰的温室主要为玻璃温室，而且多集中成片，如同现代农业科技园。玻璃温室总面积约为1.3万～1.4万hm^2，占世界温室总面积的25%以上。在现代化的温室内，农业生产方式实现了高度的程序化、标准化和自动化，农业生产摆脱了自然气候的束缚，农作物从种到收形成了一条生产流水线，一栋温室就是一座生产农产品的工厂。温室设施齐备，生产过程包括供暖、通风、降温、灌溉、施肥、喷药、土壤消毒等全部用计算机调控，机械化和自动化程度相当高。荷兰的设施农业，就其装备发达程度、技术管理水平、经营规模和劳动生产效率当属世界最先进的。高度集约化、专业化、工厂化的农业生产方式，大大提高了农业生产效率，使荷兰从一

① 蒋和平、宋莉莉：《美国建设现代农业模式的借鉴及启示》，百度文库，2011-03-12。

个农产品进口国转变为世界上农产品出口大国。

荷兰的设施农业以种植蔬菜、花卉为主。荷兰玻璃温室蔬菜约 4 700 hm^2，以种植番茄、甜椒、黄瓜为主，实行高度的专业化生产，通常每一农户只栽培一种蔬菜。温室蔬菜占本国蔬菜生产总值的 75%，产量的 86%销往世界各地，同时又是世界上四大蔬菜种子出口国之一，占世界农产品贸易额 7%～10%。

荷兰花卉生产 70%为玻璃温室，主要集中在西部地区，用于花卉生产的总面积约为 8 000 hm^2，75%的面积种植鲜切花卉（尤其是玫瑰和菊花），25%的面积栽培观赏植物。

同时，荷兰已成为世界上最大的温室农业技术输出国，其温室建造已占世界市场 80%。因而，温室农业技术的迅速发展极大地推动了荷兰农业的工厂化、现代化和产业化发展。

荷兰的现代农业特点是:

（1）政府的宏观调控与政策支持。荷兰政府为使有限的土地得到高效的利用，采取了一系列符合国家气候特点和国情的农业发展战略及政策: 20 世纪 60 年代，荷兰政府以节约土地，提高土地劳动生产率为目的调整农业结构和生产布局，使农业生产向产业化、集约化和机械化发展。至 70 年代在全国范围内实行了用资金替代土地，发展高效农业的重要措施。温室农业通过从私人银行和国外贷款中获得大量资金，迅速发展起来。在 7%的耕地上建立起 1 万 hm^2 面积由计算机自动控制的现代化温室，大力开发适宜温室生产的高产值的作物品种，使园艺作物基本上摆脱了自然气候的影响。也使有限的土地产生了可观的经济效益。

荷兰政府着重致力于农业宏观产业环境的营造：①通过信贷政策和补贴政策，鼓励重点发展的领域和产业“快步增长”，出口创汇；②积极参加欧盟事务；③加强水利工程和环境保护的建设，为荷兰农业能够高效、持续发展；④在有效保护农业知识产权的基础上，进一步加强对农业高新技术和信息网络技术方面的投入；⑤帮助企业组织宣传，扩大国际交流合作。

（2）建立农产品拍卖市场与规范市场经营及国际化的市场体系。荷兰的农产品拍卖市场在农业一体化经营中发挥着非常重要的作用。农户将所生产的产品按照质量标准规定进行分类、分级和包装并经检验合格后，送入拍卖大厅，购买者（一般是大批发商）按照规则进行竞价，出价高者获得产品。成交后，市场内部系统自动结算货款和配发产品。拍卖市场一方面实现了生产者与购买者的直接见面，有效地解决了农产品的销售问题，尤其是保鲜周期很短的农产品的销售问题，使农户与市场直接连接起来；另一方面又用严格的质量标准引导农户实现标准化生产，提高了农产品的质量和农业的标准化水平。拍卖过程公开、公平，充分自由竞争，可以形成合理的价格，有助于保护农民的利益，合理真实的价格信号还有助于调节市场供求，实现资源的优化配置等。如阿斯米尔花卉拍卖行和绿叶（Greenery）蔬菜拍卖中心在荷兰最具代表性。

在荷兰，农产品的销售是一个完整的体系，集卖市场在这个体系中扮演了提供商品生产信息及产品质量标准，调节市场供需，控制市场进程的重要角色。规范化的市场体系为荷兰的温室产品快速进入消费领域提供了优质的服务和保障。温室企业生产的产品均标有生产厂家、注册商标和产品品牌，消费者就是通过产品品牌从市场上购买自己满意的园艺商品。荷兰温室产品市场分类较明确，比较集中的有花卉拍卖市场，蔬菜拍卖市场、温室作业机具和专用产品市场等。

荷兰经济具有强烈的国际导向。荷兰农业产业看准欧洲和国际市场，充分发挥优越的地理位置，利用阿姆斯特丹、鹿特丹港的海运优势，阿姆斯特丹附近的斯基辅机场优势及发达的道路系统和公共运输网络，促使其产品快速输出，使荷兰成为欧洲大陆农产品分销中心。荷兰的温室蔬菜占本国蔬菜生产总值的3/4，产量的86%销往世界各地，同时又是世界上四大蔬菜种子出口国之一，蔬菜良种的繁育和产业化使种子的品质和产量都居世界领先水平，也给企业带来了丰厚的效益。

荷兰的温室无论从规模、面积、水平都居世界前列，但截至目前，荷兰却没有一家专门制造温室的企业，温室及配套设施的生产已经形成一种高度社会化、专业化、国际化的市场体系。荷兰温室的覆盖材料、保温材料等均从比利时、瑞典等国进口。温室建造的运作主要是开温室工程公司，在荷兰具有国际输出能力的温室工程公司有7~8家，这些公司通过市场调查获得需求信息，按用户要求进行温室设计、工程预算、材料购买、工程发包等，现已从荷兰、欧洲地区提供工程服务开始向世界各地，特别是对发展中国家拓展合作业务。目前，荷兰温室建造已在世界市场占到80%。

（3）农业的投融资机制的保障。为了解决农民的融资问题，为农业提供一个良好的融资渠道，荷兰采取了3条重要措施：①建立农民合作金融制度。荷兰农民合作金融制度的组织是“农民合作银行”。农民合作银行在性质上属于合作社，其主要职能是为社员提供信贷支持和其他金融服务。农民合作银行的信贷资金完全来源于所吸收的存款和经营活动，政府并不向农民合作银行注入信贷资金，也不干预农民合作银行的经营活动，政府的作用是允许农民合作银行的存在，并为其发展提供必要的社会环境。目前，荷兰农民 90%以上信贷来源于农民合作银行。②建立农业担保基金。为了有利于农民融资，荷兰政府在“二战”以后专门设置了农业担保基金机构，主要为向银行借款的农户服务，并提供担保。农民获得担保的前提是有可行的投资计划并保证在 8 年内全部还清。③设立农业安全基金。荷兰政府经济部设立了农业安全基金，对因受自然灾害遇到困难的农户予以帮助。

（4）注重培育和造就高素质农民。荷兰现代农业的成功经验首先是注重培育和造就高素质农民。荷兰农业教育可分为预备农业职业教育、中等农业教育、高等农业教育、农业成人教育等。通过不同阶段和不同类型农业教育，培养农业生产所需的各种人才。荷兰农民多数具有大学本科以上学历，还有双学位或硕士、博士，他们不仅熟悉和掌握现代种养殖技术及农畜产品加工技术，而且会使用、修理各种农机农具和自控设备，收集和了解有关的农业信息。

（5）多种农业合作组织为农业提供全方位服务。荷兰的农业大多数农场均是家庭式经营，很少有大型的工业化企业集团农场。由于生产规模较小，市场竞争力弱，农民的经济力量得不到保障。为此，农户就自发地结合起来，建立互助互惠的经济合作组织，联合采购农业生产资料、加工和出售农产品以及筹集资金，从而降低投资成本，提高产品收益，使农民在激烈的市场竞争中取得最大的经济利益。

荷兰的农业合作社起源于 19 世纪 70 年代，目前有多种农业合作社，大体上可分为信用合作社、供应合作社、农产品加工合作社、销售合作社、服务合作社等。信用合作社，主要是为农民购买生产资料、更新设备、发展生产提供及时的充足的资金保障；供应合作社，主要从事生产资料的联合批量采购和统一供应，包括各种农具、种子、肥料、饲料等，合作社本身不营利而让利于农民，降低农民的生产成本；农产品加工合作社，负责农畜产品（马铃薯、甜菜、洋葱、肉、蛋、奶等）的加工及销售；销售合作社，专门负责组织农产品大批量地向外销售，最典型的销售合作社就是农民合作组建的拍卖市场；服务合作社则是农民合作组建的互助保险公司、农业机械公司、农业科技试验推广部、农产品仓储基地、救济服务中心、农业管理辅导站等，专门为农民提供各种各样的优质服务。

（6）工业技术在温室农业中应用集成化。荷兰的工业基础雄厚，其中化工、食品加工、机械与材料、电子工业技术尤为先进。在高度发达的工业化影响下，荷兰温室农业也具有高度工业化的特征。温空设施本身就是工业化集成技术的产物，由于摆脱了自然气候的影响，温室园艺产品的生产完全可以实现按照工业生产方式进行生产和管理。不仅体现在种植过程中有其特定的生产节拍、生产周期，而且还体现在产品生产之后的包装、销售方面。与工业生产如出一辙，因此被称之为工厂化农业。温室产业中广泛采用现代工业技术，包括机械技术：传感机械、耕作机械、包装机械、预冷机械、运输机械；工程技术：工程构架材料、工程塑料、覆盖材料、节水工程；计算机技术：光、温、水、气自动监控，机械自动化控制；现代信息技术：技术信息、产品信息、市场信息、生产信息；生物技术：生物制剂、生物农药、生物肥料等。

工业技术植入农业生产中，已经使荷兰温室农业赋予了工厂化生产的内涵，成为工业化大体系不可分割的部分。植物工厂是荷兰最具工业生产特点的现代化农业。在生产观叶园艺植物的现代化大型自控温室中，盆观植物均置放在栽培床上，从基质搅拌、装钵、定植、栽培、施肥、灌溉、钵体移动全部实现机械运作，室内温度、光照、湿度、作物生长情况、环境等全部由计算机监控。这种采取全封闭生产、完全摆脱自然条件束缚，实现全年均衡生产的现代化农业生产经营方式，带来了全新的理念。用现代科技支持现代农业，实现科技经济一体化是农业融入现代经济社会的必然趋势。

（7）农业科研、教育和推广体系网络化。知识和科技是农业创新的手段，荷兰的农业知识体系（科研、教育和推广）为农业发展提供了巨大的支撑。农业政策和相关领域科研工作由荷兰政府主管农业的行政管理机构“农业、自然资源管理和渔业部（简称农渔部）”负责。农业研究包括基础研究、战略研究、应用研究和实际研究，这些研究与成果推广主要来自 3 个方面：①农业科学研究院在基础研究、战略研究以及应用研究方面积累了多年的经验，下设 11 个研究所和 1 个后勤服务机构，研究领域有农业、渔业、自然资源管理、土壤、水、林业、农村、土地利用、农业经济、农业技术和环境。农渔部对农业科学研究院的投资占投资总额的 60%。②研究站和地区研究中心。这些研究机构的目标是迅速解决农业领域不同行业中的实际问题。试验和研究成果实际应用是在 9 个研究站和 34 个地区研究中心完成。其中，这 34 个地区研究中心是按地域划分建立的，50%的经费来自农渔部，50%的资金来自农业企业和农民。③著名的瓦赫尼根（Wageningen）农业大学，成立了瓦赫尼根农业研究中心和农业研究基金会，重点从事植物科学、动物科学、食品科学、农业环境与系统科学、社会科学研究。在应用研究方面，主要解决将要变得十分重要的实际问题，如植物病理、土壤、畜牧、农机、农产品加工等。

农业领域推广工作组织结构分明。面向农民和种植者的直接管理与咨询服务工作包括社会经济推广和技术经济推广，这些工作由农渔部提供资助。农民和种植者直接获利的推广工作则由农业企业自身投入。农渔部通过示范项目加速知识和创新成果的应用，通过政府的推广部门和民间的各种技术咨询服务组织，把新技术推广到各个农户、科研、试验站。推广部门把三者有力结合形成高效“农业知识网络”。通过这个网络，农业科研的最新知识和技术成果可迅速传播到每个农户，并很快在全国推广普及①。

1.1.3.5 中国的现代农业发展

目前，中国农业正在由传统农业向现代农业转变的过程之中。从总体上看，中国农业生产力还比较落后，主要靠手工劳动；市场化程度较低，自给半自给经济仍占较大比重；农业人口多，就业压力大；农业劳动力素质不高。文盲半文盲数量较大；农民生活水平较低，还有近2 000多万人尚未解决温饱。与经济高度发达的国家相比，中国农业也有很大差距；与中等发达国家相比，中国农业也有较大差距；甚至和一些发展中国家相比，中国农业仍然存在不小的差距[3]。我们不仅要充分认识建设现代农业这一必然的趋势，更要清醒地看到中国农业发展的差距，进一步加快建设现代农业的步伐。

国务院以国发〔2012〕4号文件印发了《全国现代农业发展规划》标志着发展现代农业从理念要求变成了实际举措，标志着现代农业发展在国家政策的顶层设计上有了总体部署安排。中国的现代农业与传统农业相比具有4个特点：①突破了传统农业仅仅或主要从事初级农产品原料生产的局限性，实现了种养加、产供销、贸工农一体化生产；②突破了传统农业远离城市或城乡界限明显的局限性，实现了城乡经济社会一元化发展；③突破了传统农业部门分割、管理交叉、服务落后的局限性，实现了按照市场经济体制和农村生产力发展要求的转变；④突破了传统农业封闭低效、自给半自给的局限性，发挥资源优势和区位优势，实现了农产品优势区域布局、农产品贸易国内外流通。

① 《世界现代农业的典范——荷兰现代设施农业》，载《中国农业信息快讯》，2002年第8期。

《全国现代农业发展规划》提出了现代农业发展的指导思想、基本原则与发展目标，可以概括为 “一条主线、两个目标、三个能力、四个化、五个支撑”的发展思路，即以转变农业发展方式为主线，以保障主要农产品有效供给和促进农民持续较快增收为主要目标，以提高农业综合生产能力、抗风险能力和市场竞争力为主攻方向，着力促进农业生产经营专业化、标准化、规模化、集约化，着力强化政策、科技、设施装备、人才和体制五个支撑。确立了现代农业发展“五个坚持”的基本原则，即坚持确保国家粮食安全，坚持和完善农村基本经营制度，坚持科教兴农和人才强农，坚持政府支持、农民主体、社会参与，坚持分类指导、重点突破、梯次推进[①]。

建设现代农业就是用现代农业不断改造传统农业、不断发展农村生产力，就是用现代农业转变农业增长方式，促进农业持续健康发展。我们可以预测未来中国农业生产将呈现五大趋势：①从“平面式”向“立体式”发展。利用各种农作物在生长过程中的“时间差”和“空间差”进行各种综合技术的组装配套，充分利用土地、光照和作物、动物资源，形成多功能、多层次、多途径的高产高效优质生产模式。②从纯农业向综合企业发展。以集约化、工厂化生产为基础，以建设人与自然相协调的生态环境为长久的目标，集农业种植、养殖，环境绿化，商业贸易，观光旅游为一体的综合企业，引发“都市农业”的兴起。③从单纯生产向种植、养殖、加工、销售、科研一体化发展。变单纯的生产企业为繁殖、养殖、生产、贮藏、加工、销售一条龙产业化企业。甚至许多企业都有自己的研究机构、研究项目，兴起一批产业化的龙头企业。④从机械化向电脑自控化、数字化方向发展。农业机械化的发展，在减轻体力劳动，提高生产效率方面起到了重大作用。电子计算机的应用使农业机械装备及其监控系统迅速趋向自动化和智能化。计算机智能化管理系统在农业上的应用，将使农业生产过程更科学、更精确。带有计算机、全球定位系统（GPS）、地理信息系统（GIS）及各种检测仪器和计量仪器的农业机械的使用，将指导人们根据各种变异情况实时实地采取相应的农事操作[②]。我们期盼着中国现代农业的早日到来。

---

① 农业部新闻办公室举行新闻发布会：《解读〈全国现代农业发展规划〉，并回答记者提问》，中华人民共和国农业部网站，2012-02-14。

② 《专家认为未来我国农业生产将呈现五大趋势》，中国农业网，2002-05-17。

1.2 绿色农业

1.2.1 绿色农业的提出背景与发展轨迹

随着现代农业的机械化、化学化、设备化、集约化、资金化等多种投入的不断发展，加之现代工业发展的污染，化肥和农药过量使用，农业资源的不合理利用，农业生态环境问题日益突出，食物中残留的有害物质成分在增高，农产品安全性问题凸显。随之而来的是人类因环境污染、食物的污染带来的各种疾病，于是人们本能地越来越关心食品安全和身体健康，注意保护生态环境。对来自无污染、无公害的农产品倍加青睐。在这样的背景下，人类为了防止食品污染，保护生态环境，生产安全食品，增进身体健康，绿色农业油然而生，并以固有的优势被广大消费者认可，成为现代农业发展的必然选择。

绿色农业（ecological agriculture）兴起，最早可追溯到 1924 年的欧洲，20 世纪三四十年代，在瑞士、英国、日本等国得到发展，60 年代欧洲的许多农场转向绿色耕作，70 年代末东南亚地区开始研究绿色农业，到 90 年代，世界各国有了较大发展。表现在绿色农业用地面积有一定规模，绿色农业产品产值在不断增加，如欧洲的绿色食品和饮料销售额从 1997 年的 52.55 亿美元到 2000 年增加到 95.5 亿美元。目前全球每年绿色农业产品总产值达 250 亿美元，其中欧盟 100 亿美元，澳大利亚 35 亿美元，美国和加拿大 100 亿美元。英国、法国、荷兰、意大利、瑞士、丹麦等国对绿色食品的需求也在逐年增多。

中国的绿色农业，是在 1980 年银川召开的全国农业绿色经济学术讨论会上第一次使用了“绿色农业”这一概念。1982 年，中国农业环境保护协会在四川乐山召开的综合性学术讨论会，正式向主管部门提出了发展绿色农业的建议。1983 年，农业部联合国家计委、财政部、科学技术部、水利部、国家环境保护局和国家林业局在全国开展了绿色农业试点县建设。1984 年国务院 64 号文件指出：“要认真保护农业绿色环境，积极推广绿色农业，防止环境污染和破坏。”第七届全国人民代表大会第四次会议通过的《中华人民共和国国民经济和社会发展十年规划及第八个五年计划纲要》中也指出，在今后的 10 年和第八个五年计划期间，要继续搞好绿色农业试点工作。1991 年 5 月，农业部、国家环保局等部委在河北省组织召开了“全国绿色农业县建设经验交流会”，总结了全国绿色农业取得成就和经验，并提出了在绿色农业示范建设的基础上进一步在全国推广。1995 年，中共中央五中全会《关于制定国民经济和社会发展“九五”计划和 2010 年远景目标的建议》中再次强调：“发展绿色农业，保护农村绿色环境。”经过 20 多年的发展，中国开展绿色农业建设的县已达到 300 多个，示范点 2 000 多个。其中，国家级绿色农业试点示范县 100 多个，省级县 200 多个，遍布全国 30 个省、自治区、直辖市，绿色农业建设在全国呈现蓬勃发展的态势①。

1.2.2 绿色农业的内涵与特点

关于绿色农业的概念，有多种解释。张秉福、叶海芹（2005）认为：绿色农业是指以生产、加工、销售绿色食品为核心的农业生产经营方式，它是当今世界各国实施可持续发展农业目标时被广泛接受的模式[4]。

李友华等认为：所谓绿色农业是指以绿色生态环境为基础，通过绿色物质、能量、资金的投入与绿色技术的推广应用，以绿色政策法规为保证，推进劳动者理性的科学行为，遵循循环经济原理，低消耗、高产出，促进物质能量的有效转化，实现物质流、能量流、价值流的综合与统一，既提高产出价值，又提高绿色农产品满足人类的需求，实现生产发展与资源保护相互协调，实现社会、经济、生态效益的统一，社会和谐的可持续发展的农业②。

刘连馥认为：绿色农业，是指以可持续发展为基本原则，充分运用先进科学技术、先进工业装备和先进管理理念，以促进农产品安全、生态安全、资源安全和提高农业综合效益的协调统一为目标，把标准化贯穿到农业的整个产业链条中，推动人类社会和经济全面、协调、可持续发展的农业发展模式③。

卢良恕等认为：所谓绿色农业，是指以全面、协调、可持续发展为基本原则，以促进农产品安全（数量安全和质量安全）、生态安全、资源安全和提高农业综合效益为目标，充分运用先进科学技术、先进工业装备和先进管理理念，汲取人类农

---

① 《发展“绿色农业”促进农业安全》，武威市农牧信息网，2010-01-26。

② 李友华、王虹：《绿色农业构成要素及其可持续发展》，http：//greenfood.dbw.cn，2007-07-26。

③ 刘连馥：《绿色农业基本理论初探》，中国绿色食品网，2004-12-03。

业历史文明成果，遵循循环经济的基本原理，把标准化贯穿到农业的整个产业链条中，实现生态、生产、经济三者协调统一的新型农业发展模式①。

笔者认为，绿色农业是将“绿色环境”“绿色技术”“绿色产品”融为一体的系统有机整体。在绿色农业系统组成要素中，绿色环境要素是基础，绿色技术要素是手段，绿色产品要素是结果，其系统整体是满足人类健康、安全、和谐需求的一种清洁、安全、高效、可持续发展的现代农业模式。绿色农业系统具有以下特点：

（1）用先进的工业装备、科学技术、现代管理思想武装管理绿色农业，以提高农民、企业、财政收入和农业的综合（经济、社会、生态）效益。

（2）农业生产全过程的绿色化。绿色农业把农产品生产过程作为一项系统工程，实行从种植、养殖、加工、销售一条龙绿色产业化经营。生产和经营者按照种植业、养殖业、生产、加工、包装、贮藏、运输、销售的生产标准和环境标准组织生产，通过建立绿色农产品生产基地，保证生产的食物和加工原料的质量达到绿色标准，为人民提供安全、放心的绿色食品。

（3）和谐协调与可持续发展，绿色农业追求人与自然的和谐与协调，农业生产与生态环境的和谐与协调，用地与养地的和谐与协调，实现农业的可持续发展。

1.2.3 绿色农业发展的路径与对策

发展绿色农业、开发绿色食品是当今世界可持续发展的需要，是人类社会文明进步的结果，是一项功在当代、利在千秋的伟大事业，为此大力发展绿色农业意义深远。目前发展绿色农业的主要路径与对策是：

1.2.3.1 全社会树立发展绿色农业意识，促进绿色农业发展

发展绿色农业是全社会的事情，关系到社会的每个家庭、每个成员安全健康、幸福和谐，是坚持以人为本思想的体现。同时发展绿色农业是实现人与自然和谐、社会和谐重要举措，是巩固农业在国民经济基础地位，实现农业可持续发展的重要条件和基本保证。为此，全社会必须树立发展绿色农业的意识，全社会共同行动起来，推进绿色农业的发展。

① 卢良恕、郭书田等：《绿色农业基本理论的研究与探讨》，中国绿色食品协会，2011-05-13。

1.2.3.2 全力推广绿色农业技术，实现绿色农业生产清洁化

发展绿色农业要坚持以绿色技术为支撑，通过推广绿色技术，推动绿色农业发展。我们所称的绿色技术就是农业生产过程应用安全、清洁技术。包括农业环境工程技术，废弃物再利用的资源化技术，生产绿色产品的清洁生产技术，农产品加工、包装、运输过程中的绿色技术，采用新工艺、新技术降低原材料和能源的消耗，实现少投入、高产出。例如，使用有机肥、秸秆还田技术、动植物的生物保护和防治技术，生物农药、节约能源、节约资源的绿色技术，所采用的这些技术都是不破坏生态环境、不影响农产品质量的清洁技术。总之，要建立和形成一套绿色农业技术体系。通过区域化、专业化生产来实施绿色农业技术体系推广，实现绿色农业发展。

1.2.3.3 制定绿色政策和法规，保障绿色农业发展

绿色农业政策和法规是发展绿色农业法律保障，是生产者、消费者行为的规范准则。绿色农业是一项人类的公益事业，各级政府要制定支持发展绿色农业的优惠政策和市场融资政策，国家要制定颁布发展绿色农业的法律，如《绿色食品清洁生产法》，制定绿色食品生产标准，开展农产品的检测、绿色食品认证，用政策和法规保障绿色农业的发展。

1.2.3.4 加大资金投入力度，保证绿色农业发展

各级政府要把资金支持纳入各级财政的预算和国民经济发展计划，以公共财政形式支持绿色农业发展。真正实现用资金支持保障绿色农业的发展。

1.3 低碳农业

1.3.1 低碳农业提出的背景分析

自 1750 年工业革命以来，人类社会经济活动的主体能源逐步转换成为煤炭、石油、天然气等化石能源，形成了以高耗能、高排放、高污染为特征的高碳经济。受这种经济发展方式影响，目前全球正在经历一场以变暖为主要特征的气候变化。全球大气中 CO_2、CH_4、N_2O 等温室气体的浓度迅速增加，使地球表面的生态环境遭到破坏，成为涉及人类生存和发展的重大问题。于是在 2002 年世界可持续发展首脑会议之后，在可持续发展框架下应对气候变化成为国际共识。着眼于国际气候

制度建设，英国于 2003 年提出了“低碳经济”的概念。2008 年世界环境日，联合国环境规划署确定本次环境日的主题是“转变传统观念，推行低碳经济”。2009 年 12 月 7—18 日在丹麦首都哥本哈根召开联合国气候变化大会（《联合国气候变化框架公约》第 15 次缔约方会议暨《京都议定书》第 5 次缔约方会议）。192 个国家的环境部长和其他官员们商讨《京都议定书》一期承诺到期后的后续方案，就未来应对气候变化的全球行动签署新的协议。这是继《京都议定书》后又一具有划时代意义的全球气候协议书，毫无疑问，对地球今后的气候变化走向产生决定性的影响。这是一次被喻为“拯救人类的最后一次机会”的会议。哥本哈根会议后，“低碳”风暴风起云涌。“低碳世界”“低碳经济”“低碳城市”“低碳技术”“低碳生活方式”等一系列概念越发火热，其中核心的、关注度较高的当属“低碳经济”。

所谓低碳经济是指在发展中排放最少的温室气体，降低生产和消费活动中的 CO_2 等 GHS 排放量，以缓解全球变暖的压力，同时获得整个社会最大产出的经济。其实质是能源效率和清洁能源结构问题，其核心是能源技术创新和制度创新，目标是减缓气候变化和促进人类的可持续发展。

农业作为国民经济的基础产业，是一个重要的温室气体来源，同时又受到温室效应的严重影响。全球气候变化也造成了水资源短缺和燃料价格波动都将直接影响到粮食生产的稳定性。同时农业也是大碳源。农业是人类社会创造的最基础的社会产业，农业的发展经历了刀耕火种农业阶段、传统农业阶段和工业化农业（石油农业）阶段。工业化农业是以大量能源的投入为基础，也是造成碳排放、温室效应乃至全球变暖的“罪魁祸首”之一。

（1）土壤本身就是一个巨大的碳库。土壤圈是地球岩石圈、大气圈、水圈和生物圈交界的一个圈层，它不仅是人类赖以生存的自然资源和人类与生物生活栖息的基地，而且是生态系统中生物与环境间进行物质、能量交换的枢纽。在全球气候变化尤其在全球碳循环中，土壤圈是碳素的重要贮存库和转化器。土壤呼吸使大量的有机碳以 CO_2 形式释放到大气中。土壤呼吸的微量变化会导致大气中 CO_2 浓度的显著变化，从而影响由于 CO_2 浓度升高所伴随的全球变暖和其他气候因素的变化。据报道，农业耕地释放出的温室气体相当于 150 亿 t CO_2，占全球总量的 10%～12%。

（2）农业生产也是温室气体的一个重要排放源。人类在从事农业生产活动过程中，对土地利用变化已引起各类生态系统明显变化，如毁林开荒、草场退化、土地沙化等森林和草场破坏所引起的大气 CO_2 浓度变化，也是大气中碳含量增加的重要来源。化肥、农药、农用薄膜的使用不当会加剧温室效应，也会带来农产品的残毒和农业面源污染和土壤退化，影响农业的生态环境。畜牧业发展也会加剧温室效应，动物养殖特别是反刍动物的肠道发酵一级稻田造成大量的甲烷排放。据专家估算，中国农业温室气体排放量为 9.5 亿 t，如果将各种排放的温室气体换算成 CO_2 当量，会占到全球温室气体总排放量的 17%。以上数字还未考虑化学农业的化肥、农药、地膜等生产过程的碳排放量。

（3）农业生产资料（化肥、农药、农用薄膜等）的生产、农业机械的生产和使用、农产品的加工与运输等都要消耗大量的能源，排放大量的 CO_2。

为了应对气候变化，农业也面临减少温室气体排放、固碳、节能的压力。同时，农业本质上是依赖太阳辐射、土地、大气和水等来自自然的初级资源的生物学转化的生产过程。可见农业具备碳汇和碳源（排放）双重特征，如果能充分利用农业碳汇功能尽可能降低其碳排放功能，发展低碳农业就更具有丰富内容，更展现诱人的前景。在这种背景条件下发展低碳农业就成为必然。

1.3.2 低碳农业的内涵

关于低碳农业的概念有多种论述，闵九康等认为：低碳农业可定义为较少或更少地向大气排放 CO_2 等温室气体的农事活动或农业生产。低碳农业就是生物多样性农业[5]。农业部给出的定义是，低碳农业是指以减少大气温室气体含量为目标，以减少碳排放量、增加碳汇和适应变化技术为手段，通过加强基础设施建设、产业结构调整、通过土壤有机质、做好病虫害防治、发挥农村可再生能源作用，实现农业生产和农民生活方式转变，实现高效率、低耗能、低排放、高碳汇农业[6]。

笔者认为，低碳农业是在农业发展过程中应用先进技术，增加农业碳汇量，减少农业碳排放量，造就良性农业生态环境，实现高效、低碳、绿色的现代农业。

1.3.3 低碳农业的特点

低碳农业具有以下特点：

（1）低碳农业是将“高能耗、高排放、高污染”的发展方式转变为“低能耗、低排放、低污染、高碳汇”的发展方式，保护了生态环境，增加农业碳汇量，是一种环境友好型农业。

（2）低碳农业是利用低碳高新技术，使农业生产实现低消耗、低投入、高效益，是一种资源节约型可持续发展农业。

（3）低碳农业是在发展过程中将产前、产中、产后中的高碳排放等不利因素消除到最低水平，保障了农副产品的质量和安全，是一种安全型农业。

1.3.4 低碳农业发展策略

发展低碳农业是人类社会的必由之路，是可持续发展的必然要求，是应对挑战的必然选择，是国家博弈的必然结果。发展低碳农业的要坚持减量化、再利用、资源化的原则，转变农业增长方式，建设低支出、高产出、低消耗、高效益、少排放、零污染的农业生产体系，重点发展高产、优质、高效、生态、特色、安全农产品，实现农业可持续发展。为此要做到以下几点：

1.3.4.1 提高低碳农业的认识

要充分利用新闻媒体，广泛宣传低碳农业，让全民了解和认识低碳农业，在思想上真正认识发展低碳农业的重要性，从而树立发展低碳农业的理念，把低碳农业作为农业可持续发展的重要内容，推动低碳农业发展。

1.3.4.2 用政策调动法律保障低碳农业发展

各级政府要制定发展低碳农业的优惠政策，鼓励和支持发展低碳农业。建立健全发展低碳农业的法律法规，推进低碳农业生产的法制化、制度化和规范化建设，保障低碳农业发展。

1.3.4.3 依靠科技发展低碳农业

要开展实施防治与降解新材料技术、废弃物资源化技术、污染阻控技术、无窖化和污染减量化生产技术以及关键工艺与工程配套技术等，从根本上解决农业污染问题。积极推广生物防治病虫害，合理使用环保生态低毒农药，推广绿色防控，保护农业生产的生态环境。合理使用化肥，推广测土配方施肥，减量增效，合理利用氮、磷、钾、微肥，降低成本，减少肥料流失和污染，提高土地的综合生产能力。因地制宜，免耕栽培，节本节能。改革农艺耕作制度，优化土壤结构，增加土壤有机质，节约耕作成本，促进农业可持续发展。大力推广微生物利用。依靠科技把传统农业的动植物资源利用扩展到微生物资源利用，创建以微生物产业为中心的新型工业化农业。例如，通过秸秆做畜牧饲料、畜粪制沼气，产生的沼液沼渣做有机肥料的循环生产（沼液可以代替农药，沼渣可以代替化肥），可以实现无污染、零排放，保护生态环境，是农村发展安全优质农产品的重要举措。

1.3.4.4 开展节水、节肥、节药、节能、农产品废弃物综合利用

在农业节约能源上，开展生物质能技术示范和推广，开发和利用农村沼气、秸秆发电等可再生能源。在节约用水上，集成创新节水模式，推广蓄、保、集、节、用一体化节水措施，提高水资源利用效率，实现增产增收。推广旱作节水农业技术，扩大节水作物品种和种植面积。在节约土地上，提高耕地集约利用水平，开展农村集体建设用地整顿，指导村镇建设节约利用土地。在节约资源上，发展节粮型畜禽养殖业，推进农作物秸秆和畜禽粪便的循环利用。科学使用农膜，鼓励并推广农膜的回收利用。推广秸秆综合利用，推行秸秆还田，秸秆覆盖，畜牧饲料等，增加土壤有机质和养分含量，改善土壤理化性状，提高土壤肥力等级，控制农业秸秆立体污染循环链，全面提升秸秆资源利用效率。加强物种资源的保护和合理开发利用，切实保护好耕地、草地、水域的生态环境和野生植物等农业资源。

1.3.4.5 利用农村丰富的资源发展清洁能源

利用农村丰富的资源发展清洁能源主要是：风力发电、秸秆发电、秸秆气化、沼气、太阳能利用等。特别是“一池（沼气池）三改（改厕、改厨、改圈）”生态工程，既可净化环境，又能获取能源，还可增加收益，是低碳能源开发的有效途径。

1.3.4.6 充分发挥农业的碳汇功能

通过农田生态系统的立体开发，充分发挥农作物是全球陆地碳库的重要组成部分的功能，尽量使用少耕免耕等保护性耕作措施，注重土壤培肥，维持养分平衡，减少对土壤有机碳的扰动和化肥使用，从而减少碳排放。

总之，发展低碳农业，要研究“碳农业”，计算“碳足迹”，核算“碳预算”，完善“碳交易”，实施农业资源节约化，生产过程清洁化、低碳化，产业链条生态化，废弃物循环资源化，产品消费绿色化，实现低碳农业的健康、持续发展[①]。

---

① 陈钰：《低碳农业形状与对策分析，经济发展方式转变与自主创新——第十一届中国科学技术协会年会（第一卷）》，2010。

1.4 循环农业

1.4.1 循环农业的产生与发展

随着工业文明的诞生和发展，特别是随着近现代科学技术手段的不断创新，人类的活动对生物圈的影响越来越大，关系着整个生物圈的稳定和繁荣。由于人类长期以来在非科学发展观引领下的不理智行为，如乱砍滥伐、乱捕滥杀、过度放牧、环境污染以及人口膨胀、社会冲突等，对包括人类在内的整个生物圈造成了直接或间接的威胁，迫使人类不得不反思自身活动的理性问题和对稀缺资源与环境的保护问题，谋求协调人与生物圈的关系，于是才有了可持续发展思想。世界各国从可持续发展的理念出发，提出了一系列变革传统经济的发展模式与战略，力图通过这些战略规划及具体措施，协调经济与环境之间的关系，以实现总体效益的最大化。循环经济就是诸多战略构想之一。作为一种可持续发展理念的新型经济发展模式，循环经济是 21 世纪世界经济发展与环境保护结合的必然战略选择。

循环经济的思想萌芽产生于 20 世纪 60 年代，源于美国经济学家波尔丁提出的"宇宙飞船理论"。波尔丁对传统工业经济"资源—产品—排放"的"开环"范式提出了批评。几乎同时，1962 年美国生物学家蕾切尔·卡逊出版《寂静的春天》一书，对"杀虫剂"等化学农药破坏食物链和生物链的恶果进行了起诉。1972 年罗马俱乐部在《增长的极限》报告中倡导"零增长"。1992 年联合国世界首脑环发大会发表《里约宣言》和《21 世纪议程》，可持续发展观深入人心。2002 年世界环发大会决定在世界范围内推行清洁生产，并制订行动计划。在上述背景下，循环经济理念应运而生，循环经济由此发展。

随着工业化、城市化的不断发展，传统农业经济的增长面临着越来越突出的资源约束（尤其是土地资源和淡水资源）问题，同时农业生态环境的不断恶化，农业废弃物不断增加，污染面源不断扩大，农业生产过程和农产品安全性减弱，这种将资源变为产品同时也不断地变为废弃物并造成污染的农业生产方式，已经影响到农业生态安全、人民生命健康安全和农民收入水平的提高。为此，农业为摆脱上述困境，在伴随着循环经济产生的大背景条件下，循环农业应运而生。

循环农业是可持续发展的继续和模式之一，是把循环经济理念应用于农业系统的结果，也是国内外农业发展的新趋势。在全世界，许多国家对循环农业进行了大量卓有成效的实践，但由于国情的不同，自然资源、地理条件、气候等方面的差异，采取了不同的农业循环方式进行生产，形成了一些各具特色的循环农业，如物质再利用模式的日本爱东町地区循环农业、德国的“绿色能源农业”等，减量化模式的美国精准农业、以色列的节水农业等，瑞典的“轮作型生态农业模式”。中国政府对发展循环农业十分重视，2007 年 12 月，农业部确定河北省邯郸市、山西省晋城市、辽宁省阜新市、江西省吉安市、山东省淄博市、河南省洛阳市、湖北省恩施自治州、湖南省常德市、广西壮族自治区桂林市、甘肃省天水市 10 个市（自治州）开展循环农业示范市建设。邯郸市、常德市、阜新市、淄博市、吉安市已经编制循环农业发展规划。其中，邯郸市制定了“34567”循环农业发展目标，晋城市大力开展以农村沼气、秸秆气化为核心的循环农业建设。阜新市从 2005 年起制定了《阜新市循环经济实施方案》及《阜新市发展循环经济规划》，2007 年 10 月印发了《阜新市发展农业循环经济管理办法》①。形成了一些循环农业模式，如河南等地的“粮饲—猪—沼—肥”生态模式，用种植业为饲养业提供饲料，用饲养业为种植业提供肥料，充分利用生态系统中物质与能量的循环，大大提高了物质的利用率且减少了环境污染；利用自然生态系统中各生物生长特点形成生物生态群体的立体复合型生态模式，等等。

总之，循环农业在全世界如火如荼地发展，它将成为现代农业重要模式之一，成为可持续发展的重要内容，前景广阔，意义深远。

1.4.2 循环农业的内涵

关于循环农业有诸多解释，虽然叙述不一，但核心都是围绕物质与能量循环利用，提高资源的利用率，减少废物的排放量，实现可持续发展。诸如以下几种论述：

（1）循环农业就是采用循环生产模式的农业。按照专业的说法，循环农业是一种以资源的高效利用和循环利用为核心，以“减量化、再利用、资源化”为原则，以“低消耗、低排放、高效率”为基本特征的农业发展模式，这是一种符合经济可

① 《农业部确立十个市州为首批循环农业示范市》，中国网，2007-12-13。

持续发展理念的模式。这种模式，相对于“大量生产、大量消费、大量废弃”的传统农业增长模式来说，是一个根本性的变革[7]。

（2）循环型农业是运用可持续发展思想和循环经济理论与生态工程学的方法，在保护农业生态环境和充分利用高新技术的基础上，调整和优化农业生态系统内部结构及产业结构，提高农业系统物质能量的多级循环利用，严格控制外部有害物质的投入和农业废弃物的产生，最大限度地减轻环境污染，使农业生产经济活动真正纳入到农业生态系统循环中，实现生态的良性循环与农业的可持续发展[8]。

（3）循环农业是指在农作系统中推进各种农业资源往复多层与高效流动的活动，以此实现节能减排与增收的目的，促进现代农业和农村的可持续发展。通俗地讲，循环农业就是运用物质循环再生原理和物质多层次利用技术，实现较少废弃物的生产和提高资源利用效率的农业生产方式。循环农业作为一种环境友好型农作方式，具有较好的社会效益、经济效益和生态效益。只有不断输入技术、信息、资金，使之成为充满活力的系统工程，才能更好地推进农村资源循环利用和现代农业持续发展[9]。

笔者认为，循环农业是一个有机系统整体，是一项艰巨的农业系统工程，它将循环经济理论和“减量化、再利用、资源化”的原则以及高新技术具体应用于农业生产系统过程的物质与能量的多层次循环利用，实现农业资源的可持续利用和农业生产的低消耗、少排放、高效益。其内涵包括以下几点：

（1）它是一个农业生产物质与能量多层次循环利用系统，系统内各要素相互利用、相互协调、相互作用，实现系统整体优化。利用农业生态原理和生物群落的特性，以及生物与生物、生物与环境、环境与环境之间的能量和物质的联系建立起来的整体功能和有序结构，实现农业生态系统中的物质、能量、信息的有效转换，实现经济、社会和生态的高效有机统一。

（2）它在农业生产系统运行过程中以高新技术为支撑，使用农业高新技术保障农业可持续发展。

（3）它在整个农业生产系统过程中以“减量化、再利用、资源化”为准则，形成农业生产循环链，把上一级废弃物变成为下一级生产环节的原料，循环往复，有序进行，实现农业生产的低消耗、少排放、高效益，以及农业生态系统的良性循环，达到经济发展与资源节约、环境保护协调统一。

1.4.3 循环农业的特点

系统分析循环农业系统应具有两个方面的特点：

（1）具有一般循环经济的 3 个明显特点。①减量化，要尽量减少进入农业生产和消费过程的物质量，节约农业资源使用，减少污染物的排放，保护生态环境；②再利用，要尽量再次提高农副产品和资源的利用效率，减少生产污染或达到零排放；③再循环，使农业物品完成使用功能后能够重新变成再生资源，进行再利用。

（2）具有农业生产的自身特点。即农业生态食物链条循环，在农业生产物质与能量循环中的各个主体互补互动、共生共利性较强；清洁生产，特别强调产品的安全性，利用高新技术控制和尽量减少化肥、农药的施用量，或者采取施有机肥和生物控制；保护土地、水资源和农业生态环境，使农业资源可持续利用和不受污染，农业生态环境良性循环；绿色消费，人们既满足生活对绿色产品的需要，又不浪费资源和不污染环境，当农业的主副产品消费后，对废弃物再循环利用，变废为宝，回归自然[①]。

1.4.4 循环农业发展的思路与策略

1.4.4.1 发展思路

在循环经济理论指导下，按照物质能量循环和生态系统食物链原理，充分发挥农业生态经济系统的能量转化、物质循环、价值增值和信息传递功能，促进能量和物质在食物链中不断转化循环，有效利用各种有机废弃物资源（农作物秸秆、畜禽粪便、加工下脚料等），实现最佳生产、最大效益、最适度消费和最少废弃。要有效地充分利用好植物、动物和微生物等生物资源，构建“植物生产－动物转化－微生物还原”的循环利用体系，实现人与自然的和谐发展。在农业生产过程中要把握好“四化”，①农业生产清洁化，包括清洁投入（清洁的原料、清洁的能源）、清洁产出（不危害人体健康和生态环境的清洁农产品）和清洁生产（使用无毒无害化肥、农药等）；②产业内部资源利用梯度化，合理安排产业内部的生产方式，优化生产

① 《循环农业概念及特点》，唐山农业信息网，2012-08-02。

空间结构，尽可能地减少水、肥、土、药等资源浪费，提高资源利用效率；③产业间废弃物利用资源化，合理安排农业产业的时间和空间结构，在相关产业间建立废弃物资源化循环利用的互惠互利关系，降低生产成本，提高经济效益，改善生态环境；④农产品消费理性化，引导消费者客观地选择自己的消费档次、产品种类和品牌，为农业生产经营者提供准确的需求信息，引导产品种类调整、组织管理方式和技术工艺改进，促进提高农业资源配置效率，避免结构性、泡沫性资源浪费。

1.4.4.2 发展观念

发展循环农业，要树立 3 个发展观念。

（1）经济效益、社会效益、生态效益的有机统一观念。发展循环农业，要改变重生产轻环境、重经济轻生态、重数量轻质量的观念，既注重在数量上满足供应，又注重在质量上保障安全；既注重生产效益提高，又注重社会效益、生态环境建设，实现经济效益、社会效益、生态效益的有机统一。

（2）资源多级多层循环利用观念。传统的农业生产活动一般表现为“资源—产品—废弃物”的单程式线性增长模式，产出越多，资源消耗就越多，废弃物排放量也就越多，对生态的破坏和对环境的污染就越严重。循环农业以产业链延伸为主线，推动单程式农业增长模式向“资源—产品—再生资源”循环的综合模式转变，同时循环农业要通过对农业生态经济系统的优化设计与管理，实现农业系统光热等自然资源和可再生资源的高效利用，最大限度地减少污染物的排放，节能减排，促进低碳农业发展。

（3）依靠农业高新技术的观念。发展循环农业要依靠科技创新，加强循环农业科学技术研究，推广促进资源循环利用和生态环境保护的农业高新技术，提高农业的技术含量，实现由单一注重产量增长的农业技术体系向注重农业资源循环利用与能量高效转换的循环农业技术体系转变。

1.4.4.3 发展策略

循环农业发展策略主要是：

（1）优化农业循环结构。优化农业循环结构主要是做好以下工作：①产业链循环结构优化。主要是对农产品自产地到餐桌全过程中推行清洁生产，污染防控，做到源头控制、中间处理、末端循环，使污染物排放量最小。②农业行业内部循环结构优化。主要是农业行业内部物质、能量相互交换，废弃物排放最小化。如立体种植、立体养殖以及农产品生态加工等都是典型的循环农业发展模式。③农业行业外部循环结构优化。主要是农业各行业之间相互交换废弃物，使废弃物得以资源化利用。如种养结合的稻田养鱼，稻田为鱼提供了良好的生长环境，鱼吃杂草、害虫，鱼粪肥田，减少了水稻化肥农药使用量，保护了生态环境，增加了经济效益，实现物质流、能量流的闭合式循环。

（2）搞好循环农业产业链。循环农业产业链是由生态种植业、生态畜牧业、生态林业、生态渔业及生态加工业之间，通过废弃物交换、循环利用、要素耦合等方式形成网状的相互依存、协同作用的有机整体。各产业部门之间，在质上为相互依存、相互制约的关系；在量上按一定比例组成的有机体。如以蔗田种植业系统、制糖加工业系统、酒精酿造业系统、造纸业系统、热电联产系统、环境综合处理系统为框架，通过盘活、优化、提升、扩张等步骤，建设制糖生态产业链，各系统内分别有产品产出，其资源得到最佳配置，废弃物得到有效利用。各系统之间通过中间产品和废弃物的相互交换来衔接，从而形成一个比较完整和闭合的生态产业网络。

（3）构建循环农业技术体系。发展循环农业要以高新技术为支撑，把经济效益、社会效益和生态效益有机结合起来，使物质和能量得到充分利用，建立适合循环农业发展的农业技术体系。循环农业技术包括清洁生产技术、低碳技术、生态技术等[10]。

1.5 绿色低碳循环农业

1.5.1 绿色低碳循环农业的提出

前面我们对绿色农业、低碳农业、循环农业作了简要系统分析，对其有了一些基本认识，可以说绿色农业、低碳农业、循环农业都是替代石油农业的现代农业模式。虽然它们在定义、内容方面存在很多差异，但在本质上是一致的，主要表现在以下方面：

（1）农业生产的目的都是替代石油农业，克服石油农业带来的高耗能、高污染、高成本等一系列弊端。

（2）农业生产过程都力求合理利用农业资源、多利用、少排放，有效保护生态环境，农业发展与自然界和谐相处，促进人类社会的可持续发展。

（3）农业生产体系都主张使用有机肥料，不使用或少使用农业化学物质（农药、化肥、激素等），防止对生态环境的污染和农产品的污染，保障农产品的质量安全。

基于上述绿色农业、低碳农业、循环农业的共同点，我们将绿色农业、低碳农业、循环农业三者融为一体提出绿色低碳循环农业。这样更能全面、系统、准确、科学反映其内涵特征。可以说，绿色低碳循环农业本身就是一个可持续农业系统有机整体，是更深层次的现代可持续农业系统。

1.5.2 绿色低碳循环农业发展的意义

绿色低碳循环农业是一种科学理念、一种理想的现代农业模式，正在转变为世界范围的人类农业实践活动。这种实践目标是人的生产、社会生产、环境生产的协调统一，是精神文明、物质文明、生态文明的协调推进，是经济效益、社会效益、生态效益的协调发展，是政治、经济、文化、生态、自然的协调互动。这种实践是人类农业发展史上的一场革命，它要求农业劳动者的素质和观念的提高；要求优化农业产业结构、产业布局、产业政策和产业运行方式，实现区域化、专业化、集约化、绿色化、低碳化、循环化；要求科学化、规范化、标准化的现代管理方式。发展绿色低碳循环农业的意义主要表现在以下 5 个方面：

（1）绿色低碳循环农业是现代农业发展的核心、理念创新、模式创新，对中国全面实现农业现代化具有重要意义。《中共中央国务院关于积极发展现代农业扎实推进社会主义新农村建设的若干意见》（中央 2007 年 1 号文件）指出："发展现代农业是社会主义新农村建设的首要任务，是以科学发展观统领农村工作的必然要求。推进现代农业建设，顺应我国经济发展的客观趋势，符合当今世界农业发展的一般规律，是促进农民增加收入的基本途径，是提高农业综合生产能力的重要举措，是建设社会主义新农村的产业基础。要用现代物质条件装备农业，用现代科学技术改造农业，用现代产业体系提升农业，用现代经营形式推进农业，用现代发展理念引领农业，用培养新型农民发展农业，提高农业水利化、机械化和信息化水平，提高土地产出率、资源利用率和农业劳动生产率，提高农业素质、效益和竞争力。建设现代农业的过程，就是改造传统农业、不断发展农村生产力的过程，就是转变农业增长方式、促进农业又好又快发展的过程。必须把建设现代农业作为贯穿新农村建设和现代化全过程的一项长期艰巨任务，切实抓紧抓好。”中共中央国务院1号文件为中国农业现代化指明了方向，是现代农业发展的纲领性文件。中国农业的根本出路是发展现代农业，而发展现代农业的核心是实现农业的全程绿色低碳循环生产。绿色低碳循环农业发展，一方面实现农产品的高产、优质、安全、生态、营养，并不断提高农产品质量，不断改善农业生态环境，为提高人们生活质量和身体健康服务；另一方面，现代农业的生产又必须实现绿色低碳循环，因此发展绿色低碳循环农业是建设现代农业的模式创新和战略举措。

绿色低碳循环农业发展要实现绿色化、低碳化、循环化，绿色化是实现农业全程绿色生产，从田头到餐桌实现绿色有机化，保证农产品和食品安全；低碳化是实现农业全程节约生产资料，提高投入产出比，节能减排，农业实现低碳发展与低碳经营，走低碳环保生态文明之路；循环化是实现农业生产全程绿色循环，实现农产品生产、消费、回收综合利用变废为宝。这为中国现代农业实施可持续发展开辟了崭新的路径，是实现农业现代化的理念创新。总之，笔者认为，发展绿色低碳循环农业对实现中国现代农业及农业现代化具有重要的现实意义和深远的战略意义。

（2）绿色低碳循环农业是全球可持续发展的重要组成部分，是社会、经济、生态发展的必然要求，农业的可持续发展必然是发展绿色低碳循环农业。用系统论观点看，绿色低碳循环农业是一个系统，是可持续发展系统的一个子系统或是重要组成要素，没有绿色低碳循环农业发展也就没有全面的系统的可持续发展。

（3）民以食为天，农业养育着全球的人口，现代人们的生活要求绿色食品、有机食品、无公害食品，而这些绿色、有机、无公害食品来源于绿色低碳循环农业的发展。没有绿色低碳循环农业的发展，就没有绿色、有机、无公害食品，就不能满足现代社会人们的社会需求。同时，现代社会发展和人们的健康需要食品安全，前面已经论及，工业化的发展给农业生态环境带来严重污染，农业污染事件不断出现，食品安全受到严重威胁。为此，发展绿色低碳循环农业成为人们的期盼，人们期望能吃上放心的安全食品。这是关系人们生活质量和健康水平的关键，可以说绿色低碳循环农业的发展已成为现代社会发展的必然要求。

（4）现代农业对生态与环境及资源的依赖性越来越强。有限的耕地资源、水资源、生物资源和日趋频繁与严重的自然灾害，以及被破坏了的生态、恶化了的环境对农业生产的制约、影响日益突出，严重阻碍了农业的稳定、持续、快速发展。所以靠耗费资源、牺牲环境的农业已不能再持续下去。因此，实施绿色低碳循环农业，有利于减少对农业资源的消耗、减轻或避免对生态的破坏、环境的污染；有利于农业内部的物质、能量相互交换，互为原料，废弃物资源化，改善农业生产条件与环境；有利于减轻资源环境的压力，有效地节约资源，保护生态，清洁环境，提高农产品安全，实现人与自然和谐，维系农业可持续发展。

（5）随着发达国家生态意识的不断提高，各国对农产品的生态标准要求越来越高，以环境安全和食品安全为主导的绿色壁垒在国际贸易中越来越明显。发展绿色低碳循环农业有利于提高农产品质量和突破国际贸易壁垒，提高农业的经济效益和农民的收入。

1.5.3 绿色低碳循环农业的内涵与关联分析

什么是绿色低碳循环农业，笔者认为绿色低碳循环农业是一个系统，是一个集合，绿色、低碳、循环三位一体，各具功能，绿色是目的，是农副产品（食品）安全的象征；低碳是基础，是农业生产依存的良性生态环境的基本条件；循环是利用，是农业生产过程废物再利用，变废为宝，回归自然。三者相互联系、相互作用、相互依存、相互制约，不可分割，构成一个有机整体。其内涵与关联具体表现在以下几个方面：①绿色是在绿色低碳循环农业系统将“绿色环境”“绿色技术”“绿色产品”融为一体，生产绿色、有机、无公害农副产品，满足人们健康、安全、和谐需求；②低碳是在绿色低碳循环农业系统应用先进技术，增加农业碳汇量，减少农业碳排放量，使农副产品生产过程低碳化，造就农业生态环境良性循环；③循环是在绿色低碳循环农业系统将循环经济理论和“减量化、再利用、资源化”的原则应用于农业生产过程的物质与能量的多层次循环利用，实现农业资源的可持续利用和农业生产的低消耗、少排放、高效益；④绿色低碳循环农业系统的整个生产运行过程要实现农业的清洁化生产与可持续发展，满足现代社会对农副产品的质量、安全、健康需求，促进生态环境的良性循环，创建和谐社会。

1.5.4 绿色低碳循环农业的特点

绿色低碳循环农业有别于绿色农业、低碳农业、循环农业的最大特点，是将绿色农业、低碳农业、循环农业融为一体，成为一个系统有机整体。同时还具备绿色农业的特点、低碳农业的特点、循环农业的特点（具体详见前面论述）。具体有以下几个方面：①始终以农业资源可持续利用、农业可持续发展为宗旨，资源利用最大化；②绿色、低碳、循环三位一体，有机结合，优势互补，协同发展；③农业生产过程清洁化、绿色化、循环化、低碳化，经济效益、社会效益、生态效益相统一；④农业生产以高新技术为支撑，科技含量高；⑤生产出的农副产品安全可靠，能让人民吃上放心的农产品，保障人民健康、和谐、幸福生活。

1.5.5 绿色低碳循环农业发展的理念与思路

绿色低碳循环农业是一个全新的概念，如何发展绿色低碳循环农业既需要理论和技术支撑，又需要实践的探索。我们应在总结绿色农业、低碳农业、循环农业发展经验与教训的基础上，积极探索发展绿色低碳循环农业的道路。实际上发展绿色低碳循环农业是实现农业的绿色发展、低碳发展、循环发展。绿色发展是自然的象征，是农业发展与大自然和谐协调，它涵盖了节约、低碳、循环、生态保护；低碳发展是农业以低排放为特征的发展，主要是通过节约能源，提高效能，增加森林碳汇、农业碳汇，降低能耗强度和碳强度，实质最终是解决能源可持续发展和能源消费引起的气候变化的环境问题；循环发展是通过提高农业资源利用率，变废为宝，化害为利，少排放或零排放污染物，力争“吃干榨净”，实质是解决资源永续利用和资源消耗引起的环境污染问题。绿色发展、低碳发展、循环发展相互关联，相互促进，相互协调，统一农业可持续发展的实践，是现代农业发展的基本途径和方式，也是转变农业经济发展方式的重点任务和重要内涵，体现了农业可持续发展的本质要求和最终目标。为此，绿色低碳循环农业发展的思路就是：坚持可持续发展、绿色发展、低碳发展、循环发展，以高新技术为支撑，遵循经济效益、社会效益、生态效益相统一的原则，农业资源高效循环利用，农业生产能耗低，废物排放量少或为零，生产清洁化，消费绿色化，为人类提供绿色、有机、无公害的安全农副产品或食品，保障人民安全、幸福、健康，促进社会和谐发展。

第 2 章

绿色低碳循环农业的基础理论

绿色低碳循环农业作为一种新型的现代农业模式需要坚实、深厚的经济发展理论支撑。生态经济理论、绿色经济理论、低碳经济理论、循环经济理论、可持续发展理论 5 种理论都是随着工业化的发展，环境污染日趋严重，人口发展日益增多，而自然资源却日益短缺，人口、资源、环境的矛盾越来越突出，为解决这些问题相继发展起来的经济理论和经济发展模式。这五种理论从本质上讲可谓一脉相承，同出一辙，都是为实现人类社会可持续发展的理论，也可以说是一种治本的可持续发展战略举措和运行模式。绿色低碳循环农业恰恰是生态经济、绿色经济、低碳经济、循环经济、可持续发展 5 种经济发展模式（形态）在农业领域的具体应用和综合表现形式，以及融 5 种经济发展模式（形态）为一体的有机集合体。因此，这 5 种经济发展理论理可谓为绿色低碳循环农业发展的理论基础。

2.1 生态经济理论

2.1.1 生态经济的产生背景与发展

前面已经论及，随着工业化的发展与时间的推移，人口、资源与环境问题从局部向全局、从区域向全球扩展，全球范围内的人口骤增、粮食短缺、环境污染、资源不足和能源危机威胁着人类的生存发展，制约着社会的进一步发展。面对这些问题，如果从单一的生态学或经济学的角度来研究解决这些问题不容易找到正确的路径，唯有将两者有机结合起来进行系统分析研究，才有可能从中找到既发展社会经济又保护生态环境的答案。为此不同领域的学者从生态学和经济学有机地结合的角度，寻求解决既发展社会经济又保护生态环境之策。由此，生态经济学应运而生。最早提出"生态经济学"这一概念的是美国经济学家鲍尔丁（K.Bowlding），在20世纪60年代，发表了一篇题为《一门科学——生态经济学》的文章中提出的。英国生态学家戈德•史密斯（E.Goldsmith）在1972年发表了《我们需要一种新的经济学》一文。同一时期，由多国著名学者组成的学术团体"罗马俱乐部"在其研究报告中，提出了生态学应成为扩大的经济学的基础。苏联出版了《生态经济学概论》《生态经济的管理》《生态经济学的方法》 等著作。1980年联合国环境规划署召开了以"人口、资源、环境和发展"为主题的会议。同时，确定将"环境经济"（即生态经济）作为1981年《环境状况报告》的第一项主题。由此表明，生态经济学作为一门既有理论性又有应用性的新兴的科学，开始为世人所瞩目。

2.1.2 生态经济理论

为了认识生态经济，搞清楚生态经济理论与概念，我们就什么是经济学、生态学作一简要认识。简明地回答，生态学（Ecology），最早是德国生物学家恩斯特·海克尔（Haeckel）于1866年将其定义为：生态学是研究生物体在其无生命的有生命的环境中生存条件的学科或科学[11]。经济学，《中国大百科全书》（简明版）解释为：经济学（Economics）是研究人类社会在各个发展阶段上的各种经济活动和各种相应的经济关系及其运行、发展的规律的学科①。顾名思义，生态经济是与生态学、经济学分不开的，它是用生态学的思想与理论发展经济。也就是说生态经济是按照生态学的理论（原理），将生态系统与经济系统融为一体，来实现生态良性循环、经济可持续发展、生态环境与经济社会协调发展。

关于生态经济的概念有多种解释，德国海德堡大学教授Fader Malte认为："生态经济学研究生态系统与经济活动之间的相互作用。"具体地说，"就是生态经济学

① 中国大百科全书出版社，1996.12（2478）。

的研究主题涵盖了人类今天面临的许多最紧迫的问题：化石燃料的使用与 CO_2 排放，核废料的处理，基因工程的后果，森林开发与物种丧失，这些紧迫的全球环境问题待用生态经济学方法加以解决。”国际生态经济学会主席 Joan Martinez-Alier 认为生态经济学是“可持续性的研究与评估的科学”，生态经济学包含新古典环境经济学和资源经济学，但由于其包含对人类经济活动环境影响的物理评价，因而又超出二者的范畴[12]。

生态经济学是研究社会再生产过程中，经济系统与生态系统之间物质循环能量转化和增殖规律及应用的科学。简单地说：就是人与自然和谐相处的问题①。

一般认为，生态经济是指在生态系统承载能力范围内，运用生态经济学原理和系统工程方法改变生产和消费方式，挖掘一切可以利用的资源潜力，发展一些经济发达，生态高效的产业，建设体制合理，社会和谐的文化以及生态健康，景观适宜的环境。

笔者认为，生态经济是由生态系统与经济系统内在统一、有机组合、融为一体的生态、经济、社会复合系统。在系统内相互联系、相互作用、相互依托、相互制约，进行着物质代谢、能量转换、信息反馈，具有生产、生活、供给、接纳、控制和缓冲功能。系统与外部环境也相互协调，良性循环。生态经济学研究的核心是生态（环境）、经济、社会三者或子系统的协调与可持续发展。研究的目的是建设一个生产发展、生活富裕、人民健康、生态良好的以资源、环境承载力为基础的可持续发展和谐社会。

目前，生态经济研究主要集中在生态产业、生态恢复、生态保护 3 个领域，并与产业生态学、恢复生态学、保护生态学相对应，形成了生态经济学的 3 个分支。生态经济研究主要有 3 个切入点，①以生态系统作为研究的主体，利用数学方法和生态模型，研究人类活动对生态环境的影响，包括生态系统顺向演替带来的价值增值和逆向演替造成的价值损失，在此基础上引申出必须保护、改善生态环境的政策含义；②以制度、组织、技术创新入手，规范企业和人的行为，协调人与人之间的关系，将企业和个人的自利目标与利他目标统一起来，实现经济与生态协调，人与自然和谐；③从利益相关者的协商、谈判入手，在全面界定利益相关者的基础上，通过利益相关者的学习、协商和合作，形成大家共同认可，即具有双赢乃至多赢性

---

① 徐志辉、曹馨月：《中国生态经济学理论研究浅探》，载《西南林学院学报》，2008 年第 4 期。

质的解决生态问题的方案①。总之，从生态经济学的观点看，在协调经济与生态的关系上，既要看到经济发展依赖于生态环境的一面，又要看到生态环境保护，建设和恢复依赖于经济发展的一面。强调了经济与生态的统一，克服了过分强调社会经济和过分强调自然生态两种片面性。

2.1.3 生态经济理论为绿色低碳循环农业提供了重要理论基础

基于上述对生态经济理论的认识，按照生态经济学的观点农业生产系统是农业生态系统和农业经济系统包括技术系统相互融合的生态经济复合系统。无论是传统农业还是现代农业都是自然生态和社会经济互相依存、相互结合、相互转化、相互作用的生态经济有机整体。生态经济学把农业的自然属性和社会属性统一起来，从农业的生态本质和经济本质的有机联系中揭示农业是基础，从而克服了生态与经济相脱离的传统农业基础论的缺陷，建立起生态与经济相统一的现代农业基础论，这就是农业生态经济基础论[13]。生态经济涵盖工业生态经济和农业生态经济，农业生态经济发展包括农业的绿色、低碳、循环的路径和模式，绿色低碳循环农业同样追求生态环境良性循环与农业内部的良性循环，两者同出一辙，发展理论一脉相承，终极目标都是实现人类社会的可持续发展。为此生态经济是绿色低碳循环农业发展的理论依据之一。

2.2 绿色经济理论

2.2.1 绿色经济产生的背景分析

绿色经济产生的大背景主导因素仍然是工业化带来的环境污染问题，具体可从3个方面分析②：

2.2.1.1 自然资本的日益稀缺，环境污染越来越严重

随着工业化的发展，环境污染日趋严重，人口发展日益增多，而自然资源却

① 李周：《生态经济理论与实践的进展》，载《林业经济》，2008年第8期。

② 王玉庆：《绿色经济有三大产生背景》，新华网，2012-11-30。

日益短缺，人口、资源、环境的矛盾越来越突出，发展绿色经济是解决问题的根本出路。

2.2.1.2 资本的不合理使用，没有把有限的资金用于环境保护

源于美国次贷危机引发的涉及全球范围的金融危机，揭示了单纯追求经济指标增长，无节制地满足人类对物质消费的欲望和对财富的追求，大量的资本涌入房地产，涌入矿物燃料的开发，涌入一些金融衍生品，而很少投入对改善环境、保护生态、提高能效的有益领域和相关的基础设施，这种发展模式是不可持续的。这样的结果不但使人类走上了与自然对抗的不归之路，而且使经济受到了重创。如何走出这个困境，世界许多国家不约而同地选择了大力发展绿色经济。

2.2.1.3 科学技术进步促进了绿色经济的发展

科学技术是第一生产力，是人类历史发展和社会变革的直接推动力，每次重大的科学技术突破都会带来经济社会的变革，甚至形态的变化，同时经济社会的发展和处于危机，又推动了科学技术的创新。正是因为科学技术进步，使我们绿色革命成为可能。比如，现在新能源技术、节能环保技术、清洁生产技术、循环经济技术都发展很快，这些技术的突破都推动了绿色发展[①]。可以说在上述背景下绿色经济得以产生，它的产生标志着人类经济社会可持续发展已经进入了更自觉地运用自然绿色规律，经济社会可持续发展与绿色环境改善同步协调的新阶段。21 世纪，人类的生存与发展将进入绿色经济时代，绿色革命引起了绿色与经济之间的关系发生深刻的变化，绿色与经济正在形成一种紧密联动的新型发展关系。

2.2.2 绿色经济的提出与发展

绿色经济的概念最早于 1989 年由英国环境经济学家大卫·皮尔斯（David Preece）出版的《绿色经济蓝图》一书提出，强调经济发展与环境保护要兼顾，主张从社会及其生态条件出发，建立一种“可承受的经济”。

为推动绿色经济的发展，2008 年 12 月 11 日联合国秘书长潘基文在联合国气候变化大会上呼吁各国应实施“绿色新政”，并开展大规模的有利于推动绿色经济发展的刺激方案和政策措施，以应对气候变化和经济的双重危机。联合国环境规划

---

① 王玉庆：《绿色经济有三大产生背景》，新华网，2012-11-30。

署发表了《全球绿色新政》的报告，针对绿色新政做出了详解并对发达国家以及发展中国家应如何发展绿色经济做出了政策性建议。

2009 年 2 月 17 日，联合国环境规划署举办了以“全球危机：迈向绿色经济”为主题的全球部长级环境论坛。同年 4 月 2 日在伦敦举办的 G20 峰会提出了应由灰色经济向绿色经济转变的观念，并将“增进全面的、绿色的以及可持续性的经济复苏”作为应对金融危机、恢复经济增长和就业的六项必要措施之一。在亚洲博鳌论坛上，与会各国一致认为金融危机已迫使人们不得不重新思考经济的发展模式，推动“绿色复苏”、发展“绿色经济”。

目前，美国、英国、日本、韩国等多国政府都相应地采取了绿色行动。美国奥巴马在 2008 年竞选时提出绿色新政，主张对新能源进行长期投资，主导新一代全球产业竞争力，并提出了美国的中长期节能减排目标。英国首相布朗表示，财政部在年度预算案中将提出一个“绿色复苏”计划，出台振兴“绿色产业”措施。

中国提出了建设 “生态文明”，以人为本、全面协调的可持续发展的科学发展观，采取了节能减排、发展循环经济、建立有效的经济政策体系，实施绿色新政、发展绿色经济。

2.2.3 绿色经济的基本认识

2.2.3.1 绿色经济的概念

关于绿色经济概念有多种理解和认识。这里选择几种有代表性的介绍如下：

（1）绿色经济是一种以资源节约型和环境友好型经济为主要内容，资源消耗低、环境污染少、产品附加值高、生产方式集约的一种经济形态。绿色经济以资源节约和环境友好为重要特征，以经济绿色化和绿色产业化为内涵，包括低碳经济、循环经济和生态经济在内的高技术产业，有利于转变我国经济高能耗、高物耗、高污染、高排放的粗放发展模式，有利于推动我国经济集约式发展和可持续增长[14]。

（2）绿色经济是环保效益型经济，是生态化经济，是人类社会今后的主流经济形态，其目标与路径是通过实施绿色经济发展战略，取得持久的经济增长、良好的环境质量、全面的社会进步，以及人的全面而自由的发展。

（3）绿色经济是可持续经济的实现形态和形象概括。它的本质是以生态经济协调发展为核心的可持续发展经济[13]。

笔者认为绿色经济是以绿色为象征和目标，它是集经济发展过程中节约、低碳、循环、生态保护为一体的系统工程，实行绿色生产、绿色加工、绿色销售、绿色消费、绿色发展、绿色环境，是实现可持续发展的一种经济形态。

2.2.3.2 绿色与经济的关系

绿色与经济的互相促进和互相作用，一方面表现为经济的绿色化，现代经济活动与发展过程中，向绿色环境领域全方位地渗透与融合；另一方面表现为现代绿色环境变迁与发展过程中，向经济生活领域全方位地渗透与融合，使绿色环境现象中经济含量日渐明显，形成了广泛的绿色经济化现象。

绿色与经济的紧密联动最终促使经济升华、绿色物化，绿色与经济一体化，形成了绿色产业。绿色产业的目标是帮助或加速绿色产品（包括共享绿色产品和共享绿色资源两部分）的生产，增加绿色资本存量，从而维持和巩固人类生存和经济社会发展的绿色基础。农业生产是自然再生产和经济再生产相互交织的过程，是最基础的绿色产业。任何作物或动物与外界环境都有密切的关系，都受自然规律的制约，所以农业生产作为自然再生产过程，要受自然规律的支配。农业生产作为经济再生产过程，又必然受经济规律的制约。只有把自然规律和经济规律结合运用，农业绿色系统才能正常运转、才能有利于农业的发展。

2.2.3.3 绿色经济的研究对象

绿色经济研究对象是自然界的绿色系统与人类社会的经济系统相互作用、相互渗透的复合绿色经济系统的运动规律。它把经济规律和自然绿色的要求相结合，适应了现代经济和社会可持续发展的客观需要。

2.2.3.4 绿色经济与传统产业经济的区别

绿色经济与传统产业经济的本质区别在于：传统产业经济只追求经济利益，不顾环境污染，以破坏生态平衡、大量消耗能源与资源、损害人体健康为特征的一种损耗式黑色经济；而绿色经济则是倡导绿色，追求人与自然和谐相处，以维护人类生存环境、可持续方式利用自然资源、有益于人体健康为特征的一种协调式绿色经济。

总之，绿色经济的发展已成为世界经济发展的新潮流，它的发展必将带动新能源、环保、绿色农业等多种绿色产业的兴起与发展，成为创造和复苏世界经济可持续发展的新的经济增长点。所以，绿色经济既是解决当前全球多重危机下经济发展困境和推动经济增长的一条新的发展之路，也是实现可持续发展的根本之策。

2.2.4 绿色经济理论

绿色经济学作为在可持续发展理论和实践基础上发展起来的一门新兴的新型经济学学科，是绿色经济发展理论。绿色经济学最早可以追溯到 1973 年英国经济学家 E.F.舒马赫出版的《小的是美好的》一书中对世界发问：我们拥有工业体系有好一阵子了，污染、环境、生态学这些之前还无人问津的用词，突然变得引人注目。那么，这是一种突如其来的风尚，一阵可笑的流行，还是哪根神经突然不对劲？他认为传统的发展模式已经难以为继，人类应该在价值观、生产方式、消费方式上做全面的变革，转入一条以人为中心的，与人的天性和大自然相配合的发展道路上来。“地球提供给我们的物质财富足以满足每个人的需求，但不足以满足每个人的贪欲。”这可以认为是倡导绿色经济学的第一部著作。

20 世纪 90 年代英国米切尔·雅各布出版了《绿色经济——未来的环境、可持续发展与政治》，莫利·斯柯特·加图与米里亚姆·肯尼迪合著出版了《绿色经济学：超越供给与需求满足人们的需要》，21 世纪加拿大布赖恩·米勒尼出版了《设计绿色经济——后工业社会全球化合作的选择》，英国德里克·沃奥出版了《巴比伦与超越：反资本主义、反全球化经济学与激进的绿色运动》等，这些著作对绿色经济学发展产生很大影响。目前绿色经济日益受到社会各方面的关注，发展绿色经济已成为世界经济发展的潮流。

绿色经济学是对生态经济学、环境经济学、发展经济学及未来学等学科发展成果的概括和提炼。这些相关学科的理论和方法，如环境资源观、环境价值理论、生态伦理观、生态经济理论、外部不经济理论、三效益理论、可持续发展理论等，以及绿色 GNP 指标体系与绿色指标评估法等方法，都为创建绿色经济学提供了基础理论资料，也为绿色经济实践活动指明了正确方向，提供了理论武器。

绿色经济理论是关于环境保护、绿色经济、资源与环境成本和价值以及可持续发展等问题的理论。绿色理论为研究环境、资源与经济、社会发展的相互关系和内在机制提供思想方法和分析工具，对环境保护和经济发展起支持和指导作用，是绿色经济学的理论依据和方法工具。

绿色经济学是绿色经济的理论形态，是在理论层面上探讨经济效益、环境效益和社会效益的最优化。绿色经济是绿色经济学的实践形态，是在实践层面上实现经济效益、环境效益和社会效益的最大化。

绿色经济学表明了保护自然环境、优化生态资源与提高经济效益的内在统一性，反映了人们对经济发展模式在理论上的提升和实践中的发展：一方面是经济的生态化发展，即经济的发展要遵循生态规律，任何涉及宏观层面的经济活动（如产业结构调整）及所有微观层面的经济行为，不能因盲目追求经济增长而不管生态环境恶化；另一方面是生态的经济化发展，即生态建设要遵循经济规律，要将生态建设转变为符合市场规律的经济行为，不能仅注意到生态建设的公众服务和社会效益而忽视其市场潜力经济价值。经济的生态化与生态的经济化对经济增长与环境改善、社会发展具有同等重要的意义。

传统经济学只注重研究财富创造和经济增长，没有涉及生态价值及资源保护问题。绿色经济学肯定了用道德原因解释生态资源保护的重要性，即要打破唯人独尊的“人类中心主义”的道德价值观和“本代中心主义”的道德价值观，通过建立公平平等的道德关系，正确对待前人对物质精神资源的创造和消耗以及前人所遗留下来的物质精神财富，正确对待后人的需求，不能损害后人满足自己需求的能力，不能掠夺性和破坏式地消耗资源。同时，绿色经济学更强调要用经济、社会原因来解释生态资源保护的重要性，认为经济、社会原因可能比道德原因更为有力和更加现实。绿色经济学反对为了个人、企业、地方等局部私利损害牺牲公共利益和他人正当利益，尤其反对为了少数人经济利益而破坏环境损害生态效益，由大众承担环境成本的行为。政府在制止这些行为方面责无旁贷。因此，绿色经济学对决策者有重要意义。

绿色经济学作为一门新兴的经济理论和方法，目前处于起步阶段。绿色经济学的进一步发展有赖于上述思想、理论因素的研究与探索，借助经济政策、法律法规、组织的应用和推动，依靠社会系统中如经济增长方式、消费方式、管理方式、制度变革以及更为深层的价值观体系等条件的建立与完善[15]。

2.2.5 绿色经济理论为绿色低碳循环农业提供了理论基础和实践经验

绿色经济理论完善了绿色低碳循环农业的理论界面和内涵，使绿色成为共同的目标。绿色经济强调经济系统与绿色系统的有机结合和协调发展，把绿色经济建设这一理念融入绿色低碳循环农业的发展过程之中，使绿色低碳循环农业发展必须同时考虑农业经济建设与绿色保护的双效合一。绿色经济的技术、管理思想也为绿色低碳循环农业发展提供了技术支撑和先进的经营理念。总之，绿色经济理论与绿色经济发展实践为绿色低碳循环农业发展提供了理论基础和实践经验。

2.3 低碳经济理论

2.3.1 低碳经济的产生与发展

关于低碳经济的产生，在国际社会大致经历了以下过程：

2.3.1.1 气候变化引发国际社会广泛关注

在 1979 年第一次世界气候大会上，气候变化首次作为一个引起国际社会关注的问题提上议事日程。联合国于 1988 年建立了政府间气候变化专门委员会（Inter-governmental Panel on Climate Change，IPCC），以监测和报告全球气候变化。

1987 年联合国环境与发展委员会主席布兰特兰的报告——《我们共同的未来——从一个地球到一个世界》拉开人类重新评价西方工业化及其后果、改弦更张走可持续发展道路的序幕。

2.3.1.2 初步建立了全球应对气候变化的体系规则与行动规则

1992 年 6 月，在联合国环境与发展大会上，150 多个国家制定了《联合国气候变化框架公约》，其宗旨是将大气中的温室气体浓度稳定在不对气候系统造成危害的水平。

1997 年 12 月，在《联合国气候变化框架公约》第三次大会上，参加国通过了《京都议定书》作为《联合国气候变化框架公约》的补充条款。《京都议定书》提出了采用市场机制来解决环境问题的思路，并规定了《公约》附件一国家（发达国家和经济转型国家）的量化减排指标，即在 2008—2012 年其温室气体排放量在 1990 年的水平上平均削减 5.2%。

2.3.1.3 低碳经济的正式提出与发展

“低碳经济”这一概念是由英国首相布莱尔于 2003 年 2 月 24 日发表的题为《我们未来的能源——创建低碳经济》的白皮书中首次提出。同时，英国政府为低碳经济发展确立了一个总目标，到 2050 年英国将温室气体排放量在 1990 年的水平上削减 60%，从根本上把英国变成一个低碳经济的国家[16]。

2006 年 10 月，前世界银行首席经济学家尼古拉斯·斯特恩牵头的《斯特恩报告》(Stern Review)指出，全球以每年 GDP 1%的投入，将来可以避免每年 GDP 5%～20%的损失，呼吁全球向低碳经济转型[17]。

2007 年 7 月，美国参议院提出《低碳经济法案》，表明低碳经济的发展道路有望成为美国未来的重要战略选择。同年 12 月，联合国气候变化大会制订了应对气候变化的“巴厘岛路线图”，要求发达国家在 2020 年前将温室气体减排 25%～40%。“巴厘岛路线图”为全球进一步迈向低碳经济起到了积极的作用，具有里程碑的意义。

2008 年，联合国环境规划署确定该年“世界环境日”的主题为“转变传统观念，推行低碳经济”。2009 年 7 月 8 日，八国集团峰会提出，到 2050 年，发达国家温室气体排放总量要在 1990 年或其后某一年的基础上减少 80%以上，到 2050 年使全球温室气体排放量至少减少 50%。实现这个目标，全球经济就必须转型到低碳经济。这就预示着从现在到 2050 年的未来 40 年，低碳经济将是国家竞争力和企业竞争力的重要体现①。

2.3.2 低碳经济的内涵

自 2003 年英国提出“低碳经济”后，一些学者从不同角度对其内涵进行了诠释。目前“低碳经济”已成为具有广泛社会性的经济前沿理念，但至今还没有统一的定义。现就国内外比较有代表性的做一介绍：

英国在《我们能源的未来：创建低碳经济》的白皮书中指出，低碳经济是通过更少的自然资源消耗和更少的环境污染，获得更多经济产出；低碳经济是创造更高生活标准和更好生活质量的途径，为发展、应用和输出先进技术创造了机会，同时也能创造新的商机和更多的就业机会。

张坤民（2008）认为：低碳经济是以低能耗、低污染、低排放为基础的经济模式。其实质是高能源利用效率和清洁能源结构问题，核心是能源技术创新、制度创新和人类生存发展观念的根本性转变。低碳经济的发展模式，是一场涉及生产方式、

① 邓中、李锐、赵方：《低碳经济理论研究文献综述及评述》，中国论文下载中心，2010-09-28。

生活方式和价值观念的全球性革命[18]。

付允（2008）认为：低碳经济是一种绿色经济发展模式，它是以低能耗、低污染、低排放和高效能、高效率、高效益（三低三高）为基础，以低碳发展为发展方向，以节能减排为发展方式，以碳中和技术为发展方法的绿色经济发展模式[19]。

笔者认为，低碳经济是人类社会在工业、农业生产和产品运输销售过程中，依靠高新技术，减少能耗，提高能效，降低 CO_2 排放量，保护生态环境，实现经济效益、生态效益、社会效益高效统一。在生活过程中，绿色居住、绿色消费，建立人与自然和谐相处的新型和谐社会。

2.3.3 低碳经济理论研究

近年来，国内外学者对低碳经济研究取得了一定的成绩，在低碳经济的界定和原则提出了新的认识和观点，从各国的实际情况出发，总结了许多先进的低碳发展技术，并应用于指导发展低碳经济的实践。概括起来主要有以下几个方面：

在理论探讨方面，莱斯特•布朗掀起了一场“A、B 发展模式”之争。“A 模式”即以化石燃料为基础、以破坏环境为代价、以经济为绝对中心的传统发展模式。“B 模式”则是以人为本，以利用风能、太阳能、地热资源、小型水电、生物质能等可再生能源为基础的生态经济发展模式。

2006 年由英国政府推出、前世界银行首席经济学家尼古拉斯•斯特恩牵头的《斯特恩报告》(Stern Review)，它是以气候科学为基础，用“成本—效益分析”方法对欧盟提出的全球 2℃升温上限加以论证（进行学术和方法论阐释），呼吁各国迅速采取切实可行的行动，尽早向低碳经济转型。

巴里•康芒纳认为，环境危机的根源，不在于经济增长本身，而在于造成这种增长的现代技术。这种技术往往是从单一的追求生产效率的角度，或从单一的消费使用的目的出发，而发明出来的。它忽略了整体，忽略了这种技术赖以发展的基础——生态系统，从而粗暴地破坏了不断循环运动的生命之圈。因此，要克服危机，首先要克服这种技术上的缺陷；要做到这点，则必须树立生态学的观点。

丁丁等（2008）通过总结国际上有关低碳经济研究认为其主要内容有：①能源消费与碳排放。包括与碳减排有关的能源消费结构的转换和低碳排放能源系统的建立；②经济发展与碳排放。主要探讨不同经济发展模式、阶段、速度与碳排放的关系；③农业生产与碳排放。包括土地利用变化、农业土地整治、农业生产水平与结构的变化等；④碳减排的经济风险分析与减排对策研究。并指出在研究方法上除了简单的相关分析、区域对比分析之外，一些基于大量数据的综合模型分析也越来越受到重视，如碳循环能源模型、动态综合评估模型、能源消费—碳减排经济关联模型等。然而对于产生碳排放基础的内部各要素间能量转换过程及其相互作用和影响尚未获得令人满意的进展[20]。

王文军（2009）认为：在低碳经济的技术方面，当前的低碳经济技术开发有：废旧产品与废弃物的回收、循环利用、再生利用以及无害化技术开发，资源效率最大化的技术开发，替代高碳能源的技术开发，资源循环利用技术、物质循环减量化技术开发，环保产业技术，清洁生产技术以及可再生能源开发等[21]。任奔等（2009）综合研究了国际上低碳技术发展，指出当前低碳经济技术主要是 3 个方面：①节约能源技术；②低碳能源技术；③碳捕获和埋存技术（CCS）[22]。

在低碳经济的评价指标体系方面，刘传江等（2009）依据生态足迹理论，从人口规模、物质生活水平、技术条件和生态生产力来论证低碳经济发展的合理性；运用脱钩发展理论来分析经济发展与资源消耗之间的关系，并论证低碳经济发展的可能性；依据“过山车”理论（EKC 假说），通过对人均收入与环境污染指标之间的演变模拟，说明经济发展对环境污染程度的影响，来论证低碳经济的发展态势[23]。

在低碳经济的衡量和评价，到目前为止还没有形成系统的评价理论，更多集中于对碳排放影响因素、碳排放限制等的研究。日本的 Yoichi Kaya 教授（1989）提出了关于 CO_2 排放的 Kaya 恒等式，根据恒等式可直观分析碳排放的 4 个推动因素：人口、人均 GDP、单位 GDP 能耗（能源强度）和能源结构（碳强度）。[24]

低碳经济作为一种新的经济发展模式，还存在以下不足：①对低碳经济内涵的理解大多学者结合自己所研究的领域，从不同的角度提出各种各样的定义，目前还没有明确、统一的认识；②对低碳经济的研究尚处于起步阶段，缺少纳入发展经济学的坚实理论基础；③政府的政策、实证研究以及低碳经济的发展水平等缺乏完善的评价体系；④对促进低碳经济的各种措施和政策的实现方式和技术支撑方面的研究尚处于起步阶段；⑤对不同发展模式（如碳交易）的研究仅停留在其应用方式和形式上，而对其内在机理、适用条件和应用模式等方面的研究还不够充分。

今后低碳经济的研究方向要集中在以下几个方面：①低碳经济的内涵；②低

碳与经济增长；③低碳技术及技术转让；④国家政策及措施；⑤低碳经济的运行机理等①。

2.3.4 低碳经济的发展策略

低碳经济，其战略对策概括起来主要有以下几个方面：①实施低碳发展战略，调整产业与能源结构，限制高碳产业，发展低碳产业；②加强低碳技术创新与制度创新，优化能源结构，发展太阳能、风能、生物能等清洁能源；③发展低碳工业，实施清洁生产，减少 CO_2 排放；④建设低碳城市，开发低碳居住空间，提供低碳化的城市公共交通系统；⑤大力植树造林，增加碳汇总量，提高生物固碳能力；⑥发展低碳农业，走有机、生态、高效农业的新路子。总之，低碳经济是人类社会可持续发展的要求，也是国际社会长期发展的趋势，为此应大力发展。

2.3.5 低碳经济理论为绿色低碳循环农业发展提供了理论基础

低碳农业经济的产生与发展是低碳经济理论在农业经济与农业生产领域具体应用的结果。用系统观点看，低碳经济是一个大系统，低碳农业经济或低碳农业就是低碳经济系统的一个子系统。绿色低碳循环农业其中一个重要内容就是低碳农业生产，它与低碳经济追求减少能耗，提高能效，降低 CO_2 排放量，保护生态环境，实现经济效益、生态效益、社会效益高效统一，可以说是如出一辙。因此，低碳经济理论为绿色低碳循环农业发展提供了重要理论基础。

2.4 循环经济理论

2.4.1 循环经济兴起与发展

循环经济的思想萌芽可以追溯到环境保护兴起的 20 世纪 60 年代。美国经济学

① 靳俊喜、雷攀、韩玮、袁桂林：《低碳经济理论与实践研究综述》，中国改革论坛网，2010-08-14。

家鲍尔丁提出了“宇宙飞船理论”，地球就像在太空中飞行的宇宙飞船，要靠不断消耗和再生自身有限的资源而生存，如果不合理开发资源，肆意破坏环境，就会走向毁灭。这可谓循环经济思想的早期萌芽。70 年代，世界各国对环境保护问题关注的焦点仍然是污染物的末端治理方式。到 80 年代，人类对污染物的处理在思想上和政策上都有了升华，注意到污染物的处理应采用资源化的方式。在认识上经历了从“排放废物”到“净化废物”，再到“利用废物”的过程。但对于污染物的产生是否合理这个根本性问题，是否应从生产和消费源头上防治污染产生，大多数国家仍然缺少思想上的洞见和政策上的举措。90 年代，特别是可持续发展成为世界各国的共识以来，从源头预防和全过程污染控制逐步成为西方发达国家环境与发展政策的主流。人们在不断探索和总结的基础上，以资源利用最大化和污染排放最小化为主线，逐渐将清洁生产、资源综合利用、生态设计和可持续消费等融为一个系统，即形成了循环经济系统。目前，循环经济已成为国际社会推进可持续发展的一种理想模式。德国、日本、美国等发达国家在推行和发展循环经济的实践中做出了许多有益的尝试，其经验值得我们借鉴。

德国循环经济走的是“自下而上，立法推动”的模式。德国是发展循环经济的先驱国家。早在 1972 年，德国就制定了《废物处理法》，1986 年将其修改为《废物限制及废物处理法》；1991 年通过了《包装条例》；1992 年通过的《限制废车条例》规定汽车制造商有义务回收废旧车辆；1996 年推出了《循环经济与废物管理法》。该法不仅要求生产者在生产过程中要避免废物的产生，而且要求商品销售方与使用者都承担起减少废弃物产生、废旧商品再回收、重新利用及环境无害化处置的责任。这项法令体现了废物减量化这一闭合物质循环战略的要点，并通过划分产品责任的方式来规范人们对废弃物减量化的义务。2001 年，在该项法令的基础上，德国又推出了《城市垃圾环境友好处置法》，其中规定：“在 2005 年前，混有有机物和可溶物质的家庭废物必须经过预热处理和（或）机械—生物预处理之后才能进行最后处置”。总体而言，德国采用自上而下的方式，通过立法确保了循环经济在全社会范围内得以逐步推进。经过 30 多年的发展，德国推行循环经济已经取得了初步成效，其体现在通过减少废物流，提高回收率以及资源（包括水、能源等）利用效率（即生态效率）获得了显著的环境效益和经济效益。如《包装条例》生效之后，包装产生的废物大大减少，包装设计向轻质化、低废化、单质化的方向发展，虽然消费总量上升，但在 1991—1997 年每年初级包装品的销售额从 7 600 万 t 降到了 6 700 万 t。同期工业部门收集了超过 7 400 万 t 的包装垃圾（其中 4 060 万 t 为销售包装）并将其中的 2 500 万 t 送回了生产线。

德国从数十年来发展循环经济的实践中，总结出若干条经验。①依靠公众的力量可获得更好的成效，大多数德国人都积极响应减少或回收废弃物的号召，并付诸实践，公民个人与非政府组织成为推动循环经济顺利发展并取得良好功效的中坚力量；②要求相关利益各方承担相应责任；③利用市场机制与市场手段，达到了事半功倍的效果，如利用“污染者付费”的原则，可以促进废弃物的源头削减；④尽早调整带来副作用的条款，降低危害和长期费用；⑤合理运用循环经济的原理，带来长期效益。效率的提高意味着企业与整个经济体系降低成本的潜力的发挥。在生产中寻求对生态有利的策略，不仅激发了创造力，而且创造了商业机会，提升了产品的竞争力。

日本循环经济走的是“立法为主，补贴为辅，全面推进，最终建立循环型社会”的模式。1991 年，日本国会修订了《废弃物管理法》，并通过了《有效利用资源促进法》。在 1995 年与 1998 年分别通过了《容器及包装回收法》与《家用电器回收法》。到 20 世纪 90 年代末，伴随着这三项法令的实施，公众的生态意识逐渐演变成为一种需要，即要求改变现存的社会经济体系，发展一种能使日本在 21 世纪克服环境与资源限制的新型社会经济体系。日本国际贸易工业部工业结构委员会在 1999 年提出：为了同时取得环境保护与经济的可持续发展，必须建立起“一种循环型经济体系”，以便将环境保护与节约资源融合到经济活动的各个层面。随后，2000 年被日本政府命名为“资源循环型社会元年”。以后又颁布了《推进形成循环型社会基本法》《食品再利用法》《环保食品购买法》《建设再用法》等法律。其中，日本通过建设循环型社会的实践，总结出了发展循环经济的三方面经验。①提升公众意识对于建立一个循环型社会非常重要，信息交流与教育在其中扮演了关键的角色；②需要实施污染预防性措施；③在政府推动的前提下，应尽可能利用市场的力量。如法律规定了各部门都必须在废弃物处理和回收利用过程中进行适当的费用分配，而“延伸生产者责任”制度的引入更将公共部门的废弃物管理变成了私营企业的经济行为。

美国循环经济走的是一条“责任优先，监督为重”的模式。美国目前虽然还没有一部全国性的循环经济法规，但自俄勒冈州、新泽西州和罗德岛等，在 20 世纪 80 年代中期制定促进资源再生循环法规以来，现在已有半数以上的州制定了不同形式的再生循环法规。美国的地方政府及企业在“产品责任制”的意识方面也走在了世界前列。美国在循环经济的发展实践中非常重视来自各方的监督作用，通过监督推进循环经济发展。

纵观循环经济从产生到发展，终因环境问题，人类社会在经济发展过程中经历了 3 种发展模式，也是经济发展经历的 3 个阶段。

（1）传统经济模式的发展过程。这种经济模式，不考虑环境因素，人类从自然中获取资源，不加任何处理地向环境排放废弃物，是一种“资源—产品—污染排放”的单向线性开放式经济过程。在早期阶段，由于人类人口数量或规模不大，对自然开发能力有限，加之环境本身的自净能力较强，因此，人类活动对环境的影响没有凸显出来。但是，到工业社会，随着工业的发展，生产规模的扩大，人口的大量增加，环境的自净能力减弱，这种经济发展模式导致的环境问题日益严重，资源短缺的危机愈发突出，这是以牺牲环境为代价求得经济发展的最终结果。

（2）“生产过程末端治理”模式的发展过程。面对环境问题对人类的危害，痛定思痛，人类不得不考虑经济发展对环境的影响。但在做法上采用“先污染，后治理”，强调在生产过程的末端采取措施治理污染。其结果是治理成本畸高，技术难度很大，环境污染仍然严重，生态环境的恶化难以遏制。

（3）循环经济模式的发展。面对环境问题的日趋严重，人类不得不考虑经济发展与环境的协调问题。这种经济模式要求遵循生态学规律，合理利用自然资源，人口与经济发展过程中排污量不得超过环境自净能力或容量，要在物质不断循环利用的基础上，发展经济，使经济系统和谐地纳入到自净能力或容量，要在物质不断循环利用的基础上，发展经济，使经济系统和谐地纳入到自然生态系统的物质循环过程中，实现经济活动的生态化。这是一种“资源—产品—再生资源—再生产品”的闭环反馈式循环过程的发展经济模式。

2.4.2 循环经济的内涵

循环经济是把资源合理开发利用、清洁生产、废弃物的综合利用融为一体的闭环经济系统。它把经济活动组织成一个“资源—产品—再生资源—再生产品”的闭环反馈式循环流程，所有的物质和能源都能在这个系统不断进行的循环中得到合理和持久的利用，以致把经济活动对自然环境的影响降低到最低程度，实现“低开采，高利用，低排放”的循环利用模式。它按照自然生态系统物质循环和能量流动规律重构经济系统，使经济系统和谐地纳入自然生态系统的物质循环过程中，实现经济活动生态化。它不仅可以节约资源，最大限度地减少排放废弃物，保护生态环境，增加经济、社会、生态效益，而且可以从根本上协调人类与自然的关系，促进人类可持续发展。

总结上述，可把循环经济内涵的实质概括为以下两点。①它是一个物质闭环流动型经济系统，在物质循环过程中，使经济活动生态化，因而其本质是一种生态经济系统；②它倡导的是一种经济与环境和谐发展的经济模式。在物质反复循环的过程中，通过“排除废物”到“净化废物”，再到“利用废物”，最终达到“最佳生产，最适消费，最少废弃，最佳效益”，实现可持续发展。

2.4.3 循环经济的原理

循环经济的原理借鉴于自然生态系统原理，在自然生态系统中存在着生产者（绿色植物）、分解者（微生物细菌、真菌）、消费者（动物），这三者之间密切关联，相互作用，形成了一个系统整体。植物（生产者）以及叶绿素，利用太阳能制造大量有机体提供动物（消费者）食用，菌类（分解者）又吸收和分解植物、动物的残腐尸体，使之还原成为无机养分，重新为植物所吸收。这样在自然生态系统中，通过植物（生产者）、动物（消费者）、微生物（分解者），把无机界和有机界连接成一个有机整体，构成一个生生不息、循环不断的能量和物质流的系统。循环经济正是借鉴这一原理应用于经济活动过程中。区域发展与社会经济运行同样具有“生产者、消费者、分解者”三大功能。所谓生产者是指区域利用生产力要素的组合，产出满足社会需求的各类产品，其中必然产生相应的废弃物和污染物。所谓消费者是指利用中间产品和最终产品的广大用户，他们在消费过程中也会产生不同的废弃物和污染物。所谓分解者是指对于上述各类废弃物和污染物的解除、自净和消纳[25]。一个健康、和谐、平衡发展的区域经济，应当能对上述三大功能实施综合协调、有机配置、流畅循环运行，形成一种高效率、省物料、满足需求，维系良性生态环境的区域经济发展模式。它借鉴自然生态系统的循环模式将经济活动组织成一个“资源利用—清洁生产—资源再生—产品再生”，接近封闭型物质能量循环的反馈式流程，保持经济生产的低消耗、高质量、低废弃，或低开采、高利用、低排放，从而将经济活动对自然环境的影响破坏减少到最低程度。

循环经济按照自然生态循环原理，一方面通过将不同的企业、不同类别的产业之间形成类似于自然生态链的产业生态链，从而达到充分利用资源、减少废弃物产生、人与自然和谐相处和提高经济发展规模、质量的目的；另一方面它通过两个或两个以上的生产体系之间的系统耦合，使物质和能量多级利用，高效产出并持续利用。循环经济需要产业发展的集群化和生态化。大量企业的集群，使集群内的经济要素和资源的配置效率得以提高，达到效益的极大化。在产业集群区域内，容易形成核心的资源与核心的产业，成为产业链中的主导链，以此为基础将其他类别的产业与之连接，组成生态产业网络系统[26]。国内外的实践证明，应用自然生态原理构建循环经济是实现可持续发展的有效途径，是值得大力推广的可持续发展经济模式。

2.4.4 循环经济发展运行的基本原则

循环经济系统的发展运行应遵循“减量化（reduce）、再利用（reuse）、再循环（recycle）”的原则，即“3R”原则。

2.4.4.1 减量化原则

减量化原则，以输入端资源投入最小化为目标。它属于输入端方法。要求用较少的原料和能源投入来达到既定的生产目的或消费目的，在经济活动的源头就注意节约资源，减少污染。在生产中，减量化原则常常表现为要求产品体积小型化和产品重量轻型化。此外，还要求产品包装追求简单朴实而不是豪华消费，以求达到减少废弃物排放的目的。

2.4.4.2 再利用原则

再利用原则，以废弃物利用最大化为目标。它属于过程性方法。要求产品在完成其使用功能后尽可能重新变成可以重复利用的资源，而不是有害的垃圾。即从原料制成品，经过市场直到最后消费变成废弃物，又被列入新的“ 生产—消费—生产”的循环系统。要求产品和包装容器能够以初始的形式被多次利用，而不是用过一次就废弃，以抵制当今世界一次性用品的泛滥，从而使废弃物的转化周期加大，以经济系统物质能量流的高效运转，实现资源产品的使用效率最大化。

2.4.4.3 再循环原则

再循环原则，以污染排放量最小化为目标。它属于输出端方法。对输出生产的废弃物，提升绿色工业技术水平，通过对废弃物的多次回收再造，实现废弃物多级资源化和资源的闭合式良性循环，实现废弃物的最小排放。闭合式良性循环，实现废弃物的最小排放。

以上“3R”原则在循环经济中重要性并不是等同和并列的。循环经济不是简单地通过循环利用实现废弃物资源化，而是强调在优先减少资源、能源的消耗和减少废弃物生产的基础上综合应用“3R”原则。“3R”原则的优先顺序是减量化—再利用—再循环。

2.4.5 循环经济系统的层次与范式

区域循环经济系统，按照自然生态系统原理，建立产业系统中的“生产者——资源开采者、加工制造者，消费者——资源、产品和服务的消费群体，分解者——废弃物处理者”的产业经济链，形成一个互利共生、生生不息、循环不断的能量和物质系统的循环经济系统网络。区域循环经济系统框架或层次与范式具体体现在经济活动的三个重要层次面上，它们分别通过应用“3R”原则实现各个层次的能量和物质闭环流动。

2.4.5.1 企业层次的小循环

循环型企业是按照生态经济效率理念，推行清洁生产，减少产品和服务中的物料和能源的使用量，实现污染排放量的最小化。要求企业在生产过程中，节约原材料和能源，淘汰有毒原材料，削减所有废弃物的数量和毒性；对产品，要求减少从原材料提炼到产品最终处置的全生命周期的不利影响；对服务，要求将环境因素纳入设计和所提供的服务中。因此，循环企业是通过在企业内部交换能流和物流，建立生态产业链，使企业内部资源投入最少化、环境污染最小化、经济效益最大化的集约化经济经营和内涵性增长的经济模式。

2.4.5.2 工业生态园区层次的中循环

按照工业生态学原理，通过企业间的物质集成、能量集成和信息集成，形成企业间的工业代谢和共生关系，建设工业生态园区是发展循环经济的必然趋势和重要途径。工业生态园区是一种新型的工业组织形态，通过模拟自然生态系统来设计园区的物流和能流。园区内采用废物交换、清洁生产等，把一个企业产生的副产品或废物作为另一个企业的投入或原材料，实现物质闭路循环经济和能量多级利用，形成相互依存、类似自然生态系统食物链的工业生态系统，达到物质能量利用最大化和废物排放最小化的目的。园区具有横向耦合性、纵向闭合性、区域整合性、柔性结构等特点，与传统工业园区的主要差别是区域内部各企业之间进行副产品和废物的交换，能量和废水得到梯级利用，共享基础设施，有完善的信息交换系统，能使企业获得良好的经济、社会、生态效益。园区还是产业集群发展布局的有效形式。

2.4.5.3 社会层次的大循环

社会层次大循环是按照生态学原理，通过废旧物的再生利用，实现消费过程中和消费过程后物质和能量的循环。它通常以预防污染为出发点，以物质循环流动为特征，以人口与资源、环境、社会、经济相协调，实现可持续发展为最终目标。最大限度地高效利用资源和能源，减少污染排放。构建社会层次或城市和区域层次的大循环系统，必须做到以下几点：①构建以工业共生和物质循环为特征的循环经济产业体系；②构建包括小循环利用保护体系、清洁能源体系、清洁公共交通运营体系在内的基础设施；③致力于规划绿色化、景观绿色化和建筑绿色化的人文生态建设；④努力倡导和实施绿色销售、绿色消费[27]。

2.4.6 以循环经济为理论基础的农业循环经济

农业循环经济也称循环农业或循环经济型生态农业。具体而言，马其芳等解释为，农业循环经济是在既定的农业资源存量、环境容量以及生态阈值综合约束下，从节约农业资源、保护生态环境和提高经济效益角度出发，应用循环经济学方法组织的农业生产活动以及农业生产体系，通过末端物质能量的回流形成物质能量循环利用的闭环农业生产系统[28]。

笔者认为，农业循环经济是循环经济理论与方法在农业经济或农业生产领域的具体应用，属于循环经济系统的一个子系统。就是在农业生产系统的生产过程中遵循循环经济的“3R”原则，依靠高新技术，实行清洁化生产，实现农业资源集约化开发、闭环式的资源循环利用，废弃物最大限度利用和最小排放，经济效益、生态效益、社会效益有效统一，农业经济可持续发展。

2.4.7 循环经济理论为绿色低碳循环农业提供了重要理论基础

根据上述循环经济理论的认识，循环经济是以资源高效与循环利用为核心，以“减量化、再利用、资源化”为原则，以“低消耗、低排放、高效率”为特征，符合可持续发展理念的经济增长模式，是对“大量生产、大量消费、大量废弃”的传统增长模式的根本变革。

农业循环经济是循环经济理论的应用形式之一。它将循环经济的基本思想持续应用于农业生产过程、产品设计和服务中，以物质能量梯次和闭路循环使用为特征，把农业清洁生产、资源综合利用、生态设计和可持续发展等融为一体，在其生产过程中尽可能地减少农业资源、物质的投入量，增加物质在农业系统中的循环再生利用和能量多级使用，使其得到更好更多的农产品，在环境方面表现为污染低排放甚至零排放。

循环农业可以看作是农业循环经济的具体载体和实践形式，它是具体把循环经济理论应用于农业系统，在农业生产过程中和产品生命周期中尽量减少资源、物质的投入量，减少废物的产生排放量，实现农业生产的经济、生态、社会高效统一，农业的可持续发展。

上述循环经济理论和农业循环经济、循环农业的一个重要内涵是资源的循环利用，实现资源利用最大化，废弃物排放最小化。而绿色低碳循环农业的一个重要内容也是资源循环利用最大化，废弃物排放最小化，因此，不论从理论和内容上循环经济理论均为绿色低碳循环农业发展提供了重要理论基础。

2.5 可持续发展理论

2.5.1 可持续发展认知

可持续发展，是当今社会面临的人口剧增、资源短缺、环境污染、生态破坏等严重阻碍经济发展和人民生活质量提高，继而威胁全人类未来生存发展严峻形势下，解决既满足当代人的需求，又不对满足后代人需求产生危害的正确抉择。这是人类生存与发展思维的深刻变化和认识上质的飞跃。回顾和总结人类对生存与发展认知演进的历史过程，大体可分为 4 个历史阶段。

2.5.1.1 “图腾祭拜”时期，自然中心主义观念

这一阶段是人类依附和祭拜自然阶段。人类主要依靠自己的肌体力量，应用简单的工具进行狩猎和采集活动，从自然界获取有限的自然产品，来维持人类的生存和发展。人类对生态环境的影响远远低于自然的恢复力，几乎等同于其他动物一样把自己消融于大自然之中，使得整个生态系统基本上是生产者（植物）、消费者（动物）、分解者（微生物）三者生态相。人与自然的关系表现为自然的统一、原始的协调、低层次的和谐。人类对人与自然的关系的认识只是表面的，盲目地适应于自然，受制于自然的主宰，只是企图求助于“上帝”的魔力，祈求大自然使他们的生活富裕起来，由此形成了以自然宗教和图腾祭拜为表现形式的自然中心主义的观念。

2.5.1.2 农业文明时代，天人合一、顺其自然的主导观念

在第一次工业革命发生之前，社会处于农业文明时代。这一阶段以农业经济为主，农牧业生产主要是利用动植物的特性，创造适当条件强化动植物的生长机制，生产人所需要的产品，如栽培植物，驯化野生动物。人类以自然资源的损耗换取经济的发展。虽然人类在生产过程中也存在着掠夺自然资源，乱砍滥伐森林导致生态环境破坏的现象，但由于人口规模小，经济体量不大，对生态资源的索取低于其更新速度，经济与生态环境能够协调发展。在人与自然的关系上形成了天人合一、顺其自然的主导观念。

2.5.1.3 工业文明时代，人统治自然，人类中心主义价值取向的传统自然观念

以蒸汽机的发明应用为标志的技术革命和以电力技术为主导的第二次技术革命，实现了人类基本生产阶段由手工工具向机器系统的转变。人类从此步入工业文明时代。由于人口的快速增长，科技进步日新月异，生产力高速发展，使得人类对自然资源的需求急剧增加，对生态环境的虐待与日俱增。这时人类的一切活动和发展行为都是一味追求物质财富的无限增长，在人与自然的关系上，由人类中心主义出发，认为人是世界存在的最高目的，人类的价值是最崇高且唯一的，自然界中其他特种价值只有在人类使用它们的时候才能够表现出来，它们自身是没有价值的。一切从人类利益出发，维护人类价值和权利成为人类活动的根本出发点或最终价值判断依据。将人作为自然主义和统治者，将自然环境看作是公共的无价资源，将自

然资源作为取之不竭、用之不尽的无限资源，将人与自然的关系割裂开来，把二者对立起来。严重忽视了自然可以成为异化力量对人类进行报复，忽视了自然资源、生态环境等自然系统的承载力，忽视了经济增长所付出的自然成本。在人类生活、生产过程中产生的废弃物没有经过必要的处理和回收利用直接排入环境中。上述的思维方式、行为方式导致了人口膨胀、资源短缺、环境污染、生态破坏、贫富悬殊、地区发展极不平衡等一系列危及人类生存与发展的全球性问题。

2.5.1.4 知识经济时代，人本主义的可持续发展观念

人类告别了农业文明时代，又即将告别工业经济时代，迎来知识经济时代。当前以微电子技术为基础，以计算机、网络和通信技术为主体的信息技术，已渗透到经济的各个领域，信息技术的发展，已给人类经济、生活方式带来质的变化。一方面，信息传播速度迅速加快，使知识商品化能力大大提高，知识应用于制造业、服务业的速度大大加快。另一方面，由于信息技术革命，导致全球经济增长方式产生根本变革。正是这一变革，使现代科技的基本职能和价值目标由单纯开发利用自然向有效保护和大力建设自然的根本转变。同时人类生存与发展受到生态环境严重恶化威胁后，不得不反思人类在处理人与自然关系问题上的严重失误，以及在思维方式、人与自然行为方式和社会组织方式内在的不理智、偏见和缺陷。正是如此，人类才意识到要想不危及自身生存与发展，人类的一举一动应放在人与资源、环境的大系统中。在行使向大自然开发和进军权利时，要承担起保护生态环境的责任，把权利与责任统一起来，正确处理人口与资源、环境的关系，即实现可持续发展。这是人类总结成功的实践和失败的教训的基础上形成的一个崭新发展观念。这一观念的产生是人类对客观世界认识的新飞跃，是人类在人与自然关系认识史上的一次全新革命，它标志着人类对生存与发展认识走上了一个崭新的阶段。

综上所述，人类在认识人与自然关系或处理人口与资源、环境关系上经历了从依附自然、崇拜自然的自然中心主义观念—天人合一、顺其自然的观念到人统治自然、人类中心主义价值取向的传统自然观念再到人口与资源、环境协调的可持续发展观念。这些观念的变化反映了人类认识自然、改造自然、利用自然的进步，是人类在实践、认识、再实践、再认识过程中从不认识到认识到理性升华的辩证唯物主义认识论的反映，是人类认识史上一个系统整体过程。他告诫我们，人类不能再用牺牲环境为代价求得经济的发展，不能再向大自然无限索取，不能再把环境作为任何废弃物都能处理排放的“净化器”和“容体”，不能再做危及子孙后代生存发展

的蠢事、傻事。人类要和大自然和谐相处，共同繁荣，协调发展，走可持续发展的道路[29]。

2.5.2 可持续发展理论

可持续发展是一个系统有机整体，是由人口—自然—经济—社会子系统组织的复合大系统。在构成要素上，它不是单一要素的机械组合，而是由诸多要素互相联系、互相作用、互相制约、全方位协调的有机整体。在时间上，它不是一时的短期行为和当代人的需求，而是长久永恒的行为和子孙后代发展的需求。在空间上，它不是个别的、局部的一个区域的可持续发展问题，而是全面的若干区域和全球的可持续发展问题。它是一个以人为本的，能动地协调人口与资源、环境系统内诸多要素，使人类在不超越资源与环境承载力的条件下，生活质量不断提高的大系统。它追求发展的可持续性，即发展对现代人和未来人需求的持续满足，实现现代人类与未来人类利益的统一；它追求发展的可协调性，即经济与人口发展必须限定在资源、环境的承载力之内，实现全球性人口与资源、环境、经济、社会的协调发展。它应具有以下特点：

（1）可持续促进经济的健康发展，不仅鼓励经济数量的增长，而且注重改善质量、提高效益、节约资源、防止污染，改变传统粗放型生产和消费模式，实现清洁生产和适度的文明消费。

（2）可持续发展系统要以保护自然为基础，人口与资源、环境的承载力相协调。发展要保护环境，保护生物多样性，保持全球生态的良性循环，使人类的发展保持在地球承载力之内。

（3）可持续发展系统要以改善和提高人口综合素质为本，使其具有较高的文化素养、健康的体魄、良好的道德修养。只有高素质的人口群体才能协调人类与自然的关系，促进人类的进步和文明。

2.5.3 可持续发展理论的观念体系

可持续发展是一项全球性的艰巨复杂而又伟大神圣的系统工程，它涉及全世界社会生产、生活的各个方面，要求全世界社会各界、各阶层和广大民众共同行动起来，积极参与关心支持，用可持续发展作为人类的共同价值取向来规范每个人的行为。

2.5.3.1 人与自然和谐观

人与自然的关系是一种辩证的关系。恩格斯认为劳动是人与自然关系的核心环节，只有人的实践，才能产生人与自然的关系。通过劳动，人类取得了改造自然实践活动的一个又一个胜利，并使自然界的面貌和人类社会面貌都发生了根本改变。但人的主观能动性的发挥要受各种客观条件的限制，即人有受动性的一面，也有被动性的一面。所以，人类不能过于自负，盲目以为自己是“宇宙之精华，万物之灵长”，而滥用人的实践力，正如恩格斯所说“我们不要过分陶醉于我们对自然的胜利，对于每一次这样的胜利，自然界都报复了我们”。所以人类必须和自然界和谐相处，人类一方面按照一定的目的用自己的劳动改造自然，使自然不断地适应人类的发展；另一方面，人类也必须改造自身，以适应自然界的发展，形成人与自然协调统一的关系，实现人与自然互利共生，共同进化发展。

2.5.3.2 经济、社会、生态效益统一观

经济、社会、生态 3 个效益是相互联系、相互作用、相互制约的有机整体。可持续发展经济效益是人类追求的目标，一切发展的基础，不仅追求经济增长的数量，而且追求经济增长的质量，达到资源优化配置，实现清洁生产、文明消费。可持续发展社会效益也是人类社会追求的目标，要实现政通人和，人民健康、长寿、幸福地生活。可持续发展生态效益是保障和支撑生命的基本条件，为人类生存发展创造一个良好的生态环境。为此，在人类进步、社会发展的过程中，必须注重经济、社会、生态效益统一。

2.5.3.3 文明消费观

消费模式作为人类文明的表征也经历了原始生态消费、线性消费、循环消费，现在进入了文明消费，即可持续消费。其内涵或定义是提供服务以及相关的产品以满足人类的基本需求，提高生产质量，同时使自然资源和有害材料的使用量最少，使服务和产品的生命周期中所产生的废物和污染物最小，从而不危及后代的需求。[6]人类的消费要与时俱进，不能盲目追求高消费，要吸取发达国家高消费造成资源的巨大损耗带来的一系列问题的教训。发展中国家不能超前消费，要量入为出，适度消费。全人类都要提倡绿色消费，在全社会形成文明消费的良好氛围。

2.5.3.4 生产集约经营观

过去，发展生产实行粗放的外延型增长是在技术水平低的条件下靠大量的投入资金和劳动力，高消耗资源、能源等，实现经济增长的。它不仅造成了资源的耗竭或短缺，而且加重了环境的污染。现在实行可持续发展，必须依靠科技进步走内涵外延型、质量效益型的集约化发展道路[30]。

2.5.4 可持续发展理论为绿色低碳循环农业发展提供了理论基础

可持续发展理论是以实现人类可持续发展为宗旨，追求人与自然和谐发展、经济、社会、生态效益统一、文明消费、生产集约经营。可持续农业以高产、优质、高效、低耗为宗旨，满足当代人和后代人对食物需求的现代集约型农业。绿色低碳循环农业也是在可持续发展大背景下提出与发展的，其最终目的与可持续发展与可持续农业的宗旨完全一致，为此可持续发展理论为绿色低碳循环农业发展提供了理论基础。

2.6 绿色低碳循环农业基础理论的关联分析

综上所述，生态经济、绿色经济、低碳经济、循环经济、可持续发展产生的大背景主导因素都是随着工业化的发展，环境污染日趋严重，人口发展日益增多，而自然资源却日益短缺，人口、资源、环境的矛盾越来越突出，都是为了解决环境危机、能源危机、资源危机而相继出现的几种经济形态，是对人类和自然关系重新认识和总结的结果，旨在解决人类可持续发展的问题。对于这些经济形态概念孙鸿烈院士做了一个结构性定位：绿色经济是最大的概念，它包含了循环经济、低碳经济和生态经济，其中循环经济主要是解决环境污染问题的，低碳经济主要是针对能源结构和温室气体减排而言的，生态经济主要是指向生态系统（如草原、森林、海洋、湿地等）的恢复、利用和发展的（如发展生态农业等）。江泽慧①认为：低碳经济、循环经济、绿色经济三者之间存在着主导与随从、依存与独立的复杂关系，绿色经济是在低碳经济、循环经济的基础之上产生的，具有彼此有机结合、包容性增长的

① 江泽慧：《树立低碳循环理念　加快绿色发展步伐》，中国网，2010-10-17。

发展形式。在经济发展与资源环境矛盾日益突出的情况下，发展绿色经济不仅可以节能减排，而且能够充分利用资源、扩大市场需求、提供新的就业，是保护环境与发展经济的重要结合点。绿色发展方式正是这种包容性增长方式的有力体现，它蕴含了循环经济与低碳经济的多层次的需求。总之，这些经济形态内容相互交叉，有相同之处，但也有不同之处，各具特点。对其简要分析如下。

2.6.1 同一性

生态经济、绿色经济、低碳经济、循环经济、可持续发展的同一性主要表现在以下 3 个方面：

2.6.1.1 理论基础的同一性

生态经济、绿色经济、低碳经济、循环经济、可持续发展都是以生态学和系统科学为理论基础的，借鉴了生态学的物质循环和能量转化原理，从系统论的观点出发，把所要研究的对象作为一个系统整体来考虑，探讨人类社会经济发展与生态环境系统协调，人与自然系统的和谐，资源和环境的可持续发展。这五种经济形态都强调在人与自然这个大系统中，把经济系统与生态环境系统的组成要素综合起来，从系统整体考虑问题并进行组织实施，追求经济效益、社会效益、生态效益的高效统一和全面协调，达到人与自然的和谐，社会的可持续发展。

2.6.1.2 应用技术的同一性

生态经济、绿色经济、低碳经济、循环经济、可持续发展都是应用生态技术为基础的。这里生态技术是指按照生态学原理和生态经济规律，能有效保护生态环境，维持生态良性循环；能节约能源，降低能耗，可持续利用资源，生产过程清洁化，使经济发展与环境相协调，人与自然和谐相处的一切有效的技术方法。

2.6.1.3 发展目标的同一性

生态经济、绿色经济、低碳经济、循环经济、可持续发展的终极发展目标大同小异都是为了有效保护和改善生态环境，提高自然资源利用率，人与自然和谐相处，建设环境友好型社会，实现人类社会可持续发展。概括起来就是不断提高人民生活质量和环境承载能力，满足当代人需求又不损害子孙后代满足其需求能力，满足一个地区或一个国家人民需求又不损害别的地区或国家人民满足其需求能力的发展。4 种经济形态都体现了生态系统和生命系统能够持续的平衡结构，都包含了以下 3

种基本观念：①生存观：就是生存是第一位的，其次才是发展。要生存就要保证生存基础，改善生存条件，提高生存质量。②协调观：发展就是要人与自然和谐相处，实现经济社会的发展与资源环境保护的相协调。③资源观：人类的生存与发展必须解决好资源在当代人与后代人之间的合理配置，不能为了当代人的利益，牺牲后代人的利益，要实现资源的永续利用。

2.6.2 差异性

生态经济、绿色经济、低碳经济、循环经济、可持续发展的差异性主要表现在以下几个方面。

2.6.2.1 基本内涵的差异性

生态经济是以生态与经济协同发展为特征的经济模式。绿色经济是以绿色包容性发展内涵为特征的经济模式。低碳经济是以低能耗发展内涵为特征的经济模式。循环经济是以资源低消耗发展与资源循环利用内涵为特征的经济模式。可持续发展是以自然资源可持续利用和人类社会可持续发展为主要特征的发展模式。

2.6.2.2 研究经济发展的角度和重点的差异性

（1）生态经济是重点强调经济系统与生态系统的有机结合，两个系统的协调发展，从而构成一个系统整体；强调经济活动过程中生产、消费和废弃的闭环式运行以及良性循环。

（2）绿色经济主要是突出绿色目标，依靠科技进步，实现绿色生产、绿色流通、绿色消费、绿色生活、绿色环境，绿色享受。

（3）低碳经济主要是应对全球气候变暖问题，重点是减少碳能源消费，降低能耗，减少温室气体排放，积极发展新能源（太阳能、风能、生物能等），建立低碳机制和发展模式。

（4）循环经济重点是坚持“3R”原则，实行物质（资源）的多层次循环利用，实现资源利用最大化，经济效益最大化，废弃物排放最小化。

（5）可持续发展主要是应对全球资源危机、环境危机，人类生存与发展受到威胁，研究人类社会和谐发展、人口与资源、环境、经济的协调发展。

2.6.2.3 实施控制的环节和内容差异性

（1）生态经济是从资源的输入和废弃物的输出来研究经济活动的运行过程与自

然环境的相互联系，相互作用，实现生态与经济良性循环。

（2）绿色经济是从经济活动的全过程考虑，关注经济运行的最终结果对环境不产生不利影响，有一个绿色环境，人们可以享受绿色。

（3）低碳经济是从经济活动运行过程，实现低能耗、低污染、低排放，以降低温室气体排放为主要关注点，通过减少碳排放量，保护人类生存的自然生态系统和气候条件。

（4）循环经济是从资源可持续利用出发，考虑在经济活动运行过程中资源多层次重复利用，把资源“吃干榨尽”，提高资源效率和环境效率，产生最大效益。

（5）可持续发展是从人口与资源、环境协调发展出发，考虑在人类社会发展中正确处理人口与资源、环境协调发展的关系，实现人类社会的可持续发展。

2.6.2.4 实施主体地位的差异性

（1）生态经济主要是强调人与自然的行为。生态经济的发展目标是以动态平衡的方式，寻求人的发展与自然保护的动态平衡，强调人与自然的共生方式，实现经济发展与生态平衡和良性循环。

（2）绿色经济是全社会的行为。政府作为联系国家与企业的纽带在可持续发展中占有重要的地位，必须建立地方政府绿色经济行为的法律约束机制、行政约束机制及生态补偿机制，以约束和规范地方政府行为。企业的绿色经济行为主要是企业实行绿色技术创新、清洁生产、绿色营销和绿色企业文化建设。个人的绿色经济行为表现为日常生活与消费，特别是农民的农业生产活动要维护绿色环境。全社会都有维护自然的绿色与生态平衡的责任和义务，来实现绿色发展。

（3）低碳经济主要是企业与政府间的行为。低碳经济的发展目标通常是以政府行政约束性的方式，确立约束性减排指标和行为规范，企业为完成约束性指标所规定的减排义务而必须以实际的减排行为完成政府所规定的减排义务。人们的低碳生活也是一个重要方面。

（4）循环经济主要强调的是国家间的或经济体系之间的行为。循环经济的发展通常是以协同的方式，最终建立起一个循环经济的产业化体系，从而来解决可持续发展的资源、环境与经济难题。循环经济强调体系之间的协同合作。

（5）可持续发展主要强调全球整个人类社会的行为，不论国家、企业、自然人及社会的每个成员都有义务保护生态环境，共同促进人类社会的可持续发展。

2.6.2.5 价值取向的差异性

（1）生态经济是以可持续的方式发展处理人与自然的关系，人与自然要和谐相处，经济系统与生态系统有机结合，融合为一个生态经济有机整体，实现两个系统的协调发展，生态良性循环。

（2）绿色经济强调的是可持续发展的方式和发展的“公平”和“包容”，把节约文化、环境伦理道德融入社会运行体系，引导公众自觉选择节约环保、低碳排放的消费模式，着力建设资源节约型、环境友好型社会。

（3）低碳经济是以低碳作为可持续发展目标，以低碳产业为核心，以低碳技术为手段，以低碳能源、低碳交通、低碳建筑和低碳生活为基础，发展低碳经济，减少气候温室效应。

（4）循环经济是以资源的高效利用和循环利用为核心，以“减量化、再利用、资源化”为原则，实行经济发展过程的低消耗、低排放、高效率，实现经济可持续发展[①]。

（5）可持续发展是以全球可持续发展为目标，用可持续方式开发利用资源，保护生态环境，发展经济，建设全球的美好家园。

2.6.3 绿色低碳循环农业与五种发展形态的关联

绿色低碳循环农业是生态经济、绿色经济、低碳经济、循环经济、可持续发展 5 种发展形态的具体综合表现形式，是融五种发展形态为一体的有机集合体。五种发展形态的理论基础为发展绿色低碳循环农业提供了理论依据，应用技术为发展绿色低碳循环农业提供了技术支撑，发展目标具有相同性。因此，从本质上讲它们是一脉相承，同出一辙，都是为实现人类社会可持续发展的战略举措和运行模式。

① 江泽慧：《树立低碳循环理念　加快绿色发展步伐》，中国网，2010-10-17。

第 3 章 绿色低碳循环农业基本理论构建

绿色低碳循环农业发展有了坚实的理论基础，还需要构建自身的基本理论，这样才能更好地应用理论指导绿色低碳循环农业的实践。为此，本章初步构建了绿色低碳循环农业基本理论，在绿色低碳循环三位一体农业系统理论的基础上，囊括了资源循环再生原理、能量耗散低熵原理、生态学与系统协调原理、食品安全伦理，同时把生态农业理论、可持续农业理论纳入绿色低碳循环农业基本理论的框架。这些理论对指导绿色低碳循环农业发展过程中的资源利用、物质循环、能量低耗、生态环境协调、农产品质量安全生产等方面有着重要意义与积极作用。但要形成绿色低碳循环农业发展的理论体系还有待在实践过程中不断创新，不断提高，不断完善。

3.1 生态农业理论

3.1.1 生态农业的产生背景与发展

在生态经济产生的大背景下，相对于石油农业发展带来的一系列问题，生态农业从产生到发展备受关注和重视。生态农业最早可追溯 20 世纪 20 年代的欧洲，30—40 年代在英国、瑞士、日本等得到发展。自 30 年代初英国农学家 A.霍华德提出有机农业概念并相应组织试验和推广以来，有机农业在英国得到了广泛发展。在美国罗代尔（J.I.Rodale）是最早实践者，他于 1942 年创办了第一家有机农场，1974 年在扩大农场和过去研究的基础上成立了罗代尔研究所，成为美国和世界上从事有机农业研究的著名研究所。但当时的生态农业多限于传统农业的自我封闭式的生物循环生产模式，发展极为缓慢。

到了 20 世纪 60 年代，欧洲的许多农场转向生态耕作。70 年代后，一些发达国家（尤其是美、欧、日）伴随着工业化的发展，环境污染日益严重，已危及人类的生命与健康。为确保人类生活质量和经济健康发展，从而掀起了以保护农业生态环境为主的各种替代农业思潮。1971 年美国密苏里大学的教授阿布拉齐（W. A 卜brecht）提出了生态农业思想。1972 年召开的联合国人类环境会议提出了社会、经济的“生态发展”战略。1974 年美国生态学家赫钦逊（G.E.Huchingson）等出版的论文集《生物圈》，提出了农业生态经济观点。1981 年英国环境科学家华盛顿（M.K.Washington）出版了《农业与环境》一书，把种植业、放牧业、饲养业、自然资源保护、家庭小型产品加工和产品销售、美化环境等视为一个农业生态经济系统，从宏观上进一步论证了发展生态农业的战略意义。这一时期，法国、德国、荷兰等西欧发达国家也相继开展了有机农业运动，并在法国成立了国际有机农业运动联盟（IFOAM）。日本生态农业的重点是减少农田盐碱化，农业面源污染（农药、化肥），提高农产品品质安全。菲律宾是开展生态农业起步早、发展快的国家，最具世界影响的生态农业范例是玛雅（Maya）农场。在这个时期生态农业的发展引起了世界各国的广泛关注，无论是发达国家还是发展中国家普遍认为生态农业是农业可持续发展的重要途径之一。

20 世纪 90 年代后，世界各国生态农业有了较大发展。建设生态农业，走可持续发展的道路已成为世界各国农业发展的共同选择。特别是进入 21 世纪以来，可持续发展战略成为全球的共同行动，生态农业作为可持续农业发展的一种重要实践模式，进入了一个蓬勃发展的新时期，无论是在规模、速度还是在水平上都有了质的变化，由单一、分散、自发的民间活动转向政府自觉倡导的全球性生产运动[①]。

① 《生态产业》，中国城市低碳经济网，2012-11-14。

3.1.2 生态农业的内涵与特点

为了正确认识生态农业，我们首先要对生态农业有个简要认识。关于生态农业的含义或概念有不同解释，如英国农学家 M.Worthington 对生态农业的定义是：生态上能自我维持，低输入，经济上有生命力，在环境、伦理和审美方面可接受的小型农业。

生态农业是按照生态学原理和经济学原理，运用现代科学技术成果和现代管理手段，以及传统农业的有效经验建立起来的，能获得较高的经济效益、生态效益和社会效益的现代化农业。它要求把发展粮食与多种经济作物生产，发展大田种植与林、牧、副、渔业，发展大农业与第二、第三产业结合起来，利用传统农业精华和现代科技成果，通过人工设计生态工程、协调发展与环境之间、资源利用与保护之间的矛盾，形成生态上与经济上两个良性循环，经济、生态、社会三大效益的统一[①]。

生态农业是指在保护、改善农业生态环境的前提下，遵循生态学、生态经济规律，运用系统工程方法和现代科学技术，集约化经营的农业发展模式。

生态农业是根据生态学与生态经济的原理，运用系统工程及现代科技方法组建起来的综合农业生产体系。

生态农业，就是以生态学理论为依据，在某一定的区域内，因地制宜的规划、组织和进行农业生产。

笔者认为，生态农业是一个系统，是把生态系统和农业生产系统融为一体的更大复合系统，它不是各个要素的简单相加或机械堆积，而是相互联系、相互作用、相互制约、相互促进的有机整体。它以生态学理论为指导，按照农业生态系统内物种共生、物质循环、能量多层次利用的生态学原理，合理高效利用农业自然资源和保护良好的生态环境，应用农业高新技术，吸收传统农业的精华，采用现代管理手段，科学组织经营农业生产，实现生态自我维持和动态平衡、农业可持续发展，达到生态效益、经济效益、社会效益的高效统一。

生态农业主要有以下特点[②]：

（1）综合性。生态农业强调发挥农业生态系统的整体功能，以大农业为出发点，

---

① 百度百科，2014-07-26。

② 《生态产业》，中国城市低碳经济网，2012-11-14。

按照“整体、协调、循环、再生”的原则，全面规划，调整和优化农业结构，使农、林、牧、副、渔各业和农村一、二、三产业综合发展，并使各业之间互相支持，相得益彰，提高综合生产能力。

（2）多样性。生态农业针对各地自然条件、资源基础、经济与社会发展水平的差异性，充分吸收传统农业精华，应用现代科学技术，以多种生态模式、生态工程和丰富多彩的技术类型装备农业生产，使各区域都能扬长避短，发挥优势，同时根据社会需求与当地实际相结合，发展各具特色的产业。

（3）高效性。生态农业通过物质循环和能量多层次综合利用和系列化深加工，实现经济增值，实行废弃物资源化利用，降低农业成本，提高效益，为农村大量剩余劳动力创造农业内部就业机会，保护农民从事农业的积极性。

（4）持续性。发展生态农业能够保护和改善生态环境，防治污染，维护生态平衡，提高农产品的安全性，变农业和农村经济的常规发展为持续发展，把环境建设同经济发展紧密结合起来，在最大限度地满足人们对农产品日益增长的需求的同时，提高生态系统的稳定性和持续性，增强农业发展后劲。

3.1.3 生态农业的基本原理

生态农业是生态学在农业上应用的分支。研究生态农业的学科或科学是农业生态学。农业生态学的概念由 3 个词干组成，即来源于拉丁语的 agrarius（指田地）；希腊语的 oikos（意为住所或家政）、logos（科学），根据上述海克尔关于生态学的定义，农业生态学可以定义为：具有人类为某些作物的生产所塑造的环境中生物生存条件的科学[11]。美国科学家小米勒总结出的农业生态学三定律是：第一定律，我们的任何行动都不是孤立的，对自然界的任何侵犯都具有无数的效应，其中许多是不可预料的。这一定律是 G.哈定（G.Hardin）提出的，可称为多效应原理。第二定律，每一事物无不与其他事物相互联系和相互交融。此定律又称相互联系原理。第三定律，我们所生产的任何物质均不应对地球上自然的生物地球化学循环有任何干扰。此定律可称为勿干扰原理。

农业生态学的基本原理的应用思路是：模仿自然生态系统的生物生产能量流动、物质循环和信息传递而建立起人类社会组织，以自然能流为主，尽量减少人工附加能源，寻求以尽量小的消耗产生最大的综合效益。生态农业按照农业生态学的基本原理进行“整体、协调、循环、再生”运行。其原理具体反映在以下几个方面。

（1）生物间相互制约原理。遵循这一原理按食物链合理组织生产，才能挖掘资源潜力，提高效益。

（2）生物与环境协同进化原理。遵循这一原理，因地因时制宜，合理布局，合理轮作倒茬，立体种植，种养结合，取得显著效益。

（3）能量多级利用与物质循环再生原理。遵循这一原理进行多层次分级利用，使有机废物资源化，使光合产物实现再增殖，发挥减少污染补充肥源的作用，同时提高综合效益。

（4）结构稳定性与功能协调性原理。遵循充分发挥生物共生优势原则，利用生物相克趋利避害的原则，利用生物相互依存的原则。

（5）生态效益与经济效益统一的原理。遵循资源合理配置原则、劳动资源充分利用原则、农业结构与经济结构合理化原则、专业化与社会化原则①。

3.1.4 生态农业理论是绿色低碳循环农业的重要理论基础

根据上述对生态农业理论的基本认识，生态农业的基本原理是物种共生、物质循环、能量多层次利用，实现生态良性循环。实践证明，生态农业是在现有条件下兼顾经济、生态、社会效益，实现生态环境保护、资源培育和高效利用的成功模式，是解决中国农村人口、经济发展与资源、环境之间矛盾的有效途径，是农业和农村经济可持续发展的必需选择。绿色低碳循环农业发展同样离不开生态农业的发展原理，也要实现物质循环、能量多层次利用，生态良性循环。生态农业的发展模式与发展目标同样是绿色低碳循环农业发展的重要模式和所追求的目标。为此，生态农业的基本原理与发展思路是绿色低碳循环农业发展的重要理论依据。

---

① 张清杰：《生态农业的理论与实践》，山东农业信息网，2008-02-26。

3.2 可持续农业理论

3.2.1 可持续农业发展历程

可持续农业是在可持续发展浪潮的推动下，1985 年美国加利福尼亚州议会通过的“可持续农业研究教育法”第一次正式提出。1987 年世界环境与发展委员会提出了：“2000 年转向可持续农业的全球政策”。1988 年美国农业部把“低耗可持续农业”列为重点研究项目。同年，联合国粮农组织制定了“可持续农业生产对国际农业研究的要求”文件。1989 年联合国粮农组织第 25 届大会通过了有关可持续农业发展活动的第 3/89 号决议。1991 年联合国粮农组织在荷兰召开“农业与环境”国际会议，并发表了“可持续农业和农村发展的丹波宣言和行动纲领”。1992 年联合国环境和发展大会在巴西里约热内卢召开，发表了“里约宣言”和“21 世纪议程——可持续发展”，把可持续农业作为重要内容。由此可以说，从 20 世纪 80 年代中期以来，以保护农业生态环境、减少或消除农产品污染、提高农产品质量和土地生产力持续增长的可持续农业越来越受到重视。尤其是 1992 年《里约宣言》和《21 世纪议程》发布以后，可持续农业在国际众多国家的参与论证和各自不断实践中，逐渐成为公认的现代农业发展模式。中国政府和科技界，对可持续农业也十分重视，并采取积极的实际行动。1991 年 12 月召开了全国可持续农业和农村发展工作座谈会，并在全国选择了代表不同类型农业区域的 20 个县，作为可持续农业和农村发展试验区。1992 年组织中国可持续农业和农业综合生产力发展研究。1993 年在北京召开了“国际持续农业和农村发展研讨会”，1994 年 3 月国务院第 16 次常务会议通过了《中国 21 世纪议程》，其中设专章对“农业与农村可持续发展”进行重点论述，并作为优先发展领域。

总之，可持续农业从产生到发展，受到世界各国政府和学者的广泛关注，并在全世界广泛兴起和发展，成为当今农业与可持续发展的前沿课题和重点研究领域[①]。

---

① 梁吉义：《论山西可持续农业发展》，载《山西财经学院学报》1996 年第 4 期。

3.2.2 可持续农业理论

关于可持续农业有多种诠释。1990 年 10 月美国国会通过的食品、农业、保护和贸易法案中对可持续农业的定义是："在一个相当长的时期内能满足人类对食品和纤维的需求，保护农业经济赖以维持的自然资源，提高环境质量，最充分地利用不可再生资源和农场劳动力，采取有效调控手段使自然生态周期达到良性循环，并保持农业生产的经济能力，提高农民和全社会的生活质量。"

联合国粮农组织（FAO）在其政策性文件"可持续农业生产：对国际农业研究的需求"中提出对可持续农业的定义是："有效管理和保护自然资源这一基础，并调整技术和机构改革方向，以便确保能够满足当代人和子孙后代人发展的需要，这种农业持续发展能有效保护土地、水资源、植物和动物遗传资源，同时不会造成环境退化，技术上适当，经济上可行，能被全社会接受。"FAO 于 1991 年在荷兰发布了《丹波斯宣言和行动纲领》，可持续农业的定义更加明确："采取某种使用和维护自然资源的基础方式，以及实行技术变革和机制改革，以确保当代人及其后代对农产品需求得到满足，这种可持续的发展（包括农业、林业和渔业）能合理利用和保护土地、水、动植物遗传等资源，是一种环境不退化、技术上应用适当、经济上能生存以及社会能接受的农业。"

在学术上可持续农业发展体系形成了 3 种不同的观点：

第一种，可持续农业发展的内涵是在合理利用和保护自然资源、维护生态环境的同时，实行农业技术的革新，以生产足够的食物与纤维，来满足当代人类及其后代对农产品的需求，促进农业的全面发展。既满足于当代人的需求，又不对后代人满足其自然需求的能力构成危害的发展。以科技和知识化的劳动投入为主，减少物质资源投入，提高资源利用率和产出率，为农业持续发展创造物质条件，通过合理的投入和系统功能的协调，保证农业可持续发展的持续性和资源的永续利用，促进生态、经济、社会效益的协调发展。

第二种，可持续农业发展是一种把产量、质量、效益与环境综合起来安排农业生产的农业模式，它用生态学、经济学、社会学等学科来评价农业系统是否持续、协调地发展。其内涵包括两个主要方面：①在不损害后代利益的前提下，实现当代人对农产品供求平衡；②保护资源的供需平衡和环境的良性循环。可持续农业发展的体系，它不只是一个农经和农艺方面的问题，而且涉及自然、经济及社会问题的复杂系统工程。因此除主要从经济角度分析研究外，还应从生态经济、资源经济、国土经济、人口经济等方面进行探讨。农业和农业可持续发展的实质是生产方式的变革，可持续农业发展涉及的面非常广泛，既有生产、技术、资源、环境、生态、人口、经济技术因素，又有市场、分配、消费、生活、社会以及与之相关的政策、法律、法规、管理和人们思想观念等社会、思想因素。涉及的产业，既有大农业内部的农林牧渔副业的发展和相互关系，又有农村一、二、三产业的发展相互关系。既有生产力方面的问题，又有生产关系和上层建筑方面的问题。

第三种，可持续农业发展是针对常规农业技术而提出的一个相对应的概念。所谓常规农业技术是在改造传统农业和农业现代化过程中逐步形成并至今仍普遍实施的以系统的开放性、资源的高投入、生产的高效率为基本特征的农业发展模式。它属于现代农业技术的范畴，是传统农业向现代农业转化过程的初期至中期的一个发展阶段。常规农业作为人们一个时期的选择，反映了人们在农业发展上的一些认识倾向。人们一般只重视当前和近期需要，忽视人类长远需要①。

上述不论是组织对可持续农业的定义，还是学术上对可持续农业的定义，我们可以看出，可持续农业包括两个密切相关的内容：①保证人类及其后代能够在地球上继续生存和发展；②保持资源的供需平衡和生态环境的良性循环。可持续农业探讨农业生产力与经济收入之间、资源利用与环境保护之间、人类富裕生活与健康安全之间有效的结合途径。可持续性农业是囊括农学的、环境的、社会的、经济的及政策的多维目标。它本身属于一种长期而不是短期的经济学范畴，其目的在于建立一种生产区域专业化、经营管理集约化、资源优化，并能在一定区域内实施操作的农作体系。可持续农业必须实现 3 种平衡即经济平衡（生产力与收入）、环境平衡（资源利用与保护）、社会平衡（农民家庭富裕生活与农村文明进步）。

笔者认为可持续农业是以高产、优质、高效、低耗为宗旨，以现代科技为支撑，以资源永续利用和保护生态环境为基础，满足当代人和后代人对食物需求的现代集约型农业。其内涵与特点是：

（1）依靠科技进步，由粗放型农业增长方式转变为集约型增长方式，把各种农业持续性要素系统地集合为一个科技经济一体化综合有机整体。

① 彭珂珊：《农业可持续发展的作用和意义》，科学新闻周刊，2001-10-24。

（2）可持续开发利用土地、水、生物、气候等农业自然资源，建立农业发展与生态环境良性循环系统，使农业自然资源永续利用，满足人类发展对农业资源的需求。

（3）农业生产可持续发展，能满足人类发展对粮食、副食品等食物的不断需求，能保证食物质量安全，有利于人类健康。

（4）可持续农业是人类社会经济持续发展的基础，没有农业的可持续发展，就没有经济的持续发展，也就没有人类社会的持续发展。

总之，可持续农业是对以往各种农业形态的综合和扬弃，是农业生产力发展的必然和历史的进步；是一种与传统农业发展观或发展模式截然不同的发展理念和发展模式。它既强调了自然资源和生态平衡，防治环境污染；又重视利用现代工业、现代科学技术的一切积极有效的成果。

3.2.3 可持续农业系统整体性与发展方略

可持续农业发展是“生态—经济—社会”三维复合系统整体，涉及生态、经济与社会 3 个部分或要素，这 3 个部分或要素有机结合起来就构成一个系统整体。从这个系统整体出发，长远地把握系统的动态发展方向和实质，才可以协调经济社会发展与资源环境之间的关系，兼顾生态、经济与社会效益；才可以协调当代人与后代人之间的关系，兼顾当代人与后代人的利益。可持续农业发展的宗旨在于自然资源、生态环境的有效管理与保护，不仅注重农产品数量、质量及效率的提高，而且要注重经济效益、社会效益和生态环境效益相协调，将农产品、效益、资源、环境、结构融为一体。在经济、生态、社会这 3 个部分或要素中，经济可持续性是主导，生态可持续性是基础，社会可持续性是目标。

可持续农业发展方略要做到以下 3 点：①全球的共同努力。可持续农业要解决的问题不是局部和个别的问题，如全球气候的变化，旱灾、洪涝、虫害和其他自然灾害，都可能对局部的地方农业生产和农村生活产生决定性的影响。同时，一个国家、一个地区的农业生态环境的恶化往往不仅影响当地，而且对其他国家和地区也会带来许多不利的影响。此外，在经济全球化的今天，局部的农业生产联系着全国乃至国际市场，国际市场价格和国家农业政策都可能对农业生产和农民生活带来重大影响。反之亦然，一国的农业生产会影响全球农业，一个地区的农业生产会影响全国的农业，因此可持续农业需要当地、国家和全球各个方面的共同努力。②因地制宜。农业依赖于自然资源，各地资源环境差异很大，同时各地农业生产还与所处地区的政治、经济、文化的背景有关。因此农业生产必须因地制宜，切忌“一刀切”。如发展中国家的紧迫任务是解决贫困和温饱，因此可持续农业的重点是在节约资源和环保基础上先求生存，再求发展。发达国家的紧迫任务是在食物供给过剩条件下寻找节约资源与环保的农业发展新模式。③积极地投入。农业是弱质产业，需要必要的投入，通过改善农业生产条件，使农业生产和农业生态环境良性循环。可持续农业是开放性农业，它需要强化各种能够提高农业生产效率的物质和非物质条件，以满足人类生存与发展的需要和达到保护资源与环境的目的[①]。

3.2.4 可持续农业理论是绿色低碳循环农业的重要理论基础

基于可持续农业理论的认识，发展可持续农业对中国农业有着十分重要意义：它有利于更好地解决农业发展与环境保护的双向协调，在发展经济的同时，注意资源、环境的保护，使资源和环境能永续地支撑农业发展，同时，通过农业的发展促进资源和环境有效保护，使资源与环境的开发、利用、保护有机的结合，既避免农业发展以破坏资源与环境为代价，又避免单纯强调保护而阻碍了开发、利用；它有利于重新认识农业的基础地位和作用，使农业的功能不断得到拓宽，促进农村全面、综合、协调地发展，增加农村就业，提高农民收入，缩小城乡差距；它有利于从中国国情出发，调整农业发展战略和方向，合理开发利用环境，促使农业可持续发展，选择适合中国国情的现代化农业发展道路。

绿色低碳循环农业与可持续农业一样追求农业的可持续发展，追求农业资源的可持续利用，满足人类生活对农产品的不断需求和安全需要，建设和谐社会。因此，可持续农业理论是绿色低碳循环农业的重要理论依据。

---

① 《农业可持续发展的含义及其原理与实施条件分析》，圣才学习网，2011-10-28。

3.3 绿色低碳循环农业理论

3.3.1 绿色、低碳、循环三位一体系统论

系统论认为，系统是物质世界存在的基本方式和根本属性。系统是客观世界中的一种普遍现象，无论是在自然界，还是社会中，或者是思维领域，系统无处不在，无时不有。系统可以确定为处于一定相互关系中并与环境发生关系的各组成部分（要素）的总体（集和）。系统是由相互作用和相互依赖的若干组成部分（要素）组合起来的，具有某种特定功能的有机整体。绿色低碳循环农业是一个系统，绿色、低碳、循环是这个系统组成的 3 个部分或要素，三者相互作用和相互依赖，共同构成一个有机整体。绿色部分或要素是绿色低碳循环农业系统可持续发展的象征和实现形态，走的是绿色生产、绿色加工、绿色运输、绿色销售、绿色消费的路径。低碳部分或要素是绿色低碳循环农业系统发展过程中主要功能是降低能耗、提高能效、碳（CO_2）排放量最小化，生态环境有效保护和改善，经济效益最大化。循环部分或要素是绿色低碳循环农业系统发展过程中的主要功能是实现资源利用率最大化，使资源多次循环利用，把资源“吃干榨尽”，废弃物排放最小化，保护环境，提高经济效益。绿色、低碳、循环三者有机结合，三位一体，实现系统 1+1>2 的整体功能，即绿色发展、低碳生产、资源循环利用，生态环境有效保护，经济效益明显提高，社会和谐协调，人类社会可持续进步与发展。

3.3.2 资源循环再生原理

资源循环再生原理（recycle and regeneration of resources）是改变传统的“资源—产品—废物”的线性经济流动模式，形成“资源—产品—再生资源”的物质闭环流动型增长模式，将人们生产和生活过程中产生的废物重新纳入人类生产、生活的循环利用过程，并转化为有用的物质产品。它的优点是能量的多级利用；物质循环再生；废物资源化；生物链相互依存的系统整体性；生态效益、经济效益和社会效益有效统一。

绿色低碳循环农业系统与工业系统提倡的闭环式的物质循环原理和技术体系是不同的，主要表现在3个方面：①绿色低碳循环农业系统是由生命系统和非生命系统两个系统有机组成的系统整体，因此，农业产业必须要遵循生命科学规律；②绿色低碳循环农业系统是一个自然再生产过程和经济再生产过程结合在一起的过程，因此，农业系统必须符合自然法则，同时要遵循经济规律；③农业绿色低碳循环系统是以提供物质输出为主要目标的开放式循环体系，因此，农业系统的物质循环不可能完全采取闭合式的循环模式，而是一种耗散结构所决定的非闭合、高效率的循环。

绿色低碳循环农业系统是一种在自然生态系统基础上的人工生态系统，其资源类型可以分为4种：①光热水等自然资源，需要周年高效循环利用；②化肥、农药、机械等系统外购买性资源，需要尽量减少不合理投入并提高效率；③秸秆、粪便等农业生产中间废弃资源，需要再生利用；④农业系统排放到大气和地下的有害物质和温室气体等，需要实现可预见、可控制，减少无效排放。通过农业系统内循环和系统外反馈循环相结合，提高能量转化率和物质循环利用率①。

3.3.3 能量耗散低熵原理

热力学第一定律认为能量是守恒的，换言之是流转不息、不会湮灭的。热力学第二定律（即熵定律）则认为在不受外界影响的孤立系统内，能量只能朝着一个方向转化，即从可利用到不可利用，从有效到无效，从有秩序到无秩序。熵，就是最后不能再被转化做功的无效能量的总和的测定单位。熵定律进一步认为，宇宙万物都是从一定的价值与结构开始，然后不可挽回地走向混乱、荒废；无论在地球上还是宇宙或任何地方建立起任何秩序，都会以周围环境更大的秩序混乱作为代价。熵包括高熵和低熵，其中“高熵”对系统是高混乱的或者是无序的状态，“低熵”对系统是低混乱的或者是有序的状态。熵是不能再被转化做功的能量的总和的测定单位。低熵：就是低耗能，低污染。反之称为高熵，就意味着高污染。宇宙的能量总和是个常数，总的熵是不断增加的。熵的增加就意味着有效能量的减少。它是某一系统中存在的一定单位的无效能量。

---

① 高旺盛等：《论发展循环农业的基本原理与技术体系》，载《农业现代化研究》2007年第6期，第731～734页。

现代农业是大量消耗矿物能源的“高熵农业”，是以地表环境中更大的秩序混乱为代价的，缺乏可持续性。农业产量的有限增长与整个地表环境中巨大的能量耗散不成比例，并且，许多四处散逸的处于无效状态的能量对土壤与河湖水系造成了严重污染。大量使用化肥造成了土壤结构失序、退化，大量使用农药在害虫具有抗药性之后只能使用更多、更具有生物杀伤性的农药，恶性循环有增无减。农业的高能耗使得农产品成本越来越高，就世界范围而言，由于农业越来越依赖石油等非再生资源，粮食危机将难以避免①。

为了彻底改变高熵农业带来的弊端，根据能量耗散低熵原理，应大力发展低熵农业。绿色低碳循环农业系统中低碳内涵就是低熵。为此绿色低碳循环农业系统需要从环境中输入低熵资源，利用其内在价值进行活动，同时，还需要把生产消费过程中产生的大量熵废弃到系统外。绿色低碳循环农业系统是开放系统，根据熵定律，只有通过外界能量的投入，才能降低系统熵值，提高系统的功能。

3.3.4 生态学与系统协调原理

绿色低碳循环农业发展的重要理论基础是生态学理论，为此其发展要遵循生态学 3 个原理（定律）：①高效原理，即能源的高效利用和废弃物的循环再生产；②和谐原理，即系统中各个组成部分之间的和睦共生，协同进化；③自我调节原理，即协同的演化着眼于其内部各组织的自我调节功能的完善和持续性，而非外部的控制或结构的单纯增长。

绿色低碳循环农业系统是一个开发系统，组成系统的各个要素彼此相互联系，相互制约，共同组成一个有机整体。要使系统内部与外部环境协调发展，就需要生产者通过不断理性化的行为和规范，协调绿色低碳循环农业发展与自然生态的关系，与生态环境的关系，与资源长期利用的关系，做到绿色低碳循环农业发展与生态平衡的和谐统一，对自然资源的需求和供给能力的和谐统一，与环境保护的和谐统一，与社会发展的和谐统一。总之，绿色低碳循环农业的“协调性”主要体现在两个方面：①实现生物与环境相协调。绿色低碳循环农业强调生物的生长与自然环境的协调、共存、共生，强调遵照生物的生态适应性合理布局生物，合理种植和合

---

① [美]杰里米・里夫金、特德・霍华德：《熵：一种新的世界观》（吕明、袁舟译），上海：上海译文出版社，1987 年版。

理养殖，实行种养结合；②实现农业生产及农业经济的发展与人口、资源、生态、环境的发展相协调。绿色低碳循环农业，就是要根据人口数量、规模和人民生活水平、生活质量，以及资源、生态、环境等状况来确定农业生产及农业经济的发展速度、发展规模、发展模式和发展途径。为此，绿色低碳循环农业可以实现农业生产及农业经济的发展与人口、资源、生态、环境的发展相协调、相平衡，从而有利于构建和谐社会，真正实现社会经济的全面、协调、可持续发展。

3.3.5 食品安全伦理

民以食为天，食以安为本。食品安全是广大人民群众最关心、最直接、最现实的问题，是实现社会全面进步和人的全面发展的最基本需求。食品安全已经成为国家公共安全的重要组成部分，在促进社会和谐中具有基础性地位和作用。提高食品质量，确保食品安全，人民才能安居乐业，社会才能安定团结。在中国食物卫生安全问题中，频繁发生的安全问题为食品安全敲响了警钟，过量使用化肥、农药、工业污染、滥采滥伐造成的生态环境恶化，微生物引起的食源性疾病，以及在食品生产加工环节过量使用添加剂、不合格原料等已经严重影响到食品安全，人与自然的和谐发展受到严重威胁，食品安全问题也无以为继。发展绿色低碳循环农业生产安全食品是解决食品安全问题的有效途径，也是现代社会人民生活消费的迫切需要。食品的安全性，要实现 3 个安全。

（1）生产安全。就是在农业生产过程中必须实施安全生产，依靠绿色技术、绿色管理生产出绿色的安全农产品。在绿色低碳循环农业生产体系中，最终生产出来的产品，无论是植物性产品，还是动物性产品，或是经过多个加工环节生产出来的农产品，都应是符合生产标准的无污染、健康、营养和安全的“绿色产品”。

（2）生态安全。动植物自然再生产中所输入的物质和能量具有一定的自然力和适应力，即人工培育的动植物与土壤、气候等环境之间相互制约、相互促进构成一个自我维系的自然体，在自然力和人的生产活动双重作用下具有自我维持、自我重建和修复的能力，这就是农业生产环境的安全性。绿色低碳循环农业发展要通过优化农业环境、强调植物、动物和微生物间的能量自然转移，确保农业生产的生态安全。

（3）资源安全。绿色低碳循环农业发展必须要有资源安全保障，主要是水资源与耕地资源的安全保障。①数量安全，由于农业生产受自然条件（气候、土壤、水、地形等）和要素投入的多少以及科技水平和经营管理水平等多种因素制约，单位面积的土地产出率是有一定的限度的。同时，工业化、城市化也需要占用农业生产用地、用水和用能等，这就要求资源的数量安全。②资源质量安全，气候、土壤、水等自然资源要不受污染，才能生产出安全农产品。为此，绿色低碳循环农业发展要满足人类对农产品数量和质量的需要，就必须要确保相应数量和质量的耕地、水资源等自然资源的安全。

总之，本章是在上一章对绿色低碳循环农业的基础理论作了论述分析的基础上，试图构建绿色低碳循环农业自身的基本理论体系，生态农业理论、可持续农业理论是其重要基础理论的支撑，绿色、低碳、循环三位一体系统论、资源循环再生原理、能量耗散低熵原理、生态学与系统协调原理、食品安全伦理构成绿色低碳循环农业的基本理论或基本理论体系。其中绿色、低碳、循环三位一体系统论是其理论体系的方法论；资源循环再生原理是其生产过程资源可持续利用的基本理论；能量耗散低熵原理是其生产过程实现低碳生产的基本理论；生态学与系统协调原理是其生产过程与人口、资源、环境、生产要素之间和谐协调，促进生态环境良性循环的基本理论；食品安全伦理是其最终生产出的绿色有机安全农产品的基本理论。诚然，这一理论体系还有待在实践中不断创新提高，以臻完善。

第 4 章

绿色低碳循环农业发展战略与规划

要搞好一个区域的绿色低碳循环农业发展，首要也是最基本的工作是对该区域农业资源、农业环境、农业生产力、农业市场需求进行综合分析评价，做出一个科学合理的结论。因地制宜，扬长避短，从实际出发，对绿色低碳循环农业发展进行总体战略定位，确定其战略指导思想与原则，制定其发展目标，统筹安排，合理布局。要做到有的放矢，就要制定区域绿色低碳循环农业发展总体规划与专项规划，科学合理地描绘出其发展蓝图。当地政府要组织专家对规划进行评审论证，报送同级人大通过和上一级政府批准，然后组织实施。规划不是一成不变的，在规划实施过程中要适时根据变化的新情况、新形势进行评价与修正，使绿色低碳循环农业发展按照规划真正落到实处。

4.1 绿色低碳循环农业发展条件分析

4.1.1 农业自然资源分析

农业自然再生产过程是在一定的地域内农业资源与环境条件下进行的，资源与环境的好坏直接影响着农业生产的效果，因此正确地分析农业自然资源与环境有利因素和不利因素，扬长避短，对农业生产发展是十分重要的。农业自然资源是农业赖以生存与发展的“固有资本”。用系统论的观点看，农业自然资源是一个系统，是由土地资源、水资源、气候资源和生物资源等可以利用的自然要素构成的有机整体。在一个地区范围内，所拥有的农业自然资源数量越多、种类越丰富、质量越高，就越有利于农业生产发展。反之，则不利于农业生产发展。绿色低碳循环农业作为可持续农业生产模式，虽然依靠绿色技术提高了资源利用率，以满足人们对高质量农产品的需求欲望，但并没有改变农业自然资源本身所具有的原始承载力，只是在一定范围内提高了农业自然资源对绿色低碳循环农业发展的支撑作用的弹性。为此，在农业自然资源开发利用过程中，应坚持以下基本观点。

4.1.1.1 农业资源开发利用的系统整体观

农业自然资源是一个系统，而且是一个自然系统；开发利用也是一个系统，而且是一个人工系统。两个系统有机组合，就构成了一个农业自然资源开发利用系统。为此，在开发利用过程中，要处理好人类开发利用与农业自然资源的关系，从系统整体论出发，只有充分认识到人类是人与自然这个大系统中的一份子的时候，人类才能真正协调与自然的关系；人类只有正确处理资源开发利用与环境保护的关系，才能高效利用资源，实现农业资源开发与生态环境保护良性循环。为此，我们必须树立农业资源开发利用的系统整体观。

4.1.1.2 农业资源开发利用的系统辩证观

在农业资源开发利用过程中，我们要用系统辩证观处理资源矛盾问题。主要是处理好以下几个问题：

（1）处理好资源有限性与无限性的问题。农业自然资源就其物质性而言是有限的，如土地资源是有限的，森林资源有限还可以再生，但如果种植或复垦跟不上，就会砍伐一片，少一片。而人类认识资源、利用资源的潜能是无限的，随着科学技术的进步，今天看来不是资源，明天就可能成为资源。为此，我们要用辩证的观点看待这个问题，既不能由于资源的有限性，而采用消极和悲观的态度，又不能由于资源的无限性，而盲目乐观、忘乎所以。而是采取积极的态度，一方面要用可持续方式开发利用农业资源和节约利用农业资源，另一方面要依靠科技进步不断开发和发现新资源，实现农业资源的永续利用。

（2）处理好资源的数量与质量的问题。不论是土地资源，还是森林资源、草地资源，以及其他农业资源都有一个数量与质量问题。在一个国家或一个地区有的资源数量大，质量也好，有的资源数量大，但质量差，如中国的西部地区的土地资源，从总体上看，数量大，但质量差。为此，我们要用系统辩证观看待这个问题，正确处理数量与质量问题。对于数量大的资源，不仅要看总量，而且要看人均占有量，还要看其质量。对于质量差的资源，要依靠科技进步，提高其开发利用率和有效利用率。

（3）处理好资源开发利用与环境保护的问题。农业资源的有用性是人类通过开发利用能为社会带来财富或福祉。但在人类开发利用农业资源的过程中，只注重资源的有用性或只考虑开发资源带来的利益，不考虑环境，就会产生有害性。为此，我们在开发利用农业资源的过程中，必须处理好资源开发利用与环境保护的关系，也就是有用性与有害的问题，坚持开发与保护并重，经济效益、社会效益、生态效益相统一。

4.1.1.3 资源开发利用的科学发展观

在农业资源开发利用过程中，涉及人口、资源与环境系统，经济、社会、生态系统，是一个十分复杂的巨大系统工程。为此，我们必须坚持农业资源开发利用的科学发展观，即坚持以人为本，以发展为第一要务，统筹兼顾农业资源开发利用与生态环境保护，人口、资源与环境系统的协调发展，实行节约方式、可持续方式开发利用资源，不仅要考虑当代人的资源利用，还要考虑子孙后代的资源利用，实现农业资源的永续利用和经济社会的可持续发展[31]。

4.1.2 农业环境分析

农业环境是整体环境的重要组成部分，也是农业的基本物质条件。农业环境保护不仅对发展农业生产至关重要，而且在整个环境保护中也占有十分重要的地位。目前中国农业环境遭到不同程度的破坏，已成为农业发展的制约因素。农业自然资源衰退，自然灾害加剧，水土流失、沙漠化、土壤次生盐渍化等问题突出。农田、牧场受工业（包括乡镇企业）“三废”污染严重。大量使用农药，造成土壤、水体污染和农畜产品有害物质残留。过量和不合理地施用化肥，引起蔬菜、地下水硝酸盐积累和水体富营养化等现象比较普遍。农业环境恶化危害人体健康，危害农业生产，导致农业减产、绝产和农产品质量下降。农业环境破坏还会降低农业环境的生产力及抗御自然灾害的能力，而且会对气候产生不利的影响，导致旱涝灾害频繁发生，进而危害农业生产和人民生命财产安全。为此，我们分析掌握绿色低碳循环农业生产区的区域环境特点与环境存在的问题，可以使生产者在农业生产过程中扬长避短，根据各种生物所适应的特定繁殖生态条件来发展相应的种植业和养殖业，以发挥其生产优势；可以使生产者看清农业生产的有利环境条件与不利环境条件，确定绿色低碳循环农业生产区所必须遵循的环境约束条件的临界点与阈值，进而将其生产控制在可承载的环境容量之内，保持生态环境的良性循环，支撑绿色低碳循环农业的可持续发展。

4.1.3 区域农业生产力分析

农业生产力包括：农业人口与劳动力、绿色技术和农业资本（含物化资本）等。农业人口与劳动力表现为农业生产者的素质水平；技术上表现为农业科技含量水平及技术普及状况；在资本上表现为资金投入水平及融资渠道的数量和种类。所以，农业社会经济资源状况将决定绿色低碳循环农业的发展状况。同时，农业生产力是一种集合生产能力，其中某单一要素生产能力的大小虽对整体生产能力有影响，但不能决定整体生产力水平的高低。但如果将其有机组合，就能发挥系统整体功能优势，产生 1+1＞2 的功效。

农业生产者的知识水平、认识能力、市场应变能力、决策能力是驾驭绿色低碳循环农业这个“农业—自然—社会”复合系统的关键因素。他要解决绿色低碳循环农业发展“最优化”的决策，还要解决绿色低碳循环农业发展的风险决策。特别是风险决策处于农业发展的某些不确定因素，经过分析后才能得出以最小风险为代价，获得最佳效益的具体结论。绿色低碳循环农业发展不仅要求生产者能控制某种或某些变量，还要求生产者能评价农业发展系统在这些变量被控制后其反应的合理程度，以便由此回溯，再调整或重新制定相应的若干控制措施，直至系统反应表现出最佳效应或最优特性为止。因此，提高生产者的综合素质对绿色低碳循环农业发展至关重要[32]。

4.1.4 绿色低碳循环农业发展面临的形势分析

绿色低碳循环农业是在全球可持续发展大背景下产生的一种新型的农业发展模式，是现代农业发展的历史必然。

4.1.4.1 人类文明与社会的进步要求发展绿色低碳循环农业

从全世界看，科学技术的快速进步，社会生产力的空前提高，经济规模的迅猛发展，极大地推动了人类文明和社会进步的进程，人类对食物的营养与安全水平、对农业多功能性的需求更加迫切。农业是一个永恒的产业，是人类生存和发展的基础。农业发展的首要任务是保障人类食物安全。目前，食物质量安全与营养健康问题更加凸显。发展绿色低碳循环农业能解决这一问题。

4.1.4.2 人口数量急剧增加需要发展绿色低碳循环农业

目前全球人口已达到 60 多亿，并且仍以每年 8 000 万以上的速度继续增长，预计到 2030 年，全球人口数量将增加到 90 亿，如何在现有的耕地、水等基本资源的条件下，可持续地满足人口增长对农产品的需求，这是全人类面临的严峻挑战。发展绿色低碳循环农业能较好地解决这一问题。

4.1.4.3 农业自然资源短缺与环境污染迫切需要发展绿色低碳循环农业

由于人类不合理地开发利用自然资源和工业化发展污染物质的大量排放等，导致全球性的资源短缺、环境污染和生态破坏。这对人类的生存和发展是一个严重威胁。农业作为基础的、弱质的生命类产业，资源短缺、环境恶化等对农业的发展制约十分明显。为此，人类已经清醒地认识到只有坚持走可持续发展的道路才是唯一的出路。绿色低碳循环农业作为一种可持续发展农业，发展已成必然。

4.1.4.4 全面提升农业的综合效益和农产品的竞争力必然发展绿色低碳循环农业

全球经济一体化和市场配置资源的基础性作用，正在使重农抑商的产品型自然经济向农工商互利的商品型市场经济转换。发展绿色低碳循环农业能全面提高农产品的综合效益。实践证明，绿色食品的思想理念、管理方式和标准体系是符合世界农业发展新形势的需要。为此，大力发展绿色低碳循环农业，通过“绿色农业国际联盟”的建立，开展国际性绿色农业运动，加强国际间的友好交流与合作，提高绿色低碳循环农业在世界范围内的影响力，增强绿色农产品的国际竞争力，已成世界农业发展的趋势和方向。

4.2 绿色低碳循环农业发展总体战略构想

4.2.1 总体战略思路

绿色低碳循环农业发展总体战略是一个国家或地区在一定时期内具有全局性、决定性、长远性的有关农业发展重大问题的筹划与决策。因此，绿色低碳循环农业发展总体战略思路正确与否关系到农业发展的成败。绿色低碳循环农业发展总体战略思路我们强调以下几点。

（1）坚持按自然规律办事的思想。就是要在实事求是分析评价所在区域农业自然资源、农业生态环境、农业生产力等实际情况的基础上，同时根据市场需求，按照自然规律办事思想来确定绿色低碳循环农业发展方向和产业布局。决不能凭主观臆断和个人喜好做违反自然规律的事情。

（2）坚持按经济规律办事的思想。在市场经济条件下，要分析国内外市场对农产品的需求，按照经济规律办事的思想来决定绿色低碳循环农业发展规模和数量，以及农产品的品种和品质。

（3）坚持按农业生态规律办事的思想。在组织绿色低碳循环农业生产过程中要对农业资源进行可持续开发，保持农业生态系统的良性循环，通过采用节约、清洁、无污染等优点的绿色农业生产技术，将经济发展同农业生态环境附加值的增长联系起来，实现农业经济发展与农业生态环境协调统一的发展。

（4）坚持农业产业化经营的思想。要按照种养加一条龙、农工贸一体化农业产业化经营思想组织绿色低碳循环农业生产。促进绿色低碳循环农业产业化经营的专业化、标准化、规模化、集约化。突出优势绿色农产品精深加工，与优势农产品区域布局规划和优质粮食产业工程相结合，优先发展对农业生产影响大、农民增收关联度高、外贸出口拉动强劲的优势绿色低碳循环农业产业。

（5）坚持总览全局、统筹协调、分类指导、重点突破、有序推进的思想。就是要从农业发展全局通盘考虑问题，统筹协调各个部门、各个生产环节，按照不同区域农业生产实际进行指导绿色低碳循环农业发展，找准其发展的重点和突破口，循序渐进，梯次推进绿色低碳循环农业发展。

（6）坚持科技进步的思想。要研究绿色低碳循环农业的实用技术、核心技术、关键技术，依靠科技进步，支撑绿色低碳循环农业发展。

（7）坚持绿色低碳循环农业扶持政策的思想。根据绿色低碳循环农业发展的客观需要，协调有关部门，制定切实可行的扶持政策，如财政贴息、投资参股、信贷扶持、税收政策等，促进绿色低碳循环农业稳步、健康、持续发展。

（8）坚持用法律法规保障绿色低碳循环农业发展的思想。要逐步建立健全农业发展的法律法规体系，以此保障绿色低碳循环农业的有序发展。

4.2.2 绿色低碳循环农业发展的战略指导思想与原则

绿色低碳循环农业发展的指导思想是：依据生态经济、绿色经济、低碳经济、循环经济的理论，以绿色低碳循环农业理论为指导，因地制宜，从各地区农业生产条件的实际和系统整体出发，以保护农业自然资源和环境为基础，用可持续方式开发利用农业资源；依靠农业高新技术，推动农业资源利用节约化、生产过程清洁化、产业链接循环化、废物处理资源化，构建农林牧渔多业共生的绿色低碳循环型农业生产模式和产业体系；坚持绿色、低碳、循环三位一体生产绿色安全农副产品，农业经济、社会、生态三位一体高效统一，促进农业生产的自然生态系统和人类社会生态系统的最优化运行，实现农业可持续发展、生态环境良性循环、社会安定和谐，人民幸福美满。

在坚持上述指导思想下，还要坚持以下原则：

（1）绿色低碳循环农业发展过程整体协调运转原则。就是从绿色低碳循环农业系统整体出发，高屋建瓴、运筹帷幄，统筹安排，合理部署，有序推进，使农业各要素能发挥各自功能，农业生产系统协调正常运转。

（2）绿色低碳循环农业生产要依靠科技进步，变粗放经营为集约化经营，走专业化与社会化生产的原则。

（3）绿色低碳循环农业生产要追求多利用，少投入，高效益，最大限度地利用资源，最低限度地排放废弃物，实现资源节约、环境友好、节能减排、固碳增汇、提高效益的原则。

（4）绿色低碳循环农业生产要以改善和提高人类生活质量为目的，生产出绿色安全的农副产品，满足社会需求的原则。

4.2.3 绿色低碳循环农业发展的战略目标

4.2.3.1 农产品安全

农产品安全主要包括数量安全和质量安全。绿色低碳循环农业的发展能利用有限的资源生产出大量的农产品，满足人类对农产品数量的需求。更重要的是绿色低碳循环农业依靠绿色技术和坚持标准化全程控制，能生产出绿色农副产品，满足人们生活水平提高对农产品质量安全水平的要求。为此，要确保绿色低碳循环发展的农产品安全目标。

4.2.3.2 农业生态环境良性循环

农业是一个巨大的碳汇系统，农作物通过光合作用固定大量的碳，土壤也是一个巨大的碳库。农业在应对气候变化中具有巨大优势和潜力。发展绿色低碳循环农业，能减少农业温室气体排放，增加农业碳汇，使农业生产系统适应全球变暖并减缓温室气体排放，有利于生态环境保护。绿色低碳循环农业发展是通过优化农业环境、强调植物、动物和微生物间的能量自然转移，实现农业生态环境良性循环。为此，要确保绿色低碳循环发展的生态环境良性循环的目标。

4.2.3.3 农业自然资源可持续利用

农业自然资源的可持续利用主要是水资源、土地资源和生物资源的数量和质量保障。绿色低碳循环农业发展要满足人类需要的一定数量和质量的农产品，就必须确保相应水资源、土地资源和生物资源的数量和质量。发展绿色低碳循环农业能有效解决资源短缺与人口增长的矛盾，能节约资源，提高资源利用率，有利于农业资源的可持续利用。为此，要确保绿色低碳循环发展的资源可持续利用的目标。

4.2.3.4 农业综合经济效益提高

农业是国民经济基础，农业连接的是社会的弱势群体——农民，农业担负着人类生存和发展的物质基础——食物的生产，因此，农业事关国家安全、社会发展的大事。发展绿色低碳循环农业能实现农业经济、生态、社会效益高效统一，提高农业综合经济效益。为此，要确保绿色低碳循环发展的综合经济效益提高的目标[①]。

① 卢良恕、郭书田等：《绿色农业基本理论的研究与探讨》，中国绿色食品协会，2011-05-13。

4.2.4　绿色低碳循环农业发展的战略部署与布局

党的十八大提出，建设生态文明必须“着力推进绿色发展、循环发展、低碳发展”。在农业领域发展绿色低碳循环农业就是实现这一目标的重要战略举措。为此，绿色低碳循环农业系统的发展就是要把各要素融合起来，创造出一个新功能（为民造福）的过程集合。其战略部署就是在这个过程集合中，科学地进行组织、管理、规划、研究、分析、设计、制造（利用加工）、运行。具体部署是：农业自然资源、生产条件的考察，摸清资源家底→综合分析资源和生产状况，进行科学合理规划（设计）→组织实施绿色低碳循环农业生产、提倡绿色消费→实现农业持续、健康、稳步发展。

绿色低碳循环农业生产就是综合利用农业自然资源与农业生态环境，开发布局种植业、养殖业、林业等。农业生产有着鲜明的地域特点，如中国农业自然资源与环境的地理分布呈现出由东南向西北的规律性变化。光能资源由东南向西北逐渐增加；水热资源东南向西北大幅度减少；耕地、林地与内陆可养水域资源由东南向西北急剧减少；草地资源（已利用）由东南向西北逐渐增加。上述农业自然资源与环境的地理性变化规律，导致了明显的区域农业生产的优劣势，形成了“两区夹一带”的农业生产基本格局，即东南部地区成为中国农业发展的重点区域，西北部地区成为中国以草地为主的畜牧业区，两区之间的中部地带是一条以草地、林地并重与耕地交错分布的农林牧狭长过渡带。

如果根据农业自然资源组合特点和自然、经济相结合的原则，可将中国划分为六大农业资源地理区，即东北区、华北内蒙古区（京、晋、津、冀、鲁、豫、内蒙古）、西北青藏区（陕、甘、宁、青、新、藏）、长江中下游区（沪、江、浙、皖、鄂、湘、赣）、华南区（闽、粤、桂、琼）、西南区（川、滇、黔）[①]。为此，绿色低碳循环农业生产就要按照农业区域的资源与环境特点进行开发布局，逐步形成区域化、专业化、商品化生产的现代农业格局。就是一个省域、县域、乡域，甚至是一个村域其农业资源的组合与农业生态条件同样存在差异，为此一定要从区域的实际出发进行绿色低碳循环农业生产的布局。

---

① 黄文秀：《农业自然资源》，北京：科学出版社，1998 年版，第 260～277 页。

4.3 绿色低碳循环农业发展规划

4.3.1 区域绿色低碳循环农业规划的认知

4.3.1.1 区域绿色低碳循环农业规划的概念

首先我们对关于区域规划的概念作一认识，吴殿廷等（2003）认为："区域规划是指对地区社会经济发展和建设进行总体部署"[33]。崔功豪等（2002）认为"：区域规划是指一定地域范围内对国民经济建设和土地利用的总体部署"[34]。

笔者认为，区域规划是一定地域范围内比较长远而全面的区域发展构想，是描绘未来区域经济发展的蓝图，是对自然资源开发利用与生产力布局的总体战略部署的一项系统工程。这项工程由两大部分组成，第一部分是主体工程即区域总体规划；第二部分是专项工程即区域专项规划。从广义上讲，区域专项规划包括自然资源开发利用规划（土地、水资源、动植物资源、矿产资源、海洋资源、环保等开发利用规划）、经济发展规划（工业、农业等产业发展规划、产业结构调整与生产布局规划）、社会发展规划（文化、教育、卫生、社会福利、政府管理）、科技发展规划（科研、技术推广、科技创新等）、农业发展规划等。

绿色低碳循环农业规划是区域规划的专项规划，属于农业发展规划。它是在一定区域范围内对绿色低碳循环农业发展和建设的总体部署或发展蓝图构想。它可分为全国性的规划、地方性（省、市、县、乡）规划、跨区域规划等。

4.3.1.2 绿色低碳循环农业规划的特性

绿色低碳循环农业规划主要有以下特性：

（1）长远性与近期性。绿色低碳循环农业规划是一项系统工程，它可以是一项长远性的规划（一般在 10 年以上），还可以是近期的规划（一般 5 年）。规划既要考虑长远，还要考虑近期，远近结合，根据需要而定。

（2）整体性与综合性。绿色低碳循环农业规划内容涉及自然、经济、社会、技术等生产要素，它们互相联系、互相作用构成一个有机整体（系统），而不是规划内容的简单机械堆积。需要综合分析评价区域农业自然、经济、社会的历史、现状与未来。因此，规划需要从区域的整体出发，综合分析农业的各市场要素，才能编制出一个科学合理的规划方案。

（3）区域特色性与协调性。绿色低碳循环农业发展规划系统的对象是区域。各个区域又是千差万别的，因此，规划必须立足区域的实际，去谋划区域的未来，形成有区域特色的绿色低碳循环农业发展规划。如果一个规划失去了区域特色，千篇一律，那么这个规划就是失败的。规划还要更多地注重人与自然关系的协调、农业与其他产业发展的协调、农业内部各要素的协调、农业生产与外部环境的协调，构建一个可持续发展系统。

4.3.2 绿色低碳循环农业规划的作用与意义

绿色低碳循环农业规划是国家农业发展宏观调控的重要手段，是国家管理区域农业、发展绿色食品、满足人民生活要求的重要措施，是国民经济和社会发展计划、规划的重要补充，是促进农业经济、社会、人口、环境协调发展的调节机制，是建立社会主义市场经济体制，发挥市场配置资源的基础作用不可缺少的重要组成部分。它的作用与意义主要有以下几个方面。

4.3.2.1 绿色低碳循环农业规划是发挥区域优势，指挥组织农业生产的战略举措

中国是一个幅员辽阔，各地农业自然、经济、社会、人文差异都很大，东、中、西三大地带差异明显。规划可以科学分析评价农业生产区域优势，扬长避短，指挥组织农业生产。

4.3.2.2 绿色低碳循环农业规划对协调人与自然关系，促进可持续发展，建立和谐社会有着重要作用

绿色低碳循环农业发展规划目标，追求绿色生产、绿色环境、绿色消费、绿色生活，这对保护环境，协调人与自然关系，促进可持续发展，满足人们对绿色安全食品的需求，提高人们的健康水平，建立和谐社会有着重要作用。

4.3.2.3 绿色低碳循环农业规划对统一市场，促进区域农业合作有着重要意义

绿色低碳循环农业规划可以打破行政的区划界限，按照市场经济的要求，以市场配置资源为基础，贯彻统筹规划、合理分工协作、发挥比较优势、互惠互利、共同发展等原则，研究解决区域农业发展的重大问题，对促进区域农业产业结构的调整，以及横向农业经济的联合与协作，都有着重要意义。

4.3.3 绿色低碳循环农业发展总体规划

4.3.3.1 绿色低碳循环农业发展总体规划是规划的主体

绿色低碳循环农业发展总体规划是规划的主体或总报告，它要搞清一个区域农业的优势和劣势，确定区域农业发展产业结构与总体布局，区域农业发展重大建设项目与重要基础设施建设，区域农业发展土地利用的总体平衡，区域农业发展的措施和政策等发展的宏观性、方向性、全面性等重大问题。但总体规划绝不是一个面面俱到，包罗万象的“一锅大烩菜”。而必须有本区域农业发展规划的特色或是区域农业规划的个性特点，这样的规划才会有价值、有意义、有操作性、有效果。

4.3.3.2 绿色低碳循环农业发展总体规划的指导思想与原则

绿色低碳循环农业发展总体规划是一项多目标、多层次、多内容、多功能十分复杂而庞大的系统工程，这就要求规划在指导思想上要用科学发展观统领总体规划，要把规划视为一个系统，应用系统论方法，树立系统的整体与综合的观念，地域特色与比较优势的观念，全面与长远发展的观念，人与自然相协调的观念，农业资源开发利用综合平衡的观念，从总体上把握规划的方向、目标，优化配置资源，合理布局生产，科学确定规划方案。在上述指导思想下还要遵循以下原则：

（1）实事求是的原则。在编制规划时，一定要从区域实际出发，绝不能脱离实际，主观臆断去编造规划。只有实事求是，客观、真实地反映区域的实际，才能编制出符合区域实际的绿色低碳循环农业规划。

（2）综合平衡协调的原则。在编制规划时，对规划的内容、资源的总量、措施与政策等必须进行综合平衡协调。例如，农业、林业、畜牧业等用地的综合平衡协调，农业产业发展投资与融资可能的综合平衡协调等。

（3）整体效益最佳的原则。在编制规划时，一定要从绿色低碳循环农业系统有机整体出发，把经济效益、社会效益、生态效益相统一，切莫顾此失彼，用牺牲环境为代价去换取经济的发展。

（4）统筹兼顾的原则。在编制规划时，一定要正确处理全局与局部、国家利益与地方利益、近期与远期的关系，做到统筹兼顾。

4.3.3.3 绿色低碳循环农业发展总体规划的内容

绿色低碳循环农业发展总体规划一般包括以下内容：

（1）绿色低碳循环农业发展优势与劣势的系统综合分析。就是客观地、历史地、系统地综合分析区域农业自然条件、自然资源、经济、社会、技术、人才等因素，准确地确定绿色低碳循环农业发展的优势与劣势。

（2）绿色低碳循环农业发展的总体构想。就是根据区域农业的优势与劣势，对区域绿色低碳循环农业发展方向、目标、重点、总体思路提出意见。

（3）绿色低碳循环农业产业化发展与布局。就是对绿色低碳循环农业产业化发展、经营与布局提出规划意见。

（4）绿色低碳循环农业发展模式与技术支持。就是提出适宜当地绿色低碳循环农业发展的模式与相应的技术措施。

（5）绿色低碳循环农业发展与经济、社会、环境的协调发展。就是合理规划区域绿色低碳循环农业发展规模，使农业发展与经济、社会、环境相协调，正确处理农业发展与自然的关系，搞好生态环境建设，实现区域农业可持续发展。

（6）绿色低碳循环农业重大项目与重大基础设施建设。就是根据区域绿色低碳循环农业发展的可能性而提出一些重大建设项目（如农业绿色高新技术园区建设），以及农业重大基础设施建设（如农业大型水利设施建设）。

（7）绿色低碳循环农业规划总体效益的评估。就是对规划实施后所产生的经济、社会、生态效益进行总体评估，得出可能实现的效果。

（8）绿色低碳循环农业规划的实施对策与建议。就是对如何实施规划、应采取哪些措施和政策提出意见，要特别注意所采取措施与政策的可操作性和实践的可行性。

4.3.4 绿色低碳循环农业发展专项规划

绿色低碳循环农业发展专项规划是总体规划的补充或细化，是绿色低碳循环农业发展规划的重要组成部分。专项规划要根据区域的实际情况而定，一般来讲应包括以下专项规划：

4.3.4.1 农业自然资源开发利用规划

一般讲，重点要做好土地资源、水资源、气候资源、生物资源的开发利用规划。现以绿色低碳循环农业水资源开发利用为例就其内容作一介绍。

（1）区域水资源分布情况与分析评价。

（2）区域绿色低碳循环农业发展对水资源需求预测与供给能力综合平衡。

（3）区域绿色低碳循环农业水资源开发利用（供给能力）与重大项目建设。

（4）区域农业水资源保护与生态环境建设。

（5）区域绿色低碳循环农业水资源开发利用的对策与建议。

4.3.4.2 绿色低碳循环农业产业发展与布局规划

绿色低碳循环农业产业发展与布局规划一般包括种植业、林业、畜牧业、农产品加工业的规划，规划要突出绿色、低碳、循环的内涵。现以绿色低碳循环种植业（包括各种农作物、蔬菜）规划为例，对其内容介绍如下：

（1）区域绿色低碳循环种植业发展条件分析评价。

（2）区域绿色低碳循环种植业发展的战略构想。

（3）区域绿色低碳循环种植业结构调整与产业化经营。

（4）区域绿色低碳循环种植业发展的布局与基地建设。

（5）区域绿色低碳循环种植业发展的模式与技术支撑。

（6）区域绿色低碳循环种植业发展总体效益评估。

（7）区域绿色低碳循环种植业发展措施与建议。

4.3.4.3 区域绿色低碳循环农业基础设施建设规划

区域绿色低碳循环农业基础设施主要包括：水利、电力、道路、通信、信息技术等，专项规划一般包括以下内容：

（1）区域农业基础设施现状分析评价。

（2）区域绿色低碳循环农业基础设施需求预测与供给能力分析。

（3）区域绿色低碳循环农业基础设施能力建设规划。

（4）区域绿色低碳循环农业基础设施供需能力综合平衡与效益评估。

（5）区域绿色低碳循环农业基础设施规划对策与建议[35]。

4.3.5 区域绿色低碳循环农业发展规划的基本方法

4.3.5.1 区域绿色低碳循环农业优势系统分析方法

所谓绿色低碳循环农业发展优势，是指对发展绿色低碳循环农业有利的因素，构成区域绿色低碳循环农业发展优势的有利因素是多方面的，如自然条件（包括自然环境、自然资源、自然地理位置等）、社会经济条件（包括人口、资金、物质等）、技术管理水平（包括原有的生产基础、生产经验、技术熟练程度等）。另外，还有政治、文化、教育、科研等方面的有利因素。但是，有利因素仅仅是发挥区域农业优势的可能性，称为客观潜在优势。将这些可能性变为现实的区域农业发展优势，就要能使各个有利因素有机地结合起来，并要取得一定的经济效果，这就需要一定的外部条件。不管客观潜在优势是单项的，还是多项的；是全国范围的，还是地区范围的，只要在相应的条件作用下，把客观潜在的优势转变为现实的优势，才可以说是发挥了地区优势。下面就系统要素分析法进行区域农业发展优势的分析作一介绍。

发挥区域绿色低碳循环农业优势问题的研究，要涉及多地区、多部门、多学科错综复杂的相互关系，又受到自然因素、生产力、生产关系和上层建筑等各方面的影响，所以，它是一个具有综合性、实用性、系统性的问题。为此，应用系统要素分析法能较好地综合分析评价发挥区域绿色低碳循环农业发展优势的问题。所谓系统要素分析法，就是把要分析的对象区域视为一个系统，综合应用立场、观点、方法、需要、可能、费用、时间、条件、地点、综合、目的、标准、重点、步骤、措施 15 个要素，对区域绿色低碳循环农业优势进行定性和定量的技术经济分析，然后得出其优势。

（1）唯物辩证法。就是从本区域的实际出发，实事求是地依据本区域绿色低碳循环农业发展的自然（地貌、气候、水文、土壤、植被等）、技术、经济、社会（人口数量与质量、生产技术经验、文化传统、经营管理水平、消费习惯、农业技术装备程度、交通能源状况、科学教育水平、粮食生产情况等）条件。遵循自然规律和经济规律，按照辩证唯物主义观点和方法进行系统分析研究。同时，在研究本区域农业自然资源的现状、基础、潜力及特点时，具体问题具体分析，对外国、外地的经验、理论和模式，不生搬硬套，要讲求实效，要用唯物辩证法对时间、条件、地点能否发挥区域优势进行分析判断。

（2）市场需求。市场需求分为市场潜在的需求和现实的需求两种，需求受各种经济条件的影响，我们在分析需要时，就是要分析本区域及国内外市场对绿色低碳循环农业的产品的实际需求与本区域的现实生产之间可能发生的突出矛盾，如何开发、利用、治理、保护本区域的农业自然资源，发展绿色低碳循环农业，来解决这些矛盾，并且能预见其会取得一定的技术效果。而不能人为地用主观意志代替客观实际需求，也不能用未来、潜在的需要作为现实的需求。

（3）实力可能。就是开发、利用、治理、保护本区域农业自然资源，充分发挥其经济优势的现实技术经济条件，要做到从实际出发，量力而行，量财而出。①资金供需平衡问题，资金来源包括地方自筹、国家专款、银行贷款及企业中利润提成用于此项筹集的可能性。在一定的条件下，也可接受国外的贷款。②物质技术基础及各种生产资料的实际供应能力问题。包括原材料及机械设备的数量、质量和品种，也包括相应的商业服务体制及制度。③能源、交通及水资源的平衡问题。④粮食供需、劳动力供需的平衡及经营管理水平等问题。

（4）经济合算。就是预测发挥区域优势与农业资源开发、利用、治理、保护、产业发展布局以后，所得到的收入量是否能大于所支出的费用。其计算公式为各种资源利用后增加的收入各种资源利用后增加的计算费用＞1。式中，收入包括直接收入、国家的政策补贴款额及间接的损失（损失部分为负数，在收入中减去）。计算费用= 成本费用+（投资效果系数定额×投资总额）。有些项目不易计算收入及其他价值指标的，就采用在既定的有用效果的前提下进行各项方案的成本费用或计算费用比较。

（5）综合分析。就是发挥区域优势要有整体的、系统的综合观念，即把价值指标与使用价值指标、直接利益与间接利益、定性分析与定量分析、当前的和局部的经济效益与长远的和全局的经济效益结合起来，统筹安排，全面考虑。同时，还要考虑生态平衡、环境保护、市场变化、经营管理水平等。

（6）标准衡量。就是衡量发挥区域绿色低碳循环农业发展优势的标准。可用以下 6 项指标来衡量：①能调动系统（区域）中各方面积极性，发挥各自的功能，得到合理的收益；②有利于推广和建立生态系统的良性循环及环境保护；③从全局长远看经济效益最佳；④农业资源优势得到了最充分的合理利用；⑤农业各产业之间在动态变化中得到综合平衡，协调发展；⑥最终的主要目的指标，得到了满意的经济、社会、生态效益。

（7）目标明确。就是要明确发挥区域绿色低碳循环农业发展优势的目标，做到心中有数。明确发展的重点，就是发挥区域农业优势要抓住主要矛盾，切不可一哄而起，齐头并进。应重点选择社会迫切需要的、资源潜力较大的、技术条件及管理水平能做到的和技术经济效益最好的项目，先集中力量加以发展。

（8）科学部署。就是发挥区域绿色低碳循环农业发展优势要有计划性和阶段性。也就是要加强领导，全面规划，统筹安排，分步实施。

（9）措施有效。就是保证发挥区域绿色低碳循环农业发展优势的农业政策、技术经济手段、经营策略、合作方式和法律保障等措施要有好的效果。

从以上 9 项要素的相互关系和内容，可以看出：唯物辩证法是发挥区域农业发展优势的指导思想和方法论；市场需要、实力可能和经济合算是研究发挥区域农业发展优势的核心和主体部分；目标明确是研究发挥区域农业发展优势的方向性和目的；综合分析是对所有影响区域农业发展的因素结合起来的评判；措施有效是实现上述各要素充分发挥效用的保障[27]。总之，在发挥区域农业发展优势时，只要正确地掌握运用以上要素进行技术经济系统分析，并加以具体的计算，就可得出较正确的评价结论。

4.3.5.2 区域绿色低碳循环农业发展规划指标体系建立（设计）方法

这里主要介绍应用特尔斐（Delphi）法建立区域规划评价指标的步骤和方法。特尔斐法是 1964 年美国兰德公司的数学家发明的，在系统分析中占有重要地位，关键在于它能对大量非技术性的难以定量分析因素做出概率估算，并将概率估算结果告诉专家，充分发挥信息反馈和信息控制的作用，使分散的评估意见逐步收敛，最后集中在协调一致的评估结果上。因此，应用特尔斐法建立区域规划这个大量的非技术性的难以定量分析的因素的指标体系，是一种较好的方法。

（1）准备阶段。

☞ 明确咨询任务：首先要对规划区域有个全面的了解，解决这次咨询的结果要达到一个什么目的，做到目标明确，心中有数，针对性强。

☞ 选择专家：选择专家的要求，①专家总体的权威程度应较高；②专家的代表应广泛，应注意到专业之间的比例，一般应包括农业、畜牧业、林业、地理、经济、环保、系统工程等学科；③专家人数要适当，一般初定 40 人左右，最后确定 30 人左右为宜，太多“噪音”干扰大，太少又不易发挥群体智慧。

☞ 草拟评价指标体系条目：条目力求要符合实际，能反映出区域的实质；条目的表达要简明扼要，避免重复，使专家在较短的时间内（一般以 2～4 小时）完成为宜，以便加速特尔斐法的进程。

☞ 咨询表格的设计：一般要求表述要简单明了，设计好的表格力求达到专家思考决断的时间长，应答填表的时间短，尽可能用简单的符号（如√，○）表示专家的评估结果。同时将各条目的重要程度分为极重要 A，很重要 B，重要C，应考虑D，意义不大E，不要考虑F 6级，也可以分为极重要A、重要B、不重要C 3级，具体可根据实际情况决定。

☞ 初次联系：向初定的专家们分别发出一封尊敬而热情的邀请信，说明此次咨询的内容、意义、要求、方法和应聘期限等事宜，并随信附上简单而能反映专家技术经历和业务专长的履历表（本人基本情况、单位、职务、职称、年龄等，主要技术简历、主要研究成果、对课题有何建议等项目），切莫把履历表搞成政审表，写好回邮信封及贴足邮资，让专家在 10~20 日内寄回。

☞ 确定专家咨询名单：根据初定专家名单发出邀请信的回收情况。正式确定30名左右的专家作为咨询顾问，并发出正式聘书。

（2）咨询阶段。第一轮咨询：把设计好的咨询表并附简要说明，向专家顾问发出，要求一般情况在半月内寄回（特殊情况可例外，如外出开会不在单位等），并写好信封，贴足邮资。第一轮咨询表收回后，要进行统计处理和结果分析。删去一些不必要考虑的条目，增添一些必要的条目，合并和删去一些重复条目。

（3）总结阶段。这一阶段主要是确定评价指标体系条目的重要程度，建立评价指标体系。根据咨询的结果，专家对每个条目的评价指标的重要程度的评判等级已集中的结果，即为每个条目的重要程度。对参加咨询的指标中评判结果为 F 即不必考虑的条目或 E 即意义不大的条目删去，整个剩余的条目就构成评价指标体系。

综上所述，特尔斐法建立区域绿色低碳循环农业规划评价指标体系的程序是：明确咨询任务、确定咨询顾问名单（选择专家、初次联系、正确确定）、草拟评价指标条目、设计咨询表格、发出聘书、进行咨询统计处理、确立评价指标条目和重要程度、发出咨询报告表示致谢，咨询结束。

4.3.5.3 规划的预测方法

（1）预测方法。预测，就是根据客观事物的过去和现在的发展规律，借助于科学的方法和技术手段，对其未来的发展趋势和状况进行描述和分析，形成科学的假设和判断。实践证明，依靠科学预测可以制定出正确的决策和规划，而轻视预测或建立在错误预测基础上做出的决策，其后果是相当严重的。目前，发达国家广泛采用预测理论和科学预测方法，探索有关人口、粮食、资源、能源、城市规划、交通运输、科学技术、情报信息自动化、外层空间、教育、人才、环境、文化生活等重大问题的未来趋向，并能动地控制其发展。因此，在制定区域绿色低碳循环农业发展规划时，预测研究是一项重要的基础工作。客观事物是极其复杂的。区域绿色低碳循环农业发展规划是一项对未来区域发展构想的人造巨系统，预测未来的发展，要受到许多复杂因素的影响，而这种影响又往往带有极大的随机性，今天的科学技术还难以完全认识这些规律。所以，一切预测，都带有近似性，相应的决策也必然带有局限性。尤其是对于一些重大战略决策，更不是单纯依靠一些数学模型和固定的程序方法所能解决的。最终还必须依靠决策者的智慧、经验和综合判断能力。目前国内外预测方法多达 200 多种，最常见的有 10 多种，下面介绍 3 种类型的方法：

- 定性预测法：定性预测法是从定性概念出发来分析和判断客观事物未来发展的性质，采用直观内容和个人判断，达到预测未来的目的。这是一种依靠人的主观判断预测未来的方法。这种方法不可能提供有关事件的确切的定量概念，而只能定性地估计某一事件的发展趋势、优劣程度和发生的概率。预测是否准确，取决于预测者的知识与经验。在进行这种预测时，虽然为了汇总各个人意见和综合地说明问题，也需将定性资料进行量化，但也并不改变这种方法的定性性质。定性预测一般用于对缺乏历史统计资料的事件进行预测。具体方法包括专家意见调查法、市场调查法、相互影响分析法等。它的优点是方法简单、预测迅速。定量预测方法则是用数量测度来说明客观事物的未来发展。现代科学技术的发展，给定量预测提供了很多先进的方法和技术手段。
- 因果关系预测法（回归分析法）：客观事物之间往往存在某种因果关系。找出影响某种结果（因变量）的一个或几个因素（自变量），建立数学模型，然后根据其自变量的变化，预测因变量的变化。这就是因果关系预测的基本思路。具体方法有回归模型、投入产出模型、计量经济模型等。
- 时间序列预测法（趋势外推法）：按照时间顺序排列的一组数据，称为时间序列。通过对大量事物发展过程的总结，人们发现很多事物的发展相对于时间有一定的规律性，根据时间序列所体现出来的某种事物的规律性，可预测该事物的发展趋势。时间序列是各种影响综合的结果，所以当难以分析事物的主要因素时，常常采用这种预测方法。这种预测可分为确定性模型和随机性模型。确定性模型常用的方法有移动平均法、指数平滑法、长期趋势预测和季节变动预测等；随机性模型常用方法有自回归模型、移动平均模型和两者混合模型等。

（2）预测的阶段与步骤。预测过程一般分为 4 个阶段：资料收集与分析阶段、模型构建与外推阶段、目标确定与总结阶段。这 4 个阶段相互衔接，相互补充，构成了一个预测整体，而各自又有应当解决的特定任务。

☞ 资料收集与分析阶段：在详细查明预测对象情况的基础上，要尽可能地把与情况有关的资料统统收集起来。这些资料可分两类：一类是与预测对象直接有关的内部资料，如统计资料；另一类是与预测对象有间接关系的外部资料。这些外部资料往往提供了内部修订稿的背景，有时可能对进行某些预测有直接价值。在完成了资料收集任务后，就要开展对资料的分析。分析资料的目的在于从所收集的资料中提取有关的信息，把它缩小到最低程度。这种最小限度信息应当满足下列要求：①相关性，该信息与预测对象是直接有关的；②可靠性，资料来源是可以依赖的；③最近性，尽量以新信息取代旧资料。当然，这种挑选在预测过程中主要还是依靠直觉选择，因此，一定要在广泛而深入地了解实际的基础上进行。在这一阶段，还要分析研究国民经济对区域农业发展的需求情况，以及分析和预测农业发展有关的经济和技术情况。同时还要将预测农业发展的总目标，同经济、社会、人口、资源和其他预测的相应数据进行比较和协调。整个预测的科学性和准确性，将取决于这一阶段工作的完整性和严密性。

☞ 模型构建与外推阶段：这一阶段主要任务是在估价区域农业发展和社会经济发展趋势的基础上，对于预测对象的一系列主要参数的增长规律进行定量研究，做出估计，选择与确定将采用的预测方法和手段，并构建各种可能的发展模型或方案。也就是在得到以上资料的基础上，利用数学或统计学的方法，去识别所预测对象的信息和数据的结构，并用公式即数学语言描述出来，也就是选择不同类型的数学公式去“拟合”或“逼近”给定一组观测数据，并检验其接近程度。对于众多而复杂的数据处理，往往需要借助于电子计算机完成。当然模型只不过是对客观信息列出某些数学的或统计的公式，从这些公式得到的数字与被观测数据的性质相似而已。所构建的这些模型或方案，一方面要符合由现有趋势外推的远景可能，另一方面要符合社会的未来需要。在预测过程中，必须考虑尽可能多的因素和其他事件对预测对象的影响，也就是要认识预测过程所经历的环境。对所构建的这些模型或方案的选择是预测中的一个重要步骤，因为要求模型能较好地表述直到目前为止所观测到的数据，即取模型计算值与观测值之间的平均实际误差较小的模型，有可能是良好的预测模型。假定预测对象的情况是稳定的，这样就可以利用模型的结构直接外推到将来。但是，随着时间的推移得到的新的数据，其结构也可能变化或增加一些有效信息，并有可能揭示出以前所没有发现的特征，因此，往往有这样的情况，即使对于已有数据有一个非常好的模型，它已经给出了良好的“拟合值”，但仍不能保证未来继续提供最好的预测，考虑预测的时期越长，一个结构保持稳定的可能性越小，由此可见，将模型外推到未来的时期越长，预测的可靠性就越值得怀疑。

☞ 目标确定阶段：这一阶段是以提出的发展模型或方案外推所得的数据作为预测目标，研究达到预测目标的各种可能途径和必备条件。

☞ 总结阶段：这一阶段是通过处理目标阶段提供的数据，形成预测结果，作为制定规划的依据。虽然在预测过程中研究了数量众多的发展模型或方案，而预测结果只能根据可靠性和系统性准则，以及社会、技术经济和政治准则，选取 3 ~ 5 个最有前途的方案，为规划所应用。

4.3.5.4 规划的系统模型方法

总体优化模型的功能是由其子模型及各子模型之间的连接方式所决定的，也可以说它是一个模型体系。现阶段研究区域农业发展的总体模型，以定性和定量相结合为好，定性指导定量，又不停留在定性；定性后要深入到定量。定性搞错了，定量有可能成为数学游戏。

规划总体模型的构想是建立在结构与功能分析基础之上的。系统工程的一个基本命题是：凡是系统均有结构，系统的结构决定系统的功能。因此，无论设计一个新系统或是改选一个旧系统，均离不开结构—功能的分析。系统结构功能的优化是以各种资源的最优分配和利用为目标的。因此，优化的思想就构成规划总体模型的核心。无论是预测、分析、综合、评价与决策都是围绕一个“优”字进行。规划模型群或体系应由以下几组模型组成：

（1）农业现状诊断评价模型。这一模型主要是对绿色低碳循环农业系统现状进行诊断，反映目前区域农业发展中存在的主要问题及相互关系，并进行定性定量分析评价。

（2）区域—部门间投入产出模型。这一模型主要功能是分析区域绿色低碳循环农业经济系统的结构，反映地区和部门之间技术经济联系。

（3）农业生产力布局模型。这一模型主要反映区域绿色低碳循环农业的布局集中程度和分散程度以及布局的方向。

（4）农业资源开发利用模型。这一模型主要反映土地、水等自然资源开发利用的方向和规模。

（5）农业生态环境保护模型。这一模型主要功能是对生态环境容量作分析，提出农业环境保护的方案。

（6）人口发展模型。这一模型主要反映逐年的人口总数、农业人口及人口按年龄构成预测值，起着控制人口的作用。

（7）预测模型群。这一模型主要是对绿色低碳循环农业未来发展的预测，包括各种需求预测、发展预测、综合预测等。

（8）优化模型群。优化模型群主要是运用线性规划、非线性规划、动态规划、目标规划和最优控制方法等手段，使各类农业资源得到合理的分配，或对各类结构进行优化。

（9）系统综合模型群。这一部分模型主要是应用大系统分解协调原理对子系统的优化方案进行综合，并通过计算机仿真，生成若干总体优化方案。

（10）评价决策模型群。这一部分模型主要是对规划方案进行评价决策，其决策技术主要包括层次决策、多目标决策、模糊决策等技术。

总之，作为区域农业规划系统的总体模型是一个十分庞大的模型群，其中变量的数目多达成千上万，方程数目亦很庞大，因此，需要的信息量也特别大。为了有效利用信息资源，最好能在计算机中建立相应的区域农业资源数据库。

4.3.5.5 区域绿色低碳循环农业规划总体效益评估

从技术经济角度看，发挥区域优势是相对的、有条件的。只要有农业自然资源可利用的潜力，在技术上又是可行的，加上以上的技术经济分析评价，就可以得出这个区域农业优势能否得到发挥的结论。同时，用系统论的观点看，发挥区域农业发展优势又是一个系统整体发展的概念，不能从一时一地、一个农业部门和一个农业企业来进行分析评价，而要从区域农业这个系统整体算长远的、全面的经济、社会、生态的账。

4.3.6 绿色低碳循环农业发展规划的基本程序

规划编制是一个系统过程，在这个过程中各个阶段之间，相互关联，彼此衔接，是一个有机联系的系统整体。总结我们过去多年从事区域规划的经验，绿色低碳循环农业发展规划编制过程一般应遵循以下基本程序或经历以下几个阶段：

4.3.6.1 规划工作方案的设计

这一阶段的主要任务是做好规划的前期准备工作：①组建规划机构，包括规划领导组，组长一般由政府分管农业的领导担任，成员由农业、林业、水利、环保、科技、发改委、国土等部门的领导组成。领导组下设办公室，具体负责规划事宜。办公室下设总体规划组、专项规划组、专家顾问组、资料组、后勤组。②落实规划队伍，主要是落实规划人员。总体规划组一般聘请农业方面有实践经验的专家任组长，成员一般聘请或抽调农业、林业、水利、经济、地理、环保等方面的专家或技术人员组成，主要负责总体规划的编制任务；专项规划组，一般由规划领导组成员单位负责各自业务范围的相关规划。专家顾问组，一般聘请 3～5 名相关专业的专家担任规划的咨询顾问。③编制规划预算，落实经费来源，以保障规划经费所需。④编写规划任务合同书，领导组与规划组签订任务合同书。⑤确定规划区的范围。⑥拟定规划调查研究提纲与考察内容。

4.3.6.2 实地考察与调查研究

这一阶段主要任务：①组织专业力量收集规划内容有关资料，包括年度统计资料、自然资源方面资料、经济社会方面研究报告与资料、有关文件和政策方面资料、环境监测方面资料、以前搞过的各类规划等。为规划下一步展开提供翔实的资料。②深入到规划区域进行实地考察与调查研究。通过召开各种类型的座谈会和深入实地调查了解区域的农业、林业、畜牧业、水利、经济、社会、生产、市场、交通、信息、劳动力就业等方面的情况，听取当地领导、群众、技术人员、农业企业老板等对绿色低碳循环农业发展的意见和看法。结合收集的资料，做到心中有数，胸有成竹，真正掌握区域实情。

4.3.6.3 系统分析

这一阶段的主要任务：①分析整理上一阶段收集和调查研究所得的资料，研究区域的内外条件及其变化趋势，包括对相关规划理论的研究，国内外的经验与案例分析，时代要求及其区域农业的环境与条件分析；②系统分析、合理确定区域农业的优势与劣势；③系统分析、准确确定区域绿色低碳循环农业发展的重点产业和主导产业；④统筹考虑、科学拟定区域绿色低碳循环农业发展的重大建设项目；⑤建立预测、规划等各种模型，分析确定区域绿色低碳循环农业发展的总体目标，应具体到经济目标、社会目标、生态目标和空间目标等层次，建立区域绿色低碳循环农业发展的指标体系。

4.3.6.4 绿色低碳循环农业发展规划的编制

这一阶段的主要任务总的讲就是根据上述掌握的资料、实情，系统分析所得到的结果，具体编制规划。①拟定编写总体规划的提纲，一般编写完成规划提纲初稿后，要征求专家组、领导组等方面的意见，修改确定编写提纲；②在编制总体规划的过程中要通过咨询、论证等多种方式，反复征求各方面的意见，要特别重视与各级政府、各相关部门和专项规划的协调与衔接；③编制完成规划初稿后，要召开领导、专家、部门等多种类型的座谈会，讨论规划初稿，同时还要通过多种形式征求各方面的意见，修改规划，拿出规划的评审稿。

4.3.6.5 规划的评审与报批

这一阶段的主要任务：①由规划领导组召开规划评审会，组成专家委员会评审规划，主要是评审区域绿色低碳循环农业发展总体规划，如果专家委员会对规划没有大的异议，应提出并通过规划评审意见；②根据规划评审专家委员会提出的需要修改补充的意见，再一次修改规划，然后将规划上报政府，待政府研究后，如果政府认为需要经人大审议通过，即报同级人大审议通过后，呈报上一级政府进行审批。

4.3.6.6 绿色低碳循环农业发展规划的实施与反馈

这一阶段的主要任务就是政府组织实施规划。经过审批的规划应具有法律效力，以保证规划内容的贯彻和实施。规划的实施过程也是一个动态的过程，应适时的评价和修正规划，建立规划实施过程的反馈机制，以确保规划符合变化了的新情况、新形势，适应市场与经济社会发展的需要，使规划真正落到实处，充分发挥规划的作用[27]。

第 5 章 绿色低碳循环农业发展模式与技术

绿色低碳循环农业在实践过程中创造出了许多不同类型的发展模式与配套技术，涌现出了一大批好的典型与案例，发挥了积极的示范带动作用。例如，农业种养空间立体结构生态系统模式与技术、农业资源节约与物质循环利用系统模式与技术、庭院绿色低碳循环农业模式与技术、绿色休闲农业与农业科技（生态）园区模式与技术等。总结推广这些不同类型的发展模式与技术，让广大农民生产者在实施绿色低碳循环农业的过程中得以借鉴、应用和推广，对促进绿色低碳循环农业的发展有着十分重要的意义与作用。同时，这些模式与技术还需要在实践中不断创新、不断完善，开发出更多的新型发展模式与技术，引领与推动绿色低碳循环农业的可持续发展。

5.1 种（植）养（殖）空间立体结构生态系统模式与技术

绿色低碳循环农业种养空间立体结构生态系统模式是指农业生物之间在空间垂直方向上的组合配置，即在某一区域的耕地、林地、水域、农家庭院等土地上，根据农业资源的特点和不同农业生物的特性，在垂直方向上建立由多物种共生共存、多层次合理配置、多级质能循环利用的立体种植、养殖等的农业生态系统模式，从而实现农业资源的高效利用，最少排放废弃物和污染环境，获得更多的物质产量，达到农业经济效益、生态效益和社会效益的高效统一。绿色低碳循环农业空间立体结构生态系统模式一般有：农田立体模式、水域立体模式、林果地立体模式、养殖业立体模式、农家庭院立体模式等。

5.1.1 农田立体种植模式与技术

农田立体种植模式是在继承和发扬中国优良传统种植经验的基础上，广泛利用现有的自然资源、生产条件和现代农业科学技术，将不同作物及品种按照农田生态规律科学地进行间作、套种、混种、复种等，使之有效地提高单位土地、单位时间和空间内光、热、水、肥、气等自然资源的利用率，切实做到地尽其力、物尽其用，建立良好的农业生态经济复合体，从而获得较好的经济效益、社会效益和生态效益。

5.1.1.1 粮菜（粮）高效立体种植模式与技术

这类模式大多是在水肥条件较好的精耕细作地区和城镇郊区开发推广。主要以小麦套种玉米、小麦套种谷子、小麦套种甘薯、小麦套种水稻等一年两熟的粮食作物为主体作物，在保证粮食作物持续稳定增产的前提下，参与经济价值较高的经济作物或瓜类、蔬菜作物，提高单位面积的经济效益。这类模式在耕作制度上多是从小麦播种开始，将播种带的宽窄、畦面的大小、留套种行的大小以及参与后茬作物及时间一次性确定下来，一年之前即将两茬主体作物间、套、混、复种的瓜类、蔬菜、豆类等经济效益较高的作物列入种植模式计划，一般结合小麦秋种，间作越冬性蔬菜，如菠菜、薹菜、大蒜、洋葱、大葱等。早春多在麦田内套种小白菜、小油菜、小红胡萝卜、早熟甘蓝、地芸豆等速生蔬菜。麦收之前，除了套种（或移栽）第二季主体作物玉米、谷子、甘薯、大豆等粮食作物外，还可在麦田套种（或移栽）西瓜、生姜、马铃薯等高效益作物。麦收后夏播作物间作大豆、绿豆、秋菜等。例如，小麦套种玉米间作大豆，小麦套种玉米间作夏谷，小麦间作甘蓝套种玉米间作大豆，小麦间作越冬菜套种玉米间作蘑菇，小麦间作越冬菜（指菠菜、薹菜、大蒜、洋葱下同）套种玉米套种大白菜，小麦间作越冬菜套种玉米套种黄瓜，小麦间作越冬菜套种玉米套种番茄，小麦间作越冬菜套种生姜，小麦间作大蒜（或洋葱）套种玉米间作秋菜（萝卜、芥菜、大白菜等），小麦套种玉米间作菜葫芦，小麦套种马铃薯套种玉米间作大白菜等。此类模式能在保证粮食不减产或少减产的情况下，多收获 1～2 季蔬菜（或其他作物），每亩可增加经济效益 500 元以上，实现高产高效。

这类模式主要技术包括：小麦、玉米和萝卜、芥菜、大白菜、菠菜、薹菜、大蒜、洋葱等蔬菜种植与田间管理技术，农作物之间的空间合理配置与套种技术，施肥技术，行株距比例设计等。

案例 5-1　山东诸城市枳沟镇粮菜高效立体种植模式

诸城市枳沟镇围绕发展高产、优质、高效生态安全农业，结合本地实际，大力推广粮、瓜菜间作高效立体种植模式，提高了土地资源利用率，增加了农民收入。他们的种植模式主要有 3 种：①红水萝卜—马铃薯—玉米—芸豆四作四收。在枳沟镇乔庄、王村等村大面积推广了大拱棚保护地种植红水萝卜间作马铃薯套种食用玉米间作越夏芸豆技术，效益逐年提高。一般每亩产红水萝卜 2 000 kg，马铃薯 850 kg，玉米穗 2 900 余个，芸豆 1 750 kg，收入 12 000 元以上。为了进一步提高经济效益，他们还探索出了红水萝卜间作马铃薯，红水萝卜收获后套种玉米，玉米棒收获前套种芸豆种植模式等技术。②马铃薯—玉米—芸豆三作三收。在枳沟镇乔庄、王村、普庆等村大面积推广了马铃薯间作玉米，套种芸豆的技术，带动周边村种植面积 260 hm^2，效益逐年提高，一般每亩产马铃薯 800 kg，鲜食玉米穗 2 900 余个，芸豆 1 800 kg，收入 8 000 元以上。③西瓜—芸豆—菠菜三作三收。在枳沟镇蒋家庄推广了利用小拱棚保护地加地膜覆盖栽培西瓜，西瓜收获后种植越夏芸豆，芸豆收获后种植菠菜技术，种植面积 75 hm^2，带动潍河两岸周边村 160 hm^2，受到了较高的经济效益。一般每亩产西瓜 3 700 kg，芸豆 1 800 kg，菠菜 800 kg，收入 1 万元以上[①]。

5.1.1.2　粮棉菜立体种植模式与技术

这类模式主要是在春棉一熟制地区，通过改革耕作制度，利用其冬闲季节增种一季小麦或间套越冬菜，或者在小麦套种棉花一年二熟制的基础上，利用其棉花套种行间套越冬菜或瓜类等进行开发推广。在保证棉花增产或小麦、棉花双增产的前提下，通过间套瓜类、蔬菜等，增加经济收益。在耕作制度上，多在拔棉花柴以后，整地、施肥，确定好种植规格，播种晚茬小麦，留出棉花的套种行，在套种行上结合种麦间作洋葱、大蒜、菠菜等越冬菜，或第二年早春间作小白菜、小油菜、小红萝卜等速生菜，收菜后于 4 月中下旬套种棉花。例如，小麦间作大蒜套种棉花，小

① 《山东诸城市枳沟镇大力推广高效立体种植模式》，新闻频道，2013-10-16。

麦间作洋葱套种棉花，小麦间作越冬菜（或秋芥菜）套种棉花间作萝卜，小麦间作越冬菜套种西瓜套种棉花，小麦间作越冬菜套种棉花间作绿豆，小麦间作芥菜套种棉花间作辣椒。

这类模式主要技术包括：小麦、棉花和蔬菜、瓜类种植与田间管理技术，农作物之间的空间合理配置与套种技术，施肥技术，行株距比例设计等。

案例 5-2　临西县粮棉菜立体种植模式

临西县在农业种植结构调整上大胆尝试，探索出粮棉菜立体高产高效种植模式，主要模式是：小麦—菠菜—棉花—绿豆立体种植模式。小麦畦宽 1.5 m，播种 6 行小麦，预留 0.8 m 宽的空行。10 月中下旬套种菠菜，次年 3—4 月陆续收获上市。4 月 20 日左右播种 2 行棉花，其管理同大田一样。小麦收获后种植 60 天的小绿豆。这种模式经济效益一般在 2 800 元以上。小麦—西瓜—棉花—玉米—蔬菜间作套种立体模式。这种模式变一年两熟制为一年 4 ~ 5 熟制，经济效益显著。秋季麦播时，每播 12 行小麦预留 1.5 m 的空当。麦播后及时在空当内播种菠菜，第二年 4 月初收获后，在 1.5 m 的空当内种植 2 行西瓜和 2 行棉花。麦收后，在麦地空当中间种植 2 行玉米。小麦与西瓜和棉花共生期，小麦为瓜苗、棉苗挡风御寒，提高地温，有利于前期生长。麦收后，西瓜经棉花株距空间向外长蔓，在小麦空地里结瓜，互不影响光照。玉米生长中期，西瓜已收获完毕，为棉花、玉米后期正常生长带来了有利条件，可获得较高的效益[①]。

5.1.1.3　粮油菜立体种植模式与技术

这类模式多是在水肥条件较好的花生产区开发推广。在小麦套种花生一年二熟制的基础上，利用其套种花生的套作行间套种瓜类或蔬菜，一般可亩增经济效益 300 元以上。在耕作制度上，主要是从秋种开始，扶大垄，在垄沟内播种小麦，在垄上间作菠菜、薹菜等越冬菜，第二年春季收菜后，套种春花生或半夏花生，并间作西瓜、辣椒等秋菜。例如，小麦间作越冬菜套种花生套种西瓜，小麦间作大蒜苗套种西瓜套种花生间作秋菜，小麦套种西瓜套种花生间作玉米，小麦间作越冬菜（或

① 《小麦与蔬菜间作套种模式》，中国农业信息网，2004-09-30。

油菜）套种花生间作芝麻①。

这类模式主要技术包括：小麦、花生、油菜、芝麻、蔬菜、瓜类种植与田间管理技术，施肥技术，农作物之间的空间合理配置与套种技术，施肥技术，行株距比例设计等。

案例 5-3　四川省三台县粮经复合种植模式

四川省三台县整合资源、加大投入、强化创新，以增加复种指数、提高农业综合生产能力为重点，积极推进“千斤粮万元钱”粮经复合模式基地建设。县农业局制定了《三台县粮经复合现代农业产业基地建设规划（2013—2015）》，示范推广“药/粮一菜”4.2 万亩、“粮（油）一水稻制种一菜（马铃薯）”“麦一菜一玉一豆一专用苕”各 2 万亩。着力打造粮经复合产业基地。通过产业基地的建设，在麦冬主产区花园、灵兴一带基本形成了“药/粮一菜”和“麦冬/蔬菜（高架）”高效种植模式。经调查，“药/粮一菜”模式亩均玉米产量达到 600 kg，“麦冬/蔬菜（高架）”模式亩均苦瓜产量达到 2 500 kg 以上，为产区农户增产增收奠定了坚实的基础②。

5.1.1.4　水稻高效立体种（养）植（殖）模式与技术

这类模式以水稻为主体作物，冬春季种植各类经济作物或在水稻田中养殖各种高档水产品，既可保持水稻较高的产量，又可比稻麦两熟制大幅度提高经济效益。一般选用的模式有“洋葱（荷仁豆、大蒜、马铃薯）—单季稻”“简易大棚栽培西甜瓜（草莓、黄瓜、辣椒、茄子）—单季稻”“冬春蔬菜—青糯玉米—后季稻”“冬春蔬菜—西瓜、甜瓜（四季豆）—后季稻”“冬春蔬菜—单季稻+螃蟹（青虾、鲫鱼）”等。

这类模式的主要技术包括：水稻、马铃薯和荷仁豆、大蒜、黄瓜、辣椒等蔬菜种植与田间管理技术，螃蟹、青虾、鲫鱼等养殖鱼管理技术。

---

① 刘贵申：《山东省主要立体种植模式及扩大推广建议》，山东农业信息网，2013-06-21。

② 赵晓兰：《三台推广粮经复合种植模式　促进农民增产增收》，新华网四川频道综合，2013-08-20。

案例 5-4 稻田综合种养的辽宁“盘山模式”

辽宁省盘锦市盘山县的稻田综合种养“盘山模式”，是一种“一地两用、一水两养、一季三收”的高效立体生态综合种养模式。即水稻种植采用大垄双行、边行加密、测土施肥、生物防虫害等技术方法，实现了水稻种植“一行不少、一穴不缺”，使养蟹稻田光照充足、病害减少，减少了农药化肥使用。通过加大田间工程、稀放精养、测水调控、生态防病等技术措施。稻田埝埂上再种上大豆，稻、蟹、豆三位一体，并存共生，组成了一个多元化的复合生态系统。“盘山模式”解决了蟹田水稻种植中的施肥施药矛盾问题，实现了田中种稻、水中养蟹、埝埂种豆的立体生态综合种植、养殖。

据统计，“盘山模式”实现了养蟹稻田水稻亩产量 650 kg，亩产值 1 950 元，亩利润 1 100 元；河蟹亩产量 30 kg，亩产值 1 800 元，亩利润 1 050 元；埝埂豆亩产量 18 kg，亩产值 65 元，亩利润 50 元。稻蟹豆种养综合效益合计 2 200 元。与传统种养模式相比，水稻亩增产 8%，亩增效 400 元，河蟹亩增产 20%，亩增效 350 元，埝埂豆亩增效 50 元，稻蟹豆亩综合效益增加 800 元。实现了历史最好纪录。五年来，“盘山模式”在北方水稻主产区示范推广面积达到了 130 多万亩。农业部高度评价“盘山模式”是促进了粮食安全，名副其实的资源节约型、环境友好型和食品安全型产业①。

5.1.1.5 棉菜高效立体种植模式与技术

该类模式以棉花为主体作物，冬春秋季间套复种各类经济作物，既保持棉花的高产，又可大幅度提高棉田经济效益。一般选用的模式有“马铃薯（榨菜）套种棉花”“春毛豆（蔬菜）套种棉花套种荷仁豆（萝卜、大蒜）”“棉花套种大蒜（西葫芦、西瓜）”等。

这类模式主要技术包括：棉花和蔬菜、马铃薯等种植与田间管理技术，施肥技术，农作物之间的空间合理配置与套种技术，施肥技术，行株距比例设计等。

① 《辽宁盘山模式：稻田综合种养亩利润达 2 200 元》，中国新闻网，2011-09-27。

案例 5-5　河北省吴桥县曹洼乡石东村棉田立体种植模式

曹洼乡以发展农业产业化经营为依托，以培育特色产业为主导。按照“强乡、富农、活商”的发展思路，实施“稳粮棉、上果菜、兴渔牧”战略，按照“一村一品”的思路，加大科技投入力度，大力发展专业村、特色村。石东村形成了以棉田立体种植为主要内容的棉花套西葫芦、棉花套大蒜、棉花套甘蓝、棉花套西瓜等 10 种高产高效种植模式，并确定了梨树—大蒜—棉花立体种植、棉花—西瓜套作、菠菜—棉花轮作、棉花—大蒜套作四种重点主导模式，产生了良好的经济效益，提高了农民的生活水平①。

案例 5-6　含山县棉菜立体种植模式

含山县是棉花种植面积常年稳定在 9 万亩以上的产棉大县。棉花是该县的一个传统的支柱产业，他们积极探索适合农业生产条件的高效立体种植模式，大力发展棉花立体种植模式，取得了明显的经济效益。近几年，该县棉田套种面积都在 2 万亩以上，棉田间作、套种各种经济作物使棉田亩均效益提高近 40%。由于棉花市场波动大，棉农种棉收入时有起伏。为提高种棉的经济效益，确保棉农增收，该县因地制宜，大力推广“棉—菜”“棉—豆”“棉—蒜”等间作套种技术，形成了形式多样的棉田立体种植模式，提高了棉田的利用率和产出率，让农民季季有收获，月月有收入。据统计，该县立体种植面积达到了 5 万亩，亩纯收入比单种增收六成以上②。

5.1.1.6　农业综合开发生态模式与技术

该模式是一种集种植、养殖、加工、经营与生态保护为一体的综合发展模式，主要技术是立体种植技术、养殖技术、加工技术、沼气技术、资源综合利用技术等。

① 《河北省吴桥县曹洼乡人民政府网站》，2009-10-28。

② 王青：《含山“立体农业”助农增收》，巢湖日报，2006-08-29。

案例 5-7 颍上县农业综合开发多种循环型生态模式

颍上县是“全国粮食百强县”和“生态农业示范县”。该县从当地的实际出发，初步培育出多种循环型生态农业模式，取得了可喜成果，是一个成功的绿色低碳循环农业案例。

（1）种植、养殖、加工、沼气有机结合一体化发展模式。该县把种植业、养殖业、加工业和发展沼气事业相互结合起来，使其互相衔接，实现资源互补和循环利用，减少农业废弃物对环境的污染，实现经济与生态的良性循环。主要有以下类型：①种植业与养殖业的结合，即用种植业生产的主产品及产生的副产品糠皮、谷壳、秧蔓、秸秆发展养殖业；②种植业、养殖业和加工业的结合，即把种植业和养殖业的产品进行深加工，使农产品资源在多重利用中产生更多的新产品，实现升值；③种植业、养殖业、加工业与发展农村沼气事业相结合，即把种植业、养殖业、加工业产生的废弃物作为制沼气的原料，生产的沼气烧饭、照明，用沼渣、沼液种粮、种菜，既解决了化学残留，又提高了农作物的产量和质量。

（2）农产品深加工综合利用模式。该县把农产品深加工作为农业资源再利用的重要途径。全县的优质稻米、小麦、红芋深加工已成规模，特别是在西部红芋主产区，已形成“三粉加工一粉渣喂猪一猪粪还田或制沼气”的循环农业模式，产生了巨大的经济和环境效益。他们把农作物秸秆也作为一种农产品，在抓好主导产品加工的同时，大力推广农作物秸秆综合利用技术。全县每年农作物秸秆总量约 40 万 t，为了充分利用这部分资源，他们开辟了 4 条途径：推广秸秆青贮氨化和制干技术，把玉米秸、红芋秧、花生秧等转化为畜禽饲料，发展畜牧业，然后再过腹还田；推广草编技术，黄坝、八里河等乡镇把稻草编织成草袋、草帘，每亩稻草可增收 400 多元，使废弃物变成资源，实现再次增值；推广食用菌栽培技术，把麦秸、稻草、玉米芯、棉籽壳等制成食用菌的培养基，培植食用菌，再把菌渣作为有机肥还田，把秸秆作为造纸和建材原料。

（3）立体种养模式。立体种养可以通过田间种植的时间差和空间差，及对时间、空间的合理配置，提高对土、水、光、热、空气的利用率，实现对自然资源的循环利用、多重利用。该县主要培育了以下 3 种类型：①田地立体种植模式。主要是小麦与西瓜与棉花间作套种；西瓜与棉花与花生间作套种；玉米与大豆间作套种；大棚辣椒或茄子、西红柿与扁豆、花生间作套种等模式。②林地（果园）立体种、养模式。主要是充分利用林地或果园的时空资源，发展种植业或养殖业。主要包括林地（或果园）套种、林下养鸡两种类型。与林果套种的农作物主要有油菜、蚕豆、马铃薯、黄花菜、瓜类、花生、牧草等耐阴性作物。全县林果下套种面积有5万亩。林下养鸡达45万只。③水田（塘）立体种、养模式。主要有稻田养鱼、养蟹，藕塘养鱼，鱼塘分层立体养殖，鱼和鸭、鹅共养等形式。立体种养模式实现了资源的综合利用、多重利用、循环利用，均取得较好效益。

（4）生物防控农作物病虫害模式。该县淮河退建后，退建堤内原已垦殖的20多万亩沿淮滩地，由于水位涨落不定，重新变成宜蝗区，农作物常受蝗虫的侵害。他们在退建堤内种植蝗虫忌食的阔叶农作物，如大豆、棉花、红芋等，并铲除蝗虫喜食的禾本科杂草，切断蝗虫滋生繁衍的生态链，达到防治蝗虫的目的。同时在退建堤外，成规模放养鸡、鹅、鸭和牛、羊等家禽家畜，以进行生物治蝗。上述办法既达到了生物防控蝗害的目的，又使堤内外几十万亩土地资源得到充分利用，生产出大量的农产品和畜禽产品。

（5）良性生态环境经营模式。该县把生态环境作为重要资本，因地制宜地进行生态修复、保护、优化和利用，变不良的生态环境为良好的生态环境，实现人与自然的和谐统一。他们主要培育了3个范例：①谢桥镇的小张庄。小张庄原来的农田多是贫瘠地，易涝、易旱，不长庄稼，生态环境很差。经过多年改造经营，现在变成了五谷丰登、绿树成荫、鸟语花香的园林式新农村。②八里河风景区。该区原来是沿河低洼地、荒凉的湖区，生态环境恶劣的不毛之地。经过开发建设，现在成了淮北平原上的著名风景区，引来了全国各地的参观旅游者，创造出可观的经济效益。③汤店镇生态园区。该区原来是6.8 km^2的煤矿塌陷区和废弃村宅，经过开发建设，现在变成生态环境和人居环境十分优美的国家AAAA级旅游区。通过经营生态环境，使多种资源得到开发利用、循环利用，不断升值，既产生巨大的经济效益，又具生态、景观、社会功能，实现人与自然的和谐统一[36]。

以上立体种植模式是在总结传统的间、套、复种增产经验的基础上，经过大量的试验、示范和生产实践，研究总结出的一门新兴的、综合性的应用农业科学技术。农田立体种植模式是增加农业收入，农民科学致富的重要途径。符合中国人多地少、精耕细作、集约经营等国情特点，有着强大的生命力和广阔的发展前景。广大农民可以通过立体种植，高效栽培，利用当地的自然资源、生产条件，因地制宜地改革和运用各种各样的立体种植模式，充分发挥自己的智慧和才能，不断地挖掘土地的增产潜力，加快绿色低碳循环农业发展。

5.1.2 水域立体养殖模式与技术

5.1.2.1 池塘立体养殖模式与技术

池塘立体养殖模式主要有莲藕塘立体养殖、鱼鸭立体养殖、青虾河蟹混合立体养殖等。

（1）池塘莲藕—鱼立体养殖模式与技术。池塘莲藕立体养殖是选择水源充足，水体无污染，进排水比较方便，面积为 10～20 亩，池深 1～1.5 m，池底淤泥厚 20～40 cm 的池塘，塘基高 70 cm 以上。池塘水深一般保持在 15～50 cm。春季在池塘中栽植莲藕，在莲藕池塘中养殖黄鳝、泥鳅、鲢鱼等，形成藕鱼共生共养。高温季节要注意及时换水或者是加注新水，冬季要做好防冻工作。一般大面积养殖进入 9 月即可采用鳝笼等工具捕获鳝鱼泥鳅，也可在越冬前用双手逐块翻泥捕获鳝、泥鳅，还可留待春节前后出售。每亩莲藕塘可产泥鳅 200 kg 左右，产藕 2 000～3 000 kg。

这种模式的主要技术有黄鳝、泥鳅、鲢鱼、泥鳅等养殖技术，莲藕的种植与管理技术，池塘管理技术等。

案例 5-8 富山乡三山村莲藕鱼鸭立体养殖模式

南昌县富山乡三山村立足本地低洼田多的实际，引导群众把一部分低产田改造成鱼塘，实施莲藕鱼鸭立体养殖，实现了良好的经济效益、生产效益和社会效益。

鱼鸭立体生态养殖，效益高，见效快，技术易掌握，鸭粪为养鱼提供了饵料，每亩可节约养鱼成本 400 元，一个 15 亩的鱼池鱼鸭纯收入可达 7.35 万元，亩均纯收入可达 4 900 元。2009 年，全村水面养殖面积达 1 000 余亩，年产活鸭 80 多万只，年产鱼 700 余 t。仅莲藕鱼鸭套养这一项，全村年产值超过 1 500 万元，农民人均增收 2 980 余元[①]。

---

① 《富山乡三山村大力发展莲藕鱼鸭立体养殖》，南昌县人民政府网，2010-04-07。

（2）池塘鱼—鸭立体养殖模式与技术。池塘鱼鸭立体养殖就是在池塘中养鱼和养鸭组合的配套高效养殖模式。鱼鸭同塘是一种特有的共生现象，塘中的水面可以供鸭子在水中活动为鱼增氧，水底的浮游生物供鸭子食用，鸭粪供鱼食用，是一种共生共养立体养殖技术。不仅节约了养鱼的饵料投入，提高了养鱼产量和收益，而且水面为养鸭提供了活动场所，鸭在水中洗浴，可以促进鸭的新陈代谢，提高体质和健康水平，鸭蛋品质较高，还解决了养鸭的排泄物污染的问题，有利于改善养鸭环境。实施鸭鱼配套养殖，二者相得益彰，互为促进。

这种模式的主要技术有鱼、鸭的立体养殖技术，池塘的管理技术等。

案例 5-9　山东省临邑县鱼、鸭立体养殖模式

山东省临邑县委、县政府在 1994—1996 年先后投资 1 380 万元，对境内万亩沙河故道的大规模综合开发治理，开挖高标准鱼塘 518 个，形成养殖水面 6 080 亩，成为当地最大面积的一块湿地。池塘作为人工湿地，具有强大的物质生产功能，鱼鸭生长旺盛，年产量高；池塘水能够吸收大量的 CO_2 及有害气体，释放出 O_2，有效调节大气组分及当地空气质量；与此同时，它还起到了蓄水、补给地下水和维持区域水平衡的重要作用。鱼、鸭混养基地在未破坏原有生态环境的基础上，对当地自然环境进行改造，起到了改良土壤、净化水质、防治污染、调节局部小气候和生态平衡的作用，形成池塘效应。

鸭在水中放养，撕食水生食物，大量捕食青蛙、昆虫幼虫等为鱼所不能利用的动物性饵料生物，节省了喂鸭的饲料；同时，鸭粪对养鱼起了施肥作用。鸭子吃掉水域中过多的坚硬和柔软水生植物，并促进了水层中及水域底部小型水生植物的发展，提高了水域的单位面积产鱼量。鱼、鸭混养养殖模式是一种绿色养殖模式，池塘里的鱼以鸭的粪便肥水为饲料，几乎不用投其他饲料，这样一方面减少养鱼的成本，更重要的是不会产生污水、废气等对周边环境有害的东西，形成良性的循环，而且养出来的鱼也是自然生长的绿色食品。临邑县鱼、鸭混养基地与龙头企业合作，将饲料、养鸭、工厂加工等联系起来，拉动周边经济，带动相关产业发展，形成鱼、鸭养殖链及生产加工销售产业链，对当地经济起到了良好的辐射带动作用[①]。

① 盛筠：《山东省临邑县鱼鸭混养养殖模式特色研究》，载《魅力中国》2010 年第 3 期。

（3）池塘青虾河蟹混合立体养殖与技术。池塘青虾河蟹混合立体养殖，一般要求池塘面积在 5～10 亩，水深 1.5 m，水源充足，水质优良，无污染源，塘口进排水方便，进排水口要独立，成对角线排列，要设有滤水装置，冬春季应清塘，晾晒鱼塘消毒处理。根据天气情况及时种植水草，以苦草为主，适当移植黑藻、水花生、水葫芦等，使水面覆盖率达 60%～70%。幼蟹仔虾一般是正月前后放养，幼蟹规格不小于 5 g，放养密度每亩 400～500 只，仔虾规格每千克 400～800 尾，放养密度每亩 7～8 kg，苗种下池时应做消毒处理。一般使用质量安全渔用饲料，根据河蟹养殖密度规格的大小，饵料成本高低以及河蟹市场等因素及时捕蟹上市，年底一次性捕完并做好清塘工作，为明年的养殖做好准备[①]。

这种模式的主要技术有水草、黑藻、水花生、水葫芦等的种植技术，青虾河蟹混合立体养殖技术，池塘管理技术等。

案例 5-10　黄梅县青虾套养螃蟹模式

湖北省黄梅县濯港镇西湖的虾蟹套养高效示范基地是青虾套养螃蟹模式的一个成功典型。黄梅是一个水产大县，湖田多，水面面积大，盛产青虾，是通过国家地理标志保护的水产品。近年来，该县坚持生态循环立体青虾套养螃蟹的养殖模式。根据青虾和螃蟹共存水体、共享饵料，又不相互残杀等习性，引进先进养殖技术，推行青虾套养螃蟹模式，实现“一水双用、虾蟹双收”。

青虾和螃蟹均喜欢清新的水质，很少争食，而且青虾喜欢进食池中螃蟹吃剩的残饵腐屑。青虾套养螃蟹模式，既有效利用了水面、饵料等各种资源，提高了池塘综合养殖效益，而且改善了池塘水体环境，实现了经济、生态效益双丰收。例如，养殖户李军红利用低湖田套养了100亩青虾和螃蟹，亩产虾、蟹分别达 25 kg 和 75 kg，实现亩产纯收入 3 000 元以上，比单养青虾和螃蟹亩均增收近 2 000 元，其中仅青虾吃残饵腐屑就亩均节约饲料 1 000 元左右。全县虾蟹共套养 3 000 亩均喜获丰收，养殖户可实现增收近 600 万元，仅青虾进食残饵腐屑就可为养殖户节约饲料 300 万 t[②]。

① 《池塘青虾河蟹混合立体养殖》，www.dygbjy.gov.cn，2011-10-20。

② 《黄梅青虾套养螃蟹双丰收》，九江新闻网，2011-10-09。

5.1.2.2 “水面种菜，水中养鱼”的立体循环养殖模式与技术

“水里养鱼，水面种菜”立体循环养殖模式，是在鱼池上搭起竹筏，选择空心菜等水生叶菜，用浮床作为载体栽种。在养殖塘内种出的空心菜不需施肥也不需打农药，水里养殖的鱼虾粪便是空心菜最好的肥料。浮床上种出来的空心菜不仅口感、鲜嫩度等比旱地上种植的要好，而且产量也比旱地上种植的高出好几倍。最重要的是水面上种空心菜可以改善养殖塘内的水质环境，既节省养殖成本，又增加了效益，不仅可以收获有利于人体健康的绿色、安全水产品，而且还可以获得鲜嫩可口的蔬菜，可谓是一举两得的立体种养技术[①]。

这种模式的主要技术有水生叶菜的种植技术、鱼的养殖技术、池塘的管理技术等。

案例 5-11　江门水面种菜、水下养鱼模式

江门市实施菜鱼立体种养模式，水面种菜、水下养鱼，一季能收五六茬新鲜蔬菜，秋季还能收获大量鱼虾。该模式使用特制竹筏把水生蔬菜“种”在水面上，在池塘里养殖鲤鱼、鲫鱼、南美白对虾等水产品。鱼儿排泄物为蔬菜提供养料，蔬菜生长可净化池塘水质，增加水体氧气含量，为鱼类生长提供良好的水体环境。这种立体种养模式已在武清、北辰、宁河等区县推广应用。生态循环水养殖就是通过植物净化池塘水体环境，减少鱼虾蟹病害发生，这种方式养殖出来的水产品不仅生态环保，而且更加优质安全。该市水面种菜水下养鱼约 2 万亩，可有 2.4 万 t 生态水产品上市[②]。

5.1.2.3 淡水珍珠与本地草鸭立体循环养殖模式与技术

按水域为单元，在一个湖或水库边建猪舍养猪，利用斜坡地建鸭舍栏网养鸭，水中立体养鱼，水底育蚌，水面吊蚌育珍珠，珍珠加工成项链、水解珍珠粉、珍珠护肤霜，贝壳加工成工艺品和矿物饲料，形成循环综合利用立体养殖加工模式。养殖项目按比例配套：每亩水面养育肥猪 5 头、母猪 0.3 头；0.5 m^2 幼蚌池；0.67 hm^2 鱼池；20 羽鸭。猪粪、鸭粪入池养鱼、育珠，每亩水面可生产珍珠 1 kg、鲜鱼 50 kg。

① 富农水产养殖网，2009-10-14。

② 《水面种菜水下养鱼约 2 万亩　今秋 2.4 万吨生态水产上市》，今晚报，2013-06-27。

已形成一个在人工控制和调节下，以食物链为纽带的水陆物质流和能量循环利用的水面立体生产体系，这一综合立体养殖模式大大提高了经济效益①。

这种模式的主要技术有猪、鸭、鱼、蚌、珍珠的养殖技术，珍珠的加工技术，水域的科学管理等。

案例 5-12　德清县淡水珍珠、本地草鸭立体循环养殖模式

德清县芦水荡珍珠养殖场，采用淡水珍珠和本地草鸭立体循环养殖模式，取得良好的经济效益和生态效益。该场养殖水面 200 亩，养殖珍珠 15 万只，每亩套养花白鲢 50 尾。2007 年秋季购蛋鸭 1 万只，投喂蛋鸭专用饲料，经 120 天精心饲养，开始陆续产蛋，持续 240 天左右。等产蛋率明显下降后，出售种鸭，养殖周期大致 1 年。蛋鸭产生的排泄物，全部作为珍珠养殖所需的肥料，一万只种鸭产生的肥料基本满足 15 万只珍珠生长所需，陆续产生的粪便，可维持池塘内环境的平衡，池塘水质常年保持肥活嫩爽，珍珠产量明显提高。该模式充分利用水面资源，一方面为草鸭提供足够的水面游泳嬉戏，另一方面草鸭的排泄物作为养殖珍珠所需的肥料，既节约了肥料投入的成本，又对环境不产生任何污染，是一种值得提倡的循环经济模式②。

5.1.2.4　鸭—鱼—鳖立体养殖模式与技术

鸭—鱼—鳖立体养殖模式是按水域为单元渔业与畜牧业相结合的养殖方式。鸭在水面养，把鸭子放养在水中，水里的青草、竹叶、昆虫就成了鸭的天然饲料，每只鸭的饲养成本比饲养喂养少 4～5 元，由于放养，鸭的肉质鲜美，销售价格比一般养的鸭要高。同时，每只鸭又是一位“施肥员”，用鸭粪当鱼的饵料，鱼产量可提高 20%左右。鳖还可以把水里多余的、质量不好的小鱼小虾吃掉，提高了鱼的质量。鱼鳖在水中养，鱼鳖养殖要采取多品种混养，做到不同食性，不同层次的鱼类混养，提高水体利用率和饵料的合理利用。

这种模式的主要技术有鸭、鱼、鳖养殖技术，水域的科学管理等。

---

① 中国农业科学：《牧渔珍珠养殖加工综合循环利用模式》，二七加盟网，2013-01-02。

② 《德清县淡水珍珠、本地草鸭立体循环养殖》，百树社区村务网，2010-04-20。

案例 5-13 合川区龙市镇九井村鸭鱼鳖立体养殖模式

合川龙市镇九井村的养鱼大户段太均走出了一条鸭—鱼—鳖立体养殖模式致富新路。九井村已发展养殖户 10 余户，鱼塘养殖面积达到了 1 000 亩。鸭—鱼—鳖立体养殖模式是渔业与畜牧业相结合的经营方式。每亩水面可养鸭 60 ~ 70 只，经常有微流水，可适当增加鸭饲养量，中华鳖的数量要根据水量定，不宜太多。中华鳖在二三两重就能够自己找食吃的时候就可以进鱼塘了，采取的是仿野生养殖模式，不添加任何饵料，它自己在水里寻找小鱼小虾吃，三年就可以出售，这样养殖模式下长成的中华鳖肉质好，市场价格高。鱼类养殖要采取多品种混养，做到不同食性，不同层次的鱼类混养，提高水体利用率和饵料的合理利用。鸭的投饲要做到饲料配合要合理、投喂数量要适当、喂食时间要固定、投饲工具要清洁；不喂发霉变质饲料、不饮用污臭水等。

把鸭子放养在水中，水里的青草、竹叶、昆虫就成了鸭的天然饲料，每只鸭的饲养成本比饲养喂养少 4 ~ 5 元；放养的鸭肉质鲜美，在市场上十分畅销，销售价格也比一般养的鸭要高。同时，每只鸭又是一位“施肥员”，用鸭粪当鱼的饵料，鱼产量可提高 20%左右。中华鳖还可以把水里多余的、质量不好的小鱼小虾吃掉，提高了鱼的质量。这样一亩水面养鱼的纯利润有 3 000 多元、鸭子 100 多元、中华鳖 1 000 元，每亩水面能创收 5 000 多元①。

5.1.2.5 海水池塘立体养殖模式与技术

海水池塘立体养殖模式，就是水中养虾，水底养蟹，底泥养贝，虾、蟹、贝立体养殖方式，具体讲就是在一个海水池塘水体中，上层水养虾，池塘底部养梭子蟹，池塘的底泥里养殖杂色蛤或者蛏子。这种养殖模式不仅有利于生态互补，而且可综合利用水域，提高经济效益。

这种模式的主要技术有虾、蟹、贝立体养殖技术与疾病防治技术，池塘科学管理等。

---

① 胡娟：《合川龙市镇九井村：鸭鱼鳖立体养殖赚大钱》，华龙网，20011-10-25。

案例 5-14　山东省日照市东港区海水池塘虾蟹贝立体养殖模式

山东省日照市东港区对虾主导品种和海水池塘“虾、蟹、贝”立体生态养殖模式，取得了较好的经济效益、社会效益和生态效益。海水池塘“虾、蟹、贝”立体生态养殖模式，即“四放五收”养殖模式，在海水池塘中分 4 次放养贝类（菲律宾蛤仔或缢蛏）、中国对虾（“黄海 1 号”“黄海 II 号”）、三疣梭子蟹、日本对虾 4 个品种，养殖品种分 5 次收获。在该模式基础上，又增加了覆网立体养殖模式，在池塘清淤清池后，在贝类养殖区域覆盖聚乙烯网，可有效防止养殖过程中梭子蟹残食贝类，从而提高了贝类成活率。从收获情况看，亩产中国对虾 30 kg 左右、日本对虾 10 ~ 15 kg、梭子蟹雄蟹 40 kg、雌蟹 50 kg、贝类 350 ~ 400 kg，亩综合产值超过 10 000 元、利润 6 000 余元，最高亩利润超过万元①。

5.1.2.6　淡水水域多品种综合立体养殖模式与技术

淡水水域多品种综合立体养殖模式是在水库、池塘养殖鲤鱼、草鱼、鲫鱼等多品种鱼类。不同的鱼种可根据其生理特性在不同的水层繁养，可充分利用水体的空间、时间和饵料资源进行综合主体养殖，实现高产、高效、生态环保的目的，是淡水养殖的理想模式。

这种模式的主要技术是不同鱼种的养殖技术、水域的科学管理技术。

案例 5-15　山东省德州市陵县丁庄乡淡水池塘立体养殖模式

山东省德州市陵县丁庄乡多品种（鲤鱼、草鱼、鲫鱼、彭泽鲫、乌鳢等鱼蟹混养）立体养殖模式，创造了亩产 2 t 产量。池塘鱼蟹混养是在同一池塘中根据鱼蟹的不同分布水层和不同食性等特点，混养多种生物，利用这些生物间的多种关系，达到充分利用水体的空间、时间和饵料资源的立体、综合养殖的模式，以实现高产、高效、生态、安全的目的。该模式表现出以下特点：①经济效益高。亩总收入 24 150 元，单产居国内同类型养殖前列，亩纯效益 5 705 元，投资收益率 31%，效益是粮棉种植的 4 ~ 6 倍。②生态效益好。低污染，养殖排放水无有害药物残留，生物耗氧

---

① 《山东日照市东港区海水池塘养殖效益又创新高》，中国水产养殖网，2009-11-17。

量低，易于自然净化，可直接用于农作物灌溉；低碳，花白鲢产量几乎是依靠水中浮游生物形成的，据专家测算，每生产 100 kg 鱼，通过浮游植物吸收水体中氮 250 ~ 350 g、磷 30 ~ 90 g，降低 CO_2 排放 20 kg，相当于 0.5 亩森林的作用。③技术新。在传统生态养殖的基础上，提高苗种放养数量、规格，形成高产、高效、生态立体养殖模式；在理念新上认识到保持水体中充足的溶解氧是改善养殖环境、增强鱼类体质、加快生长速度、降低饵料系数，提高生产效率的灵丹妙药等；技术上使用微生态生物制剂肥水、调节水质等现代新技术。④管理精。实行多品种立体混养，利用鲤鱼、草鱼高产的特性投喂饲料提高产量，其排泄物肥水带动鲢鳙鱼的生长，既利用了废弃资源，又净化了水质，辅以人为措施干预，保障水质稳定，鲫鱼、乌鳢则更加充分利用了饵料资源。实行轮捕，保持池塘载鱼量稳定在一定范围，充分利用了池塘养殖空间和时间，解决了单一品种高产养殖水质败坏等诸多不可调和的矛盾；把握秋放鱼种量足、质优、价廉的时节，放养大规格鱼种，抗病力强、生长快、出塘早，增值空间大；把握市场，在七八月淡水鱼货缺、价高和中秋节销售顺畅的有利时期，生产适销对路产品，主打优势产品，掌握销售主动权，取得最高收益。⑤质量把关严。严格执行国家养殖标准，严禁使用违禁药物，严格执行休药期规定，保障了产品质量安全稳定[①]。

5.1.3 林果地立体模式与技术

5.1.3.1 林果—粮经立体生态模式与技术

这一模式国际上统称农林复合系统，林果—粮经立体生态模式是利用林果和农作物之间在时空上利用资源的差异和互补关系，在林果株行距中间开阔地带种植粮食、经济作物、蔬菜、药材乃至瓜类，形成不同类型的农林复合种植模式，也是立体种植的主要生产形式，一般能够获得较单一种植更高的综合效益。

这一模式的主要技术有立体种植、间作技术等，配套技术包括合理密植栽培技术、节水技术、平衡施肥技术、病虫害综合防治技术[②]。

---

① 《山东德州市深入挖掘淡水池塘立体养殖模式典型》，中国水产养殖网，2011-05-12。

② 《林果—粮经立体生态模式》，青青花木网，2011-05-28。

案例 5-16 河南省兰考县粮桐间作模式

河南省兰考县是饱受风沙、盐碱、内涝三大害的国家级贫困县。40 多年前，为了根治三害，时任县委书记焦裕禄找到了农桐间作的好办法——在田间广种泡桐，实现农桐林网化。这样不但阻挡了风沙，生态环境得到了保护，还不影响农作物生长，农桐间作小麦亩产达千斤。桐木还可生产加工家具、木制工艺品、桐木拼板，制作古筝、柳琴等乐器，增加了经济效益。目前，全县粮桐间作面积达到 46 万亩，实现了林粮双收，经济效益、生态效益，社会效益高效统一。

5.1.3.2 “林果－畜禽”复合生态模式与技术

这类模式的基本结构是“林果业+畜禽业”。在林地或果园内放养各种经济动物，放养动物等，以野生取食为主，辅以必要的人工饲养，生产较集约化养殖更为优质、安全的多种畜禽产品，接近有机食品。一般是在丘陵山区，在山坡地发展林果业或林草业，在林地中或果园里建立禽舍，将畜禽粪便直接投放林地或果园，从而形成了“林（果）、草、禽养殖单元”相互联系的立体生态农业系统。牧草种在林间，利用林间空地生长，一方面可以保持水土，另一方面还可以减少杂树、杂草的生长。为避免牧草种植过程中受野草侵害，选择在林木落叶季节进行秋播牧草。畜禽在林间轮放或圈养，用刈割牧草来饲喂，禽畜在林间放养过程中，采食牧草的同时也将粪便施到了林间，这样就有利于牧草与林间苗木的生长。主要有“林－鱼－鸭”“胶林养牛（鸡）”“山林养鸡”“果园养鸡（兔）”等模式。这类模式畜禽为树木提供有机肥、啄食害虫，树木又为畜禽创造了适宜的生长环境，起到了种植、养殖协同发展的良好效果①。

这类模式的主要技术包括林果种植技术、动物养殖技术以和种养搭配比例等，配套技术包括饲料配方技术、疫病防治技术、草生栽培技术和地力培肥技术等。

① 《林禽立体种养模式》，江苏农业网，2012-02-08。

案例 5-17　武汉市新洲区涨渡湖湿地林—鱼—鸭模式

武汉市新洲区涨渡湖湿地总面积 185 km^2。为了加强涨渡湖湿地保护，新洲区2004年12月成立了武汉市新洲区湿地自然保护区管理办公室、新洲区湿地自然保护区共管委员会，制定了《涨渡湖湿地自然保护区保护办法（试行）》，完成了《涨渡湖社会经济调查报告》《涨渡湖湿地自然保护区总体规划》。2005年6月15日首次灌江纳苗成功举行，实现了江湖连通。2006年5月区政府出台《涨渡湖江湖连通运行方案》。自2006年以来，每年的7月上旬，如期开启挖沟大闸和沐家泾闸引入江水，实施灌江纳苗，为全区农业生产抵御旱灾提供水源，闸口综合生态功能日益显现。1975年栽水杉400亩、池杉600亩，1986年在池杉林周围开沟筑堤，灌水养鱼，水面养鸭。形成饲料喂鸭，鸭粪喂鱼，鱼粪肥树，树叶肥水喂鱼的食物链关系，通过物质交换和能量的流动构成一个良性循环的人工生态系统，创立"林—鱼—鸭"生态立体林业模式。"林—鱼—鸭"模式为数以万计的鸟类提供了良好的栖息场所，先后有8目20科37种鸟类在这里栖息繁衍。可谓水上森林、候鸟天堂、生态渔业①。

案例 5-18　林果立体种养效益高

山东省聊城市东昌府区堂邑镇杨庙村农民郝春立，在东昌府区林业局的指导下采取林果立体种养模式，在承包的70亩苹果园中发展农家草鸡养殖，鸡食各类昆虫、草籽，鸡粪给果树施肥，既减少昆虫对树木的伤害，促进果树生长，又可大幅减少饲料投资，生产出的无公害鸡蛋、鸡肉格外俏销。今年，郝春立通过林果立体种养模式散养的6 000只农家草鸡，可让他的果园比往年多增收10万多元②。

5.1.3.3　"农田林网"生态模式与技术

这是一种农林复合系统模式。主要是平原区为确保种植业的稳定生产，减少农业气象灾害，改善农田生态环境条件，通过标准化统一规划设计，利用路、渠、沟、河进行网格化农田林网建设以及部分林带或片林建设，一般以速生杨树为主，辅以

① 俞俭、王勇、涂鹏：《加强涨渡湖湿地保护　建立替代产业基地》，新华网湖北频道，2010-11-15。

② 《林果立体种养效益高》，农民日报，2011-10-19（08）。

柳树、银杏等树种，并通过间伐保证合理密度和林木覆盖率，这样便逐步形成了与农田生态系统相配套的林网体系。例如，黄淮海地区的农田林网。

这种模式的主要技术包括树木栽培技术、网格布设技术，配套技术包括病虫害防治技术、间伐技术等①。

案例 5-19　山西省中部盆地农田林网模式

山西省中部地区的晋南盆地、晋中盆地、忻定盆地、大同盆地，坚持田、林、路、渠统一规划，统一布局，综合协调，合理安排；坚持林网建设与农田建设、水利建设相结合；坚持以乔木防护林带打框架，科学合理建网格，常绿树种和落叶树种、观赏与经济效益兼顾的原则搞建设；坚持因地制宜选择树种，根据本地的土质、气候、水文特点，选择合适的树种，所选树种要求根深、树冠较窄，不易风倒、风折、速生、干直、兼有经济效益，具有较强的抗寒抗旱、抗病虫害、耐水湿、耐盐碱等能力，同时还要考虑物种多样性，以维护生态平衡。从而构建了“田成方、树成行、渠相通、路成网”的田林路渠相配套的农田生态系统，实现了经济效益、生态效益、社会效益三丰收。

5.2　农业资源节约与物质循环利用系统模式与技术

5.2.1　农业资源节约型模式与技术

中国农业属于资源约束型农业，虽然农业自然资源总量大，但人均拥有量小；山地丘陵分布广，土地难利用比重大，耕地面积不足；水资源短缺，干旱、半干旱区域广；水土流失严重、面源污染不断加剧，农业生态环境日趋恶化；农村人口素质不高，农村贫困问题还没有根本解决，均成为农业发展的严重制约因素。这一现实既凸显了建设节约型农业的紧迫性，又成为研究如何建设节约型农业的出发点和

① 《平原农林牧复合生态模式及配套技术》，载《农民致富之友》2003 年第 2 期。

依据。为此，大力发展资源节约型农业意义深远。

农业资源节约型模式是以提高资源利用效率为核心，以节地、节水、节能、节肥、节农药、节种子和农业资源综合循环利用为重点的农业生产方式。节地，要建立和推广立体种植模式，充分利用地域空间发展节地农业。节水，要推广普及管道输水、膜下滴灌、水肥一体化等高效节水灌溉技术，建设旱作农业示范基地，加大旱作节水农业技术推广力度。节能，要淘汰老旧农业机械，推广使用节能型农业机械，推进抽水泵站节能改造，推广普及节能型太阳能蔬菜大棚。节肥，要大力推广测土配方施肥技术，科学使用化肥，鼓励农民增施有机肥，减少不合理化肥施用量。节农药，要淘汰落后施药机械，推广使用高效、低毒、低残留农药，开展有机农产品基地建设。节种子，要大力推广优良品种，实施定量精播。由于各地农业自然条件的不同，具体可根据各地农业资源状况、自然经济技术条件、区域特点和发展优势，发展各具特色的农业资源节约型模式，如农业的“节地—节时—节水”模式、畜牧业的“节粮—食草型”模式、渔业的“节饵—多层型”模式、林业的“速生—木本粮油—立体型”模式[①]。

这一模式的根本在于依靠科技、突出节约、重在效益。

主要技术是节地、节水、节能、节肥、节农药、节种子的相关技术。

案例5-20　以色列资源节约型农业模式

以色列是世界上自然资源最匮乏的国家之一，主要是水和耕地资源极其短缺。然而以色列却是世界上农业最发达的国家之一，其在中东沙漠上创造的农业奇迹已经成了世界上资源节约型农业的典范。其主要经验与做法如下。

（1）市场化的节约理念是基础。在以色列从总理到普通农民都具有市场化的节约理念。无论是农场主，还是集体农庄的普通农民，他们的产品或品种的标准全部盯着世界市场，符合市场要求是所有农产品的唯一指标。所有的国民生产都是以耗水量为主要的衡量指标，都体现了一种资源节约理念。

（2）集约化的生产组织方式是保障。以色列农业生产组织形式有两种：一种是Kibbutz（集体农庄），另一种是Moshav（私有农场）。这两种方式的优点是可以让

① 李荣生：《论资源节约型结构》，载《资源科学》1999年第2期，第18～23页。

土地形成规模，便于集约化经营管理。在这种组织方式下，以色列农业形成了3个鲜明的特点：①农业科技适度规模化，生产水平高度专业化；②资源达到精细化利用，农业与环境和谐发展；③发挥市场的调控作用，信息技术充分介入管理。

（3）领先全球的生产技术是关键。以色列农业关键在于农业技术的不断创新。①滴灌技术。以Netafim公司为代表的滴灌设备制造企业已经研制出世界上最先进的微压滴灌和山地补偿式滴灌等技术，实现了农业水肥高效利用的技术飞跃，滴灌技术对于世界上的沙漠和盐碱地治理意义非凡。②光热网膜技术。光热网膜主要有铝箔网膜和彩色网膜，铝箔网膜在夏季可以反射太阳光而起到遮阴降温作用，冬季在地表可以反射和漫射太阳光而增加温室温度和光合作用；彩色网膜的不同颜色可以吸收部分太阳可见光而满足不同作物对不同光谱的需求。这一技术的研发成功让夏季炎热干旱的地中海气候不再成为以色列农业的障碍，使农业生产在夏季也能正常进行。③高产种养技术。包括动植物育种技术、高产栽培和养殖技术、基质利用技术等。④精准农业技术。主要是各种光合传感器，利用它们可以对作物生长实现全程监控，随时获得植物生长的相关数据，从宏观生长情况到微观的物质交换都可以达到精准掌握，能为农场的田间微观控制系统和全国作物生长信息系统数据库提供最准确的数据[①]。

5.2.2 农业废弃物（农作物秸秆作）循环再利用模式与技术

据估计，中国每年产生的农作物秸秆7亿t，其中有40%～45%的农作物秸秆被焚烧，不仅浪费了能源，使土壤的有机质含量下降，导致土壤板结和蓄水能力下降，同时还造成大气环境的污染。农作物秸秆作是一种重要而可观的生物资源，具有极高的经济价值，通过综合开发循环利用不仅可以变废为宝，而且可以节约资源和保护环境。

5.2.2.1 农作物秸秆综合开发利用模式与技术

农作物秸秆综合开发利用，要因地制宜推广饲料化、肥料化、基料化、原料化、燃料化等利用方式，重点推进秸秆过腹还田、腐熟还田和机械化还田，鼓励利用富

① 《以色列资源节约型农业模式的启示》，中国农村研究网，2010-09-08。

含营养成分的花生、豆类等秸秆加工制作饲料，推广应用秸秆栽培食用菌，发展新型秸秆代木、功能型秸秆木塑复合型材，推广秸秆制沼集中供气、固化成型燃料等。

综合开发利用模式是：农作物秸秆—气化—燃气、农作物秸秆—饲料—养殖、农作物秸秆—菌肥—种植、农作物秸秆—纸浆—纸产品、农作物秸秆—板材—建筑材料、农作物秸秆—食用菌等产业链的循环利用。

农作物秸秆做饲料，主要利用番薯藤蔓、玉米秸、豆类秸秆、甜菜叶等加工制成氨化、青贮饲料，稻草作为草食性动物的食料等。

农作物秸秆做肥料，农作物秸秆含有大量的氮、磷、钾元素，并且还有大量微量元素及有机质。实验表明，连续三年秸秆还田，可增加土壤有机质 0.2～0.4 个百分点。因此，秸秆还田不仅是净化环境的有效措施，而且对增加土壤有机质，提高耕地质量，弥补磷钾肥投入不足，促进农牧业良性发展具有十分重要的意义。

这一模式的主要技术是农作物秸秆氨化、青贮饲料技术，农作物秸秆还田技术，农作物秸秆气化技术，农作物秸秆制作板材、建筑材料技术等。

案例同农作物秸秆—食用菌等产业链的循环利用案例。

5.2.2.2 农作物秸秆—食用菌等产业链的循环利用模式与技术

食用菌能够很好地转化农业废弃物，减少秸秆的剩余量，降低焚烧秸秆对环境的污染，同时生产出高营养价值食品。通过食用菌标准化栽培和菌渣综合利用等技术的集成，可以高效循环利用农作物秸秆，是一种值得推广的模式。

（1）秸秆—食用菌—菌渣—有机肥—种植业模式。这种模式就是利用农作物秸秆做原料生产食用菌，生产出的食用菌为人们生活所用，剩余的废弃物（菌渣）作有机肥，发展种植业，形成一个物质循环利用产业链。食用菌是一种营养丰富的食物，是人们餐桌离不了的美食。菌渣中有机质含量高，各种速效性养分齐全，菌渣有机肥作为一种化学肥料代替品是极具潜力的生物肥料。

（2）秸秆—食用菌—菌渣—生物饲料—畜禽业—畜禽粪便—种植业模式。这种模式就是利用农作物秸秆作原料生产食用菌，生产出的食用菌为人们生活所用，剩余的废弃物（菌渣）做生物饲料，发展畜禽业，畜禽粪便作肥料，种植农作物，形成一个物质循环利用产业链。

食用菌的菌渣通常很少或根本不作为畜禽饲料，但经过多种微生物的发酵作用和食用菌的分解作用，纤维素、半纤维素和木质素等均被不同程度的降解，同时还产生了大量的菌体蛋白、多种糖类、有机酸类、多种活性物质，这样不仅增加了基质中有效营养成分的含量，而且提高了营养物质的消化利用率，即可作为生物饲料。

（3）秸秆—食用菌—菌渣—养殖垫料—无害化处理/沼气—还田模式。这种模式就是利用农作物秸秆做原料生产食用菌，生产出的食用菌为人们生活所用，剩余的废弃物（菌渣）作养殖垫料，经过无害化处理发展沼气，沼渣还田，种植农作物，形成一个物质循环利用产业链。

通过试验验证部分种类的菌渣可用于制作发酵床。发酵床养殖技术是一种新型的环保养殖技术，畜禽在铺有锯末、稻壳和微生物的发酵床垫料上生长，畜禽粪污被垫料中的微生物分解，畜禽舍无臭味，对环境无污染。清床后的垫料中有可能存在病原菌、虫卵及其他有害物质，可以通过发酵进行无害化处理还田，也可以利用沼气池产气，增加循环链条，并防止有害物质的直接排放。

（4）秸秆—食用菌—菌渣—二次种菇—有机肥—种植业模式。这种模式是利用农作物废弃物（秸秆）生产食用菌，食用菌为人们生活所用，剩余的废弃物（菌渣）再利用生产食用菌，菌渣作肥料，种植农作物，形成一个物质循环利用产业链。

不同种类的食用菌对培养料的利用程度不同，有些培养料栽培完食用菌后仍具有丰富的营养成分，特别是工厂化栽培的食用菌，由于只收1潮菇，其中的营养物质并没有消耗殆尽，还有充分的利用价值，晒干粉碎后添加到新料中可用来栽培其他食用菌。据报道利用菌渣栽培的食用菌品种有鸡腿菇、草菇、平菇、香菇、秀珍菇、茶薪菇、金福菇、榆黄菇等，效果很好。利用菌渣再次栽培食用菌可部分替代棉籽壳、阔叶木屑、玉米芯等，拓宽了食用菌培养料来源，降低生产成本，二次种菇后的菌渣可直接沤制肥料或加工成有机肥。

（5）秸秆—食用菌—菌渣—沼气（燃料）+沼液和沼渣（肥料）—还田模式。这种模式就是利用农作物秸秆做原料生产食用菌，生产出的食用菌为人们生活所用，剩余的废弃物（菌渣）经处理发展沼气，沼液、沼渣作肥料还田，种植农作物，形成一个物质循环利用产业链。

菌渣中含有丰富的有机物质，原料经食用菌分解后形成较多的小分子水解物，这些物质容易被沼气微生物利用，此外菌渣中还含有铁、钙、锌、镁等生长因子，能促进微生物生长，因此菌渣可以作为沼气生产的一种良好原料。剩余的沼液和沼渣又可作为有机肥还田。

（6）秸秆—食用菌—菌渣—栽培基质—种植业模式。这种模式就是利用农作物秸秆做原料生产食用菌，生产出的食用菌为人们生活所用，剩余的废弃物（菌渣）

经处理制作栽培基质，种植花卉，形成一个物质循环利用产业链。

菌渣中的速效磷、速效钾含量高，不但能够确保水分和空气的供应，还能不断释放养分，促进根系生长，是替代草炭土做育苗基质的很好原料。据报道，种植花卉时，把菌渣与肥土混合后堆肥发酵，也可起到改善土壤结构、提高通气性及保水持水能力的作用，使花草枝繁叶茂，降低成本。

（7）秸秆—食用菌—菌渣—生态修复材料—农业生产模式。这种模式就是利用农作物秸秆做原料生产食用菌，生产出的食用菌为人们生活所用，剩余的废弃物（菌渣）经处理制作生态修复材料，发展农业生产，形成一个物质循环利用产业链。

菌渣的一个重要利用方面是对生态环境的修复作用，菌渣中含有大量的菌丝体，具有较高的漆酶活性。可用于护坡基质材料；菌渣对土壤的修复作用也非常明显，能够明显改善微生物多样性和酶活性，在培肥土壤和土壤结构中发挥特有作用，在增加土壤中各种微生物数量的同时，增加了土壤的有机质含量和肥力；菌渣堆肥可用来降解被石油污染的土壤，降低有毒物质；菌渣也可用作印染废水处理填料、人工湿地的填料①。

上述模式的主要技术是：食用菌种植技术、微生物的发酵技术、沼气技术、种植技术等。

案例 5-21　嘉兴市平湖曹桥街道农作物秸秆综合开发循环利用

嘉兴市平湖曹桥街道循环利用农作物秸秆开发出一条“农业生产+秸秆利用+食用菌+食用菌培养基料+还田+生产农业”的资源循环利用链，不仅使农业生产走上了一条绿色循环路，还成了农户增收的有效方式。据统计，目前曹桥街道秸秆废料综合利用率达到85%以上，使农民增收30多万元。同时把原来废弃的农作物秸秆通过一定的技术加工成新型建筑材料，变废为宝，也产生了很大的经济效益[37]。

5.2.3　禽畜养殖废弃物资源化循环利用模式与技术

畜禽粪便是一种有价值的资源，它包含农作物所必需的氮、磷、钾等多种营养

① 宫志远、韩建东：《秸秆菌业生态循环利用模式研究与建立》，中国菌安网，2012-11-20。

成分，还含有大量的挥发性有机物。据统计，中国每年产生的畜禽粪便26亿t，如果将这些废弃物综合开发利用，将产生较大的经济、社会、生态效益。畜禽粪便资源化利用，要利用畜禽粪便发展农村户用和集中供气沼气工程，利用畜禽粪便、秸秆、有机生活垃圾等多种原料发展超大型沼气工程。推广堆肥处理、工厂化生产有机肥、好氧发酵农田直接施用技术，促进养殖粪污资源化利用和无害化处理。畜禽加工副产物和废弃物利用，要利用畜禽血液、脏器、骨组织、皮毛绒、蛋壳等生产医药、保健品、生活用品等，提高畜禽加工附加值。积极开展屠宰废水循环利用。构建畜禽粪便—沼气—发电，畜禽粪便—沼气—沼渣、沼液—无害化处理—肥料、农药—农林作物，畜禽加工—副产物—生化制品等产业链。通过上述从而实现禽畜养殖废弃物资源化循环利用①。

禽畜养殖废弃物资源化循环利用重点是畜禽粪便资源化循环利用，要从根本上解决禽畜粪便污染和增加经济效益为目标，利用厌氧发酵技术和生态工程的方法，使禽畜粪便转化为养殖业或种植业的原料或能源，实现养殖粪便的潜在经济价值，同时达到养殖废弃物的零排放。可利用厌氧发酵技术使污水中的不溶有机物变为溶解性有机物，实现无公害生产，从而达到净化环境的目的。同时，禽畜粪便的厌氧发酵产物（沼液和沼渣）为种植业提供宝贵的肥料资源，间接降低种植业生产成本，也有助于推动绿色低碳循环农业的发展。而产生的沼气能有效解决农业的能源问题，减轻日益严重的石油和煤炭资源的压力。畜禽粪便用作肥料，把禽畜粪便经发酵后就地还田作肥料使用，也是减轻环境污染，充分利用农业资源最有效的途径。用粪便养殖蝇蛆和蚯蚓，蝇蛆和蚯蚓都含有丰富的营养成分，是畜禽和高档水产养殖的优质高蛋白饲料，蛆粉和蚓粉可代替鱼粉。饲用效果表明，利用鲜蛆、鲜蚓和蛆粉、蚓粉喂养鸡鸭，不但能促进生长，增强抗病力和增重，减少饲料消耗，而且能提高产蛋率；用添加蛆和蚓的饲料喂养鱼、蛙和甲鱼等，能缩短摄食时间，减少饲料的浪费，减轻水质污染，促进生长并改善和提高水产品的品质。这种方法其实是将畜禽粪间接用作饲料，与直接利用相比，饲用的安全性和营养价值更高。

随着大规模禽畜养殖的发展，禽畜粪便也日趋增多，可以兴建禽畜有机肥生产厂。采用的方法有厌氧发酵法、快速烘干法、微波法、膨化法、充氧动态发酵法，生产出来容易保存、运输、出售的有机肥，由此可以创造经济效益，也能避免粪便

---

① 国务院：《十二五末资源循环利用产业产值达1.8万亿（三）》，中央人民政府网站，2013-02-05。

对环境的污染。畜禽粪便制作沼气，禽畜粪便经过沼气池消化分解，发酵以后的沼渣、沼液作为有机肥料，通过沼液输水管网用于水果、蔬菜等农产品的生产。同时，沼气或作为燃料提供给养殖场生产使用，或用于农户的做饭燃料和照明。

主要技术是畜禽粪便—沼气—发电，畜禽粪便—沼气—沼渣、沼液—无害化处理—肥料、农药—农林作物，畜禽加工—副产物—生化制品等产业链的相关技术与管理。

案例 5-22　嘉兴市禽畜养殖废弃物资源化循环利用

嘉兴市禽畜养殖废弃物资源化循环利用取得了较好效果，目前全市农户拥有较大养殖规模的都兴建了沼气设施，越来越多的农户开始修建 25 m^3 左右的沼气池，换来的是干净的庭院、免费的燃气和庄稼地里的有机肥。2007 年，嘉兴市投入运行的养殖场沼气工程总数达到 6 790 处，年生产沼气 800 万 m^3，可满足 6 万多人的日常生活用能，农村环境也得到了很大改善[37]。

5.2.4　农村居民生活废弃物循环利用与技术

农村居民生活废弃物，包括人类粪便及生活垃圾和生活污水等。据统计，中国每年产生乡镇生活垃圾和人粪便 2.5 亿 t，如何将这些废弃物变废为宝，是一件关系 9 亿农民和农村生态环境改变的千秋大业，意义十分远大。

对人类粪便及生活垃圾的利用，最为有效的措施是实行生活垃圾分类收集，是实现垃圾减量化、资源化、无害化的前提，垃圾分类越细，越有利于垃圾回收利用和处理。这样既可以有效地实现废物的重新利用和最大程度的废品回收，又能为将来一些先进垃圾处理方式的应用奠定了基础。

农村居民生活废弃物的循环模式是：以实现农村生活垃圾减量化和资源化为目标，利用以有机生活垃圾为主的废物资源化技术，将农业生产系统和农村居民的日常消费紧密联系起来，彻底解决农村生活垃圾问题。在生活垃圾中的有机废弃物通过资源化处理，可以生产大量的有机肥料，为农业生产使用，从而减少农药和化肥的施用量，以及农业面源的污染，有利于绿色低碳循环农业的发展。对生活垃圾处理还可以实行焚烧发电的方法。

主要技术是垃圾减量化、资源化、无害化处理技术、有效利用技术，生活废弃物管理。

案例 5-23　嘉兴市农村居民生活废弃物循环利用

目前，嘉兴市已经初步建立了一个以户集、村收、镇运、县处理的四级垃圾集中收集处理运作体系。具体是镇级负责全镇范围内各村垃圾堆放点的垃圾收集、清运及环卫设施建设、运营和维护；县级负责各乡镇垃圾中转站的垃圾收集、运输以及焚烧发电；市级负责全市农村的垃圾收集处理的管理、协调、指导等工作。四级垃圾集中收集处理运作系统既解决了农村垃圾污染问题，同时焚烧站生产的电又可供农村居民日常使用，可谓一举两得。

嘉兴市农村生活污水的循环利用处理方式是：农村生活污水收集回笼后先经过格栅取出较大悬浮物质，然后送入集水池中，以调节水量和水质的变化；再进入厌氧生物滤池和砂滤池，在此环节大部分有机物被降解；处理后的水被送入土地处理系统，经土地的毛细作用和土壤浸通左右使污水得到进一步净化。这时水已满足生活杂用水的标准，可用于生活区的绿地浇灌。厌氧生物滤池产生的少量污泥运用堆肥的方法经过两次发酵后加工成为肥料，可用于农业生产。全市已完成集中式生活污水处理工程 23 个。2008 年全面启动了“万户农户生活污水治理工程”，通过生态治理方式，全年计划完成 1 万户农户的生活污水治理工作，改变农村生活污水无序排放的现状，进一步改善农村生态环境[37]。

5.2.5　“种—养—加—销”一体化的生态循环农业模式与技术

“种—养—加—销”一体化的生态农业循环模式，是在农田种植农作物，农作物为发展养殖业提供饲料；农作物秸秆、养殖业粪污作沼气，经无害化处理后返回到农田；利用沼气作能源，利用种养业提供的产品为原料，发展加工业，生产净菜、豆腐、特色肉食品等产品，副料豆腐渣等作饲料，又返回养殖业；经过深加工的食品提供给配送中心，进入销售渠道；其收入返回到种养业，为扩大再生产提供资金支持。这种模式实现了农业生态系统内的资源循环利用，提高了资源转化率，节约了资源、保护了生态环境，构建了高产、优质、高效、生态、安全良性循环的农业生产体系。

主要技术是种植、养殖、加工技术，物质循环利用技术，营销管理技术，“种—养—加—销”一体化的生态农业循环模式的设计技术。

案例 5-24　天津市青水源种养植有限公司“种—养—加—销”一体化的生态农业循环模式

天津市青水源种养植有限公司，以农业综合开发无公害蔬菜基地为起点，采用“种一养一加一销”一体化的生态循环农业模式，创建有机蔬菜基地、无公害粮食基地，基地提供饲料发展养殖业；农作物秸秆、养殖业粪污作沼气，经无害化处理后返回到种植园；利用沼气作能源，利用种养业提供的产品为原料，发展加工业，生产净菜、豆腐、特色肉食品等，副料豆腐渣等作饲料，又返回养殖业；经过深加工的食品提供给配送中心，进入销售渠道；其收入返回到种养园，为扩大再生产提供资金支持。

公司通过建立“种一养一加一销”一体化经营与废物资源化利用模式，促进农业生态系统内的资源循环利用；通过建立畜牧集约化、规模化、标准化经营，实现传统畜牧业向“资源一畜产品一再资源化”的现代畜牧生产过程转变，通过建立水生生物种群的动态平衡和食物链结构合理的发展模式，实现农业生产的区域循环；通过加大农业生产与加工过程中的废物综合利用力度，提高资源转化率，形成节约资源、保护环境的生产方式和消费方式，构建高产、优质、高效、生态、安全良性循环的农业经济体系。主导产品通过批发营销、配送营销、联合营销、网络营销、认种认养营销，经营机制活，形成独具特色的营销模式，提高了市场占有份额，从而形成了种、养、加、销一体化的生态农业循环模式[①]。

① 《青水源“种—养—加—销”一体化的生态农业循环模式》，农民日报，2008-05-28。

5.2.6 农业产业化绿色低碳循环农业模式与技术

该模式按照自然生态系统中物质循环共生的原理设计农业产业化生产体系，以绿色低碳循环（生态）农业“龙头”企业为依托，立足于当地农业资源的综合开发来确定农业产业化的主导产业和主导产品，把农副产品生产、加工、销售有机结合起来，推进绿色低碳循环（生态）农业向商品化、专业化、现代化转变。在农业产业化的生产过程中尽量延长生物链和加工链，形成“自然资源→产品→资源再生利用”的物质循环过程，使投入的自然资源量最少，废物的排放量最小，对生态环境的危害的程度最低，实现经济效益最大。

主要技术是农业产业链的设计，农产品加工技术、资源循环利用技术、清洁生产技术等。

案例 5-25 稻花香的农业产业化循环经济模式

湖北省稻花香集团位于三峡的东端，三峡水利枢纽工程所在地。稻花香集团坚持以白酒产业为龙头，以发展农业产业化绿色低碳循环经济为方向，向饮料产业延伸，向饲料产业拓展，向养殖和有机产业扩张，向生物化工产业推进，初步形成了富有特色的农业绿色低碳循环经济模式，具体详见：稻花香农业循环经济一体配套发展产业体系图（图 5-1）。

该模式采用五级循环发展生产体系，即绿色种植—食品加工—全混饲料—规模养殖—有机肥料，即以绿色种植业（玉米、大米、魔芋、红薯等）为农业产业化发展的基础，经过精深加工成白酒、玉米浆、特巧食品、食用酒精、乙醇，提高附加值；再将下脚料如酒糟、玉米棒、秸秆、薯渣等加工成全混饲料，规模养殖奶（菜）牛、生猪和农户养鸡、鸭、鱼；随即将牲畜粪便集中收购，生产有机肥料，再给农户用于发展绿色种植业——如此循环往复，从而构成一个以发展“绿色有机食品”为核心理念的农业产业化循环经济产业链，具体详见：稻花香农业产业链的“资源—产品—再生资源”的反馈式流程图（图 5-2）。

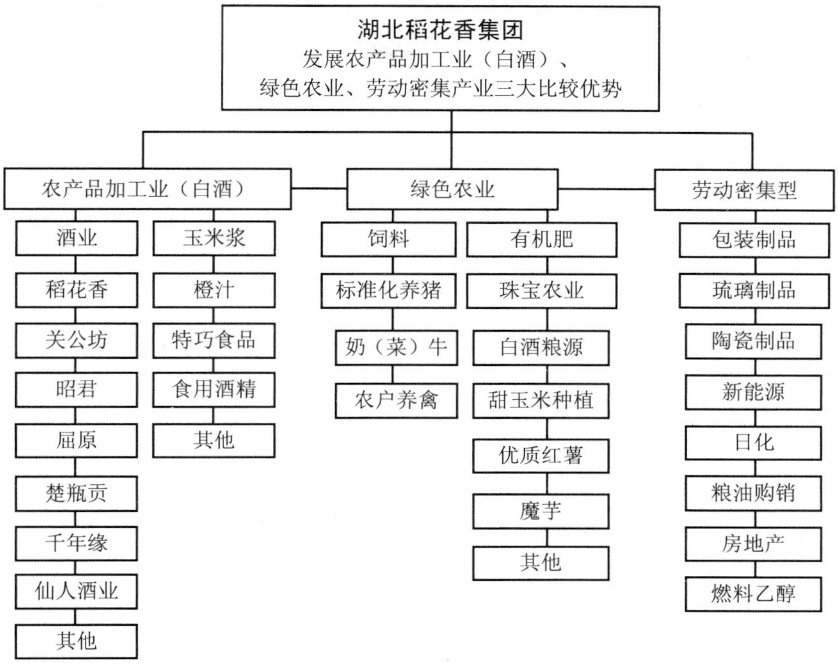

图 5-1　稻花香农业循环经济一体配套发展产业体系

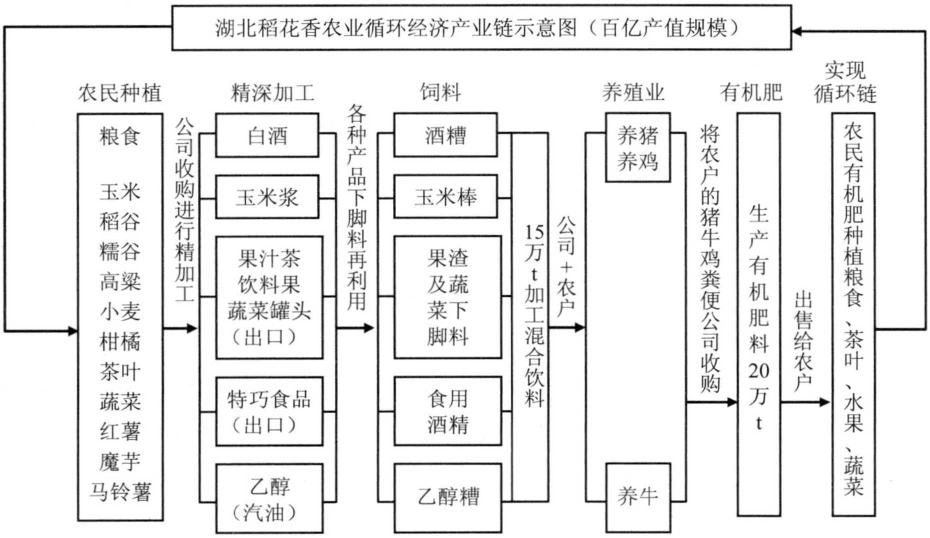

图 5-2　稻花香农业产业链的“资源—产品—再生资源”的反馈式流程图

在种植业基地建设中采取“公司+基地+农户”模式，甜玉米种植基地同宜昌夷陵区所辖的龙泉、小溪塔等7个乡镇签订了6.4万亩种植合同。粮食种植基地在宜昌夷陵区建立种植基地38个，种植面积4万余亩，同200户农户签订了种植合同。

在项目发展上，突出3个重点：以资源综合利用及其再生资源回收的最大化为重点，尤其是生态农业产业的发展；以节水、节能型产业为重点，促进企业降低能耗，提高废弃物的优化处理效率；以环保型产业为重点，着力促进污染防治从末端治理向污染预防的转变。

稻花香集团正是坚持了可持续发展的理念，正在向绿色品牌、绿色产业、绿色市场的绿色发展战略奋进①②。

5.3 农家庭院绿色低碳循环农业模式与技术

农家庭院是指农村中农家的院落。庭院绿色低碳循环生态农业模式是农民利用自家的庭院区域从事集约化生产的一种经营形式，主要是发挥庭院资源优势，依据生态学、循环经济学的原理，运用系统工程方法，建立种植、养殖、沼气、综合利用的生态循环农业模式。有的种养并举，综合利用；有的利用有限空间发展立体种养业。由于庭院面积的大小、地域环境及资源条件的不同，庭院绿色低碳循环农业主要有以下模式。

5.3.1 农家庭院“厕所、猪栏、沼气池”三位一体生态循环农业模式与技术

该模式是建立“厕所、猪栏、沼气池”三位一体生态循环农业模式，形成以沼气促养殖，以养殖促种植，以种植促养殖的良性循环，实现庭院经济效益、生态效益和社会效益的统一。

该模式以沼气池为纽带，充分利用生物链和生物的共生、互生作用，通过能量多层转化和物质循环利用将种植业、养殖业、能源及生态环境保护有机结合起来，形成一个系统。使人、畜粪尿及其他有机物直接进入沼气池，沼渣、沼液为种植业

① 王平：《稻花香农业循环经济模式与思考，宜昌市夷陵区科学发展在夷陵案例选编，2009-03-26。

② 李介：《稻花香的农业产业化循环经济之路》，http：//www.aweb.com.cn，2006-10-30。

提供肥料，沼气为农户提供能源，种植业为养殖业提供饲料的生物链条，实现系统整体协调、物质循环再生的生态循环农业模式。

在设计与技术方面，选择猪栏、厕所等排污较为便利的屋后适当位置，按沼气建池技术标准，建一个上流式浮罩沼气池。用暗管与沼气池进料口相连接，将人、畜排泄物及其他污染有机物排入沼气池发酵，使“厕所、猪栏、沼气池”形成三位一体。沼气池出料口设有一个出料池，便于种植业随时提取沼渣、沼液。产出的沼气入室做饭、照明。

该模式的主要技术是猪鱼饲养技术、菜果种植技术、沼气技术、模式的系统设计等。

案例 5-26　河北省临漳县农家庭院“厕所、畜禽舍、沼气池”生态循环农业

河北省临漳县积极发展农家庭院“厕所、畜禽舍、沼气池”生态循环农业，他们将厕所、畜禽舍、沼气池互相连接，形成“养殖—沼气—种植”的链条，构建了“猪—沼—菜”“猪—沼—果”模式。建有沼气池的农户，一般配套养几头猪，猪粪入池发酵沼气，沼气用于照明和做饭，而经微生物作用后生成的沼液和沼渣，则是一种优质有机肥。用沼渣作基肥，用沼液浇灌，种菜菜香，种果果甜。“养殖—沼气—种植”三位一体的生态庭院，把乡村打扮得分外美丽，也让农民过上了健康文明的新生活。实践证明，这样的生态庭院很适合农村，不仅改善了居住环境和生活条件，而且重现了猪肥鸡叫果菜旺的景象[①]。

5.3.2　农家庭院“大棚、猪（鸡）舍、沼气池”种养生态循环农业模式与技术

这种模式是合理高效地利用有限的农家庭院，在农家庭院内建一个塑料大棚，大棚内一端种植蔬菜，另一端建猪舍或在棚内搭建鸡舍，用全价配合饲料养鸡，将鸡粪和落地鸡料再加入部分精料和青菜牧草喂猪，猪粪投入地下沼气池，再加入部分杂草及秸秆，产生沼气，利用沼气点灯照明，做燃料煮饭取暖，还可利用沼气渣

① 《生态庭院：怎样走进寻常农家》，河北日报，2008-06-04。

养蚯蚓，蚯蚓还可用来喂鸡，充当鸡的蛋白质饲料，剩下废渣作蔬菜的肥料。这种模式利用蔬菜及动物之间营养需求的互补关系，形成一条良性循环的生物食物链，保持生态平衡，生产出安全的绿色蔬菜和肉蛋。

在设计与技术方面，庭院建设主要分为地下、地面和空间 3 部分，即空间的塑料大棚、地面的猪舍及地面下的沼气池。就是把发展养猪、沼气和建塑料蔬菜大棚有机地结合在一起，形成相互之间良性循环。塑料大棚不仅能提高蔬菜生长环境的温度，解决了冬季蔬菜不能生长的问题，还能提高猪舍及沼气池的湿度。猪的粪尿进入沼气池产生沼气，沼气可用于照明和做饭，沼气渣又可作为优质肥料，还可提高地表温度，有利于猪床保暖，猪呼出的二氧化碳能满足大棚内蔬菜的需要，而蔬菜呼出的氧气又可供猪利用，这样可保持猪舍内空气的新鲜，在冬季蔬菜大棚内饲养的猪生长快，疾病少[38]。

该模式的主要技术是猪鸡饲养技术、蔬菜种植技术、沼气技术、模式的系统设计等。

案例 5-27　湖南省衡山县农家庭院种养生态循环农业模式

湖南省衡山县开展了以房前屋后空坪隙地为基础，以“一园果、一栏猪、一口塘、一群鸡鸭、一个沼气池”为主要内容的庭院经济建设，形成了“猪一沼一菜”“猪一沼一果花”“猪一沼一稻”“猪一沼一鱼一菜果”等庭院高效绿色低碳循环农业模式，取得了较好的经济、生态和社会效益，得到各级领导的充分肯定和广大农民的欢迎，已成为本县发展绿色低碳循环农业的主要模式[39]。

5.3.3　农家庭院“畜—沼—鱼、鸭、果、菜”绿色生态循环农业模式与技术

这种模式是在有水源条件的地区，农户修筑猪舍养猪，在猪舍旁建沼气池，利用猪屎猪尿生产沼气，供农户作燃气，用来做饭和照明。同时，开发鱼塘，在水下养鱼，水上养鸭。用沼液、沼渣、鸭粪作鱼饲料，或用沼液、沼渣种果种菜。这样既解决了猪粪的污染环境问题，又可以生产沼气，作为群众生活所需的能源，还可以利用沼渣、沼液作为发展无公害种植、养殖业提供绿色的肥料、饲料，形成一个

物质循环利用的绿色生态农业发展模式。

该模式的主要技术是猪鸡鸭鱼饲养技术、蔬菜果树种植技术、沼气技术、模式的系统设计等。

案例 5-28　遂溪县马六良村农家庭院绿色生态循环农业模式

广东省遂溪县马六良村共有 76 户、423 人，耕地面积 780 亩，鱼塘水面 136 亩。马六良村的庭院“畜—沼—鱼、鸭、果、菜”绿色生态循环农业发展模式的主要做法是：订单养猪，在猪舍旁建沼气池，利用猪屎猪尿生产沼气，输送给每家每户，群众用来煮饭、做菜、洗澡、照明等；开发鱼塘，水下养鱼，水上养鸭，沼液、沼渣、鸭粪作鱼饲料；开发订单木瓜基地、大棚蔬菜基地，利用沼液、沼渣种果种菜。利用这一模式马六良村的村容村貌变发生了很大变化，生态环境优美秀丽，吸引了大批游客到来参观游览。马六良村因势利导，在村边建起小公园，充分利用独有的资源优势，开发城郊农家乐生态休闲旅游业，旅游正成为该村新的稳定的经济增长点。近几年来，马六良村被评为广东省社会主义新农村建设示范村、广东旅游特色村、湛江市最美丽村庄，是遂溪县社会主义新农村建设四大模式之一的示范村、绿色循环生态家园[40]。

5.3.4　农家庭院果菜（花卉、药材、苗木）立体种植模式与技术

农家面积较大的庭院，充分利用土地和光能，栽植果树，如石榴、杏、枣、木瓜、柿、梨、葡萄、猕猴桃等。在果树行间套种高效经济作物。如行间棚下种植草莓，矮秆蔬菜，果树苗、绿化苗、花卉苗，枸杞、党参、川芎等中药材、食用菌等。庭院果树要求早结果，果实品质高（好看、好吃、好卖），经济寿命长。不仅能美化居住环境，还能生产优质果品、蔬菜、药材、苗木等，增加农户经济收入①。具体农家庭院果树立体种植，根据果树的成长期分幼年果树时期的 4 种模式，即①果间果模式：果树行间、株间种草莓。②果间菜模式：果树行间、株间种矮秆蔬菜。

① 卜范烈：《农村庭院果树栽培技术》，中国农业推广网，2013-10-24。

③果间苗模式：果树行间、株间种果树苗、小绿化苗及花卉苗。④果间药模式：果树行间种经济价值高的药材，如枸杞。成年果树时期的 2 种模式[①]，即①果间药模式：行间种耐阴的药材，如党参、川芎。②果间菌模式：果树行间种食用菌。

农家庭院果菜（花卉、药材、苗木）立体种植模式技术主要有：栽植技术，栽后管理，整形修剪技术，病虫害防治技术。

案例 5-29　昌黎县农家庭院果菜立体种植模式

河北省昌黎县农家院里绿树环绕，果菜飘香，一个个小小庭院，变成了微缩的“果园”和“菜园”。在农家小院栽果、种菜、养鸡（羊），形成了独具特色的立体庭院经济。据不完全统计，该县 70%的农户凭借庭院搞种植、养殖及加工业，年创经济效益 2 亿元。在两山乡正明山村的房前屋后种植了苹果树、梨树、桃树等果树；在墙边、苹果树之间采光好的地方，见缝插针地种上了蒜苗、生菜、油菜等时令蔬菜；在院子东南角建造一个小羊圈养羊。形成了果、菜、羊的庭院种养模式。如在宋春丽的院里种有富士苹果，每年摘 1 000 多 kg，能卖 2 000 多元；一只肉羊能卖 200 ~ 500 元，养羊一年收入 1 000 多元，羊粪还是果树和蔬菜的好肥料，总共庭院一年能有三四千元收入。在孙荣艳院子种植龙眼、玫瑰香、白玛瑙、美人指等葡萄，每年能有五六千元的收入。在庭院的北墙边还种着萝卜、油菜。葡萄架下建有一个鸡窝，饲养土鸡。坐在农家小院的葡萄架下，吃着自产的葡萄、土鸡、无公害蔬菜，真是名副其实的‘农家乐’。在西山场村有着适合种植葡萄的优越环境，该村依托专业种植葡萄的优势，在房前屋后发展观光农业，香甜的葡萄给家家户户增了收，村民们自办了 37 个农家饭庄，每到旅游季节，每个饭庄能收入 1 万 ~ 2 万元。十里铺乡以种植葡萄闻名，全乡 10 多个村，每个庭院内都种着一架或几架葡萄，许多村发展起了生态观光农业。每年引来众多观光客[②]。

① 《庭院果树栽培的原理与方法》，富阳农网，2008-10-27。

② 《绿了庭院　富了农家》，河北日报，2008-06-12。

5.3.5 农家庭院立体种植养殖模式与技术

在农家庭院充分利用土地和光能资源，种植苹果、石榴、杏、枣、木瓜、柿、梨、葡萄、猕猴桃等。在果树行间棚下养殖蚯蚓或筑塘栽藕养鱼，修圈舍养畜（猪）禽（鸡）等。

这种模式的主要技术有果树栽植技术、栽后管理、整形修剪技术、病虫害防治技术，畜禽养殖技术、畜禽疫病防治技术等。

案例 5-30 树上结果子，树下养家禽

新疆建设兵团 127 团 2 连职工李海云庭院养殖种植走上致富之路。他在自家 200 多 m^2 的院内种植了果树、蔬菜、玉米，饲养了土鸡、鸭、鹅、兔子，种植的果子和蔬菜，饲养的家禽每年都树上结果子，树下养家禽。种植的果子和蔬菜，饲养的家禽每年都能卖出好价钱。家里的日子过得红红火火[①]。

5.4 绿色休闲农业与农业科技（生态）产业园区模式及技术

绿色休闲农业与农业科技（生态）园区模式是农业生产的系列开发与农业休闲观光有机结合为特色来提升农业自身的附加值与旅游价值的新型绿色低碳循环农业。它是利用农业生产活动（过程）、田园与园林景观、农业科技园区、农业生态园区、现代农业园区、设施农业、农耕文化、农家生活等资源与环境，为游客提供休闲、观光、度假、娱乐、健身、教育等多项旅游活动的一种集生态功能、生产功能、生活功能、科普教育功能和旅游娱乐功能于一体的多功能农业。这种农业生产和旅游产业的结合，实现了互利双赢，休闲观光农业带动了旅游产业发展、旅游产业又促进了休闲观光农业的发展。同时休闲观光农业促进了农业生产方式、经营方式以及人们消费方式的创新，是现代农业未来发展的一种新思路、新模式，市场潜

① 《小庭院立体养殖致富一方》，创富指南，2010-06-03。

力大，发展前景广阔。

绿色休闲观光农业技术主要有各种园区的景观与功能的规划设计，休闲观光农业项目（旅游产品）设计开发，植物（蔬菜、花卉、果树、观赏树等）的栽培（立体、无土等）技术，农业高新技术示范与展示，农耕文化传承，旅游商品设计开发等。

由于中国自然资源、人文资源、农业资源和经济状况等条件差异，休闲观光农业发展类型与模式呈现多样性。从休闲内容、观光对象和活动项目综合考虑，可分为以下几种类型。

5.4.1 绿色休闲观光农业模式与技术

绿色休闲观光农业是利用农业生产活动（过程）、田园景观、园林景观、农业设施等资源与环境，为游客提供休闲、观光、体验、采摘、品尝和购置瓜果、花卉等活动，从而提升农业价值和效益。

5.4.1.1 田园农业观光模式与技术

田园农业观光模式以大田农业生产为本，通过设施农业、立体种植、生态养殖、种养加销一体化建设，与休闲观光功能有机结合，引进适合休闲观光农业发展的品质优良特种蔬菜品种、水果、花卉和其他观赏植物，以及先进的农业种植模式和栽培技术，提高农产品科技含量、产量、质量和销售量，以及农业效益。依托上述，开发欣赏田园风光、观看农业生产活动、品尝和购置绿色食品、学习农业技术知识等旅游活动，让游客在休闲观光中了解农业、体验农业，回归自然生态的感受与娱乐。

主要技术是设施农业、立体种植、生态养殖等相关技术以及旅游管理方面技术。

案例 5-31　顺义“三高”农业科技区休闲旅游观光园

北京顺义“三高”科技农业试验示范区，是 1995 年经北京市政府批准建立的市级科技农业示范区，占地 7.5 万亩，分为科技管理服务中心、高科技农业试验示范、粮食“三高”示范、农林牧渔生态农业示范、农副产品加工和旅游农业度假 6 个功能区。示范区以国内外市场为导向、以加快农业科技成果转化为动力，走种、养、加、贸、游相结合，销、供、产一体化的农业发展之路。示范区作为农业观光基地，现有可供游人参观的旅游景点 7 个：

• 空间花园（2 000 m^2）：有各种草、木本花卉的展示。

• 蝴蝶兰观赏区（20 000 m^2）：以蝴蝶兰为主，有兰花的组织培养及兰花十几个品种的展示。

• 水培蔬菜生产车间（2 000 m^2），有多种水培蔬菜种植展示。

• 精品牡丹生产观光园（120 亩）：露天栽培有 100 多个牡丹品种。

• 胖龙园艺温室（250 亩）：栽培有仙客来、红掌、凤梨等新品种花卉及彩叶树木。

• 观光采摘园（300 亩）：种植有葡萄、树莓、油桃、苹果、杏、梨等 50 多个品种及各种蔬菜，可四季采摘。

• 神笛陶艺村：参观陶瓷艺人精湛的表演，还可以亲身感受拉坯、手捏、刀刻、浮贴、肌理、着色等制作工序。

园区还拥有餐饮、住宿设施，可接待游客用餐，可供游客住宿。

久居城市的居民，在节假日，一家人来到园区，亲手采摘几种瓜果、蔬菜品尝，并置身大自然之中吮吸大自然泥土的芳香，充分体会着人与自然的和谐统一[①]。

5.4.1.2　园林观光模式与技术

园林观光模式以果园和林园生产为重点，建造果园和林园自然生态观光景观，使自然景观、人文景观与农业园林景观得以和谐统一，生态环境良性循环。依托自然优美的园林风光，舒适怡人的清新空气，生态环境的绿色空间，让游客回归自然，尽享生态自然之美，以绿色、生态、自然的果园和林园为载体，为游客提供观光赏

① 焦薇莉、刘献武：《顺义“三高”农业科技区成为旅游观光园》，市场报，2000-10-02。

景。开发采摘、观景、赏花、踏青、购置果品等旅游活动，让游客观看绿色景观，体验美好园林自然风光。

主要技术是果园、林园栽培与管理技术，以及果园、林园规划与设计技术。

案例 5-32　山西农科院果树研究所果园观光模式

该所位于太谷县晋中盆地边缘黄土丘陵过渡带，有苹果园、葡萄园、红枣园、梨园、桃园、杏园等多种果园。他们利用果园优势，在梨园、桃园花开时节，开展观花、赏花、摄影等旅游活动；在各种果园果实成熟时节，开展采摘、观景、购置果品等旅游活动；在果树修剪时节，开展讲果树科技、学果树科技、普及果树科技等活动。吸引了大量游客，收到了好的效果。

5.4.1.3　花卉观光模式与技术

花卉观光模式是以各种花卉种植、栽培、观赏、销售为一体的花园为载体，开发看花、赏花、采花（购花）等旅游活动，让游客观看花的海洋，体验五光十色、艳丽多姿的花卉风景。

主要技术是花卉种植与管理技术、花园的规划与设计技术。

案例 5-33　洛阳牡丹花观光模式

洛阳是中国十三朝古都，有“千年帝都，牡丹花城”的美誉。“洛阳地脉花最宜，牡丹尤为天下奇。”洛阳牡丹始于晋，兴于隋，盛于唐，极盛于宋，至今已有 1 500 多年的历史。在这漫长的历史进程中，洛阳牡丹不仅以其雍容华贵，国色天香而美誉遐迩；也以其造化钟情，君临天下而总领群芳。洛阳牡丹花朵硕大，品种繁多，花色奇绝，有红、白、粉、黄、紫、蓝、绿、黑及复色 9 大色系、10 种花型、1 000 多个品种。目前，开发了王城公园、西苑公园等一批牡丹花园，供游客观赏。花开时节，洛阳城花海人潮，竞睹牡丹倩姿芳容。

> 洛阳牡丹在种植设计上，牡丹是园林的主体，形成牡丹景观，多则千株或数万株，或丛植，或群植。暮春时节，牡丹盛开，姹紫嫣红，花团锦簇，艳冠群芳，蔚为壮观。另外，牡丹用于鲜切花，用作插花观赏和礼仪之花。作药用，牡丹根中含有的牡丹酚原疳，为主要药用成分，具有镇痛散瘀和抑菌作用。作食用，牡丹花瓣、花粉经化学分析，具有对人体有益的多种物质，食之有病可医，无病可增加营养，强身健体。
>
> 从 1983 年起，每年 4 月 15 日至 25 日举办洛阳牡丹花会，目前已连续举办了 20 多届。将牡丹花会办成一个融赏花观灯，旅游观光，经贸合作与交流为一体的大型综合性经济文化活动。据统计，已经举办的牡丹花会共接待海内外游客 6 000 多万人次，约占全年游客的 1/3、旅游收入约占 1/4。旅游业占 GDP 的比重由不足 1%，上升到 13.2%。洛阳已成为海内外喜爱的牡丹花旅游城市①。

5.4.1.4 都市型现代农业休闲观光模式与技术

都市型现代农业休闲观光模式是依托现代农业设施和现代农业栽培工程技术，通过对农作物设施、园艺作物的创意型栽培，实现设施栽培的生产性和观赏性，如利用墙体、圆柱、多层栽培床等装置和工程技术，采用叶菜无土栽培技术，形成栽培平面，充分利用蔬菜的种类和颜色，形成观赏点；设施蔬菜立体栽培利用营养液槽等装置和工程技术，采用果菜无土栽培技术，利用果菜（辣椒、茄子和番茄）无限生长的生物学特性，运用设施环境可控的优势，充分延长辣椒、茄子和番茄等的生育期，形成高大的树形体态，形成观赏点；植物工厂的设施栽培集现代农业栽培工程技术、智能控制技术、传感技术和环境调控技术于一体，实现了育苗、蔬菜栽培、蔬菜产品，形成观赏点。

都市型现代农业休闲观光模式将作物栽培技术与植物的观赏性、景观艺术性有机结合，演绎出新奇瑰丽异彩纷呈的景观，使都市型设施园艺与观光休闲农业中元素相得益彰，提高和丰富了都市型设施园艺观光休闲农业的内涵和外延。从而使城市居民和游客在都市型现代农业园区，通过观赏、采摘、休闲散步，满足休闲观光的精神需求。这不仅为城市居民和游客提供了良好的休闲观光农业景观，而且为生产经营者提供了丰厚的农产品销售收入和旅游收入，综合效益可观。近年来，在北

① 《洛阳牡丹花会》，百度百科，2013-09-13。

京、上海、天津、广州、深圳等一些大城市的郊区，都市型现代农业已成为休闲观光的亮点和城市新的经济增长点①。

主要技术是植物工厂的设施、现代农业栽培工程技术、智能控制技术、传感技术和环境调控技术，以及都市型现代农业园区的规划与设计技术。

案例 5-34 上海孙桥现代农业园区模式

上海孙桥现代农业开发区，建立于 1994 年 9 月 6 日，规划开发面积 9.5 km^2，定位建设现代都市型农业，具体建立 6 个基地：农业高科技创新、孵化、示范基地；农产品精深加工基地；高科技支农工业产品研制开发基地；优质农产品内销和出口创汇基地；现代农业科技培训和科普教育基地；现代农业旅游观光休闲基地。充分发挥科技功能（包括技术创新、技术示范、科普教育）、产品功能（以无公害蔬菜产品为主体的生产和内外贸）和农业旅游观光功能。

目前，开发区已形成蔬菜满园、瓜果满枝、鱼蟹满池、莲藕满塘、四季花香、鹭鸟成群、天蓝水清、绿地成片的良好生态环境。开发区凭借浓郁的田园风光、一流的生产设施、先进的科学技术、优质的农副产品，形成了休闲观光农业的旅游胜地。可参观内容有：放映厅观看介绍园区录像、现代农业展示厅、“科普长廊”、荷兰自控温室、国产自控温室、奇异瓜果园、立柱式栽培园、育苗工厂、蝴蝶兰展示区（世界名贵观赏花卉）、巴西昆虫馆、历奇训练基地、军犬训练基地、DIY 园。已累计接待近百万国内外宾客前来学习考察和旅游参观，其中有来自美、日、法、俄、新加坡、奥地利等 20 多个国家的首脑和客商②。

5.4.2 生活型休闲农业模式与技术

生活型休闲观光农业模式是人们通过参与（加）农业生产活动、体验农事生活，“吃农家饭、住农家屋、做农家活、看农家景”等活动，让游客尽享农业、农村生

① 刘文科：《都市型设施园艺与观光休闲农业》，中国（宁国）休闲农业与魅力乡村发展论坛论文集，2011-11-08。

② 《上海孙桥现代农业开发区情况介绍》，上海孙桥现代农业联合发展有限公司，百度快照，2011-02-06。

态自然之美，农家风情之乐，绿色有机农产品之味。从而增加农业效益。

5.4.2.1 农事生活体验模式与技术

农事生活体验模式是为城市居民和学生提供一种全新的旅游环境和休闲方式，通过参加农业生产活动，与农民同吃、同住、同劳动，让游客接触实际的农业生产、农耕文化和特殊的乡土气息，提高城市居民的休闲生活品位，改变学生认知社会和学习农业科技的方式，有利于社会的和谐与协调发展。

主要技术是农田生产管理技术，游客吃、住、行管理。

案例 5-35　广西百色市田阳县那生屯农事生活体验模式

那生屯共有 140 多户，村民 600 多人。游客住房采用统一规划，分户投资建设和管理。可接待游客食宿 80 多人，可容纳游客就餐 400 多人。游客吃主要有“布洛陀有机米、布洛陀米酒、布洛陀土鸡、布洛陀名猪、香鸭”等壮族系列农家菜。游客到此可以参与种菜、种花、摘果、垂钓等农事娱乐活动。据统计，该屯 2009 年先后接待游客 8 万多人，农民旅游经营收入 100 多万元。目前，那生屯已形成集食宿、培训、农事和休闲观光于一体的综合性旅游村[①]。

5.4.2.2 农家乐休闲模式与技术

农家乐模式是农民利用自家庭院、自己生产的农产品及周围的田园风光、自然景观，为游客提供舒适、卫生、安全的农家居住环境和可口的农家特色饭菜，体验农家生活，以及观赏、娱乐、休闲、购物等旅游活动。“吃农家饭、住农家屋、做农家活、看农家景”，让游客尽享农村生态自然之美，农家风情之乐。

主要技术是农家乐旅游品种设计，吃住行的科学管理。

① 《广西发展休闲观光农业的模式探讨》，百度文库，2011-06-28。

案例 5-36　广西百色市乐业县的火卖村农家乐

火卖村共有30多户，200多人。村民主要耕种旱粮，保存了独具特色的自然生态和淳朴古雅的民风民俗。火卖村有飞虎洞、迷魂洞、大曹天坑和红玫瑰地下溶洞大厅等自然景观。有农家乐客房150多间，可接待游客150~200人。农家特色菜主要有土鸡、腊肉、米酒、蕨菜、时令瓜、果、蔬菜等。目前，火卖村农家乐已建成集观光、培训、住宿和农家美食为一体的新型休闲观光农业旅游村①。

5.4.3　贸易型休闲农业模式与技术

农业贸易模式是利用各类大中型农副产品集散市场、商务会展中心及农产品加工园等把休闲观光内容与农业经贸活动有机结合起来，为游客提供休闲观光、优质农副产品采购等服务活动的休闲观光农业模式。如各种农贸会，农产品交易会等。

主要技术是商务会展设计，农产品加工园、农副产品集散市场管理等。

案例 5-37　中国（寿光）国际蔬菜科技博览会农业贸易模式

中国（寿光）国际蔬菜科技博览会（简称“菜博会”），创办于2000年，已经举办14届。由中华人民共和国农业部、商务部、科学技术部等部委与山东省人民政府联合主办，每年4月20日—5月20日在山东寿光蔬菜高科技示范园定期举办。菜博会是经中华人民共和国商务部正式批准的年度例会，是国内唯一的国际性蔬菜专业展会。

菜博会设主展区和若干个分展区，包括种苗培育、种植模式展示、生态旅游、农产品营销等内容。展示名优蔬菜、瓜果、花卉品种，现代化栽培模式，新品种、新技术、新成果，特别是寿光自主研发的智能化机器人，对蔬菜生长环境的温度、湿度、光照及病害情况进行监控，代表了蔬菜产业的未来发展方向。

① 《广西发展休闲观光农业的模式探讨》，百度文库，2011-06-28。

蔬菜文化内涵深，采用蔬菜、果实、种子，利用多种艺术展示手法融合传统历史文化，精心制作了多个融入了文化内涵和现代农业科技的文化景点。举办一系列探讨蔬菜产业未来发展的高峰论坛、农圣文化研讨会、科技大讲堂等活动，整个菜博会成为高雅艺术和通俗文艺有机结合的大舞台。

农业观光人气旺，新建了总面积 2 万 m^2 蔬菜采摘园，集观光、采摘、品尝、购买于一体，让游客领略了菜乡风情，体验到了采摘收获的乐趣。以农业高科技示范园区游、农业龙头企业游、特色乡村游以及水利和林业游，形成了菜乡“一日游”“二日游”旅游线路。

招商引资成效大，展会期间，人流、物流、信息流高度汇聚，全市餐饮、住宿、交通、通信等行业十分繁荣，从中得到了巨大实惠。会展成为拉动寿光市现代服务业发展的强大引擎①。

5.4.4 农业科技园区休闲农业模式与技术

5.4.4.1 农业科技园区观光模式与技术

农业科技园区休闲观光模式是以农业科技示范园区为载体，以开展农业高科技生产、农业立体种植与无土栽培、生态农业、科普教育等于农业休闲观光集为一体，向游人展示现代高新农业科技和新奇特的植物、农作物、农产品和农业高科技观光的创意，以及现代农业与休闲观光农业结合的魅力。让游人通过观光农业科技园区的各种蔬菜、花卉种植、栽培的展示，设施农业和生态农业的景观，了解农业和农业科技知识。

主要技术是农业高科技生产、农业（花卉）立体种植、无土栽培、生态农业技术，园区的规划与设计技术，园区的管理技术。

① 《中国（寿光）国际蔬菜科技博览会》，博菜网，2013-09-23。

案例 5-38　金丰农业科技观光园

金丰农科园位于河北省廊坊市广阳区，是一个以高科技支撑、以农业设施工程为主体的，具有多项功能和综合效益的农业观光园。园内分别建成江南果园、花卉展区、农耕文化馆、高新技术馆等展馆。百果园有面包树、人心果、莲雾、杨桃、香蕉、葡萄、凤眼果、番石榴、荔枝、桂圆、黄皮、柠檬、橙子、白果仔、朱砂橘（柚子）、四季果、火龙果等树种。花卉展区主要有：蝴蝶兰、大花蕙兰、高山杜鹃、百合、石斛兰（红、白花）、火鹤、佛珠吊兰、茱萸、水仙等 40 多个品种的珍奇花卉。农耕文化馆有：原野人家、景秀山川、丰收广场、青少年科普基地（有玉米、花生、水稻、棉花、小麦等）。与其配套的日光温室种植了草莓、火龙果、樱桃、黄瓜、西红柿、豆角、彩椒 20 多个品种的特色优新果品及蔬菜供游客采摘，花卉供游客选购。园中的红薯树上长，可谓新奇，这株无土栽培的红薯树是 2007 年 6 月种植的，已结薯 400 多个，重约 400 kg。还有巨人南瓜，西瓜树等。该园形成了一个集吃、住、行、游、购、娱乐于一体的高级现代多功能农业园区。

据介绍，园区在起步区 243 亩土地建设的基础上，计划分三期改造扩建，至 2015 年规模达 30 000 亩，将园区分为科教贸易区、高新技术示范区、产业发展区、生态观光旅游区 4 个专业区 14 个功能园，把廊坊市农业高新技术园区打造成高标准的国家级农业高新技术园区①。

5.4.4.2　农业生态园休闲观光模式与技术

农业生态园休闲观光模式是围绕生态农业生产，利用田园景观、自然生态及环境资源，开发具有区域特色的农副产品及旅游产品，以供游客进行观光、游览、品尝、购物、参与农作、休闲、度假等多项活动。是一个集生态农业与科技示范、休闲观光农业、绿色有机农业生产、科普教育为一体，实现生态效益、经济效益和社会效益统一的多功能的新型产业园区。

主要技术是生态农业生产与管理技术，生态园区的规划与设计技术，园区的管理技术。

① 《金丰农业观光园：打造国家级农业高新技术园》，人民网，2012-12-14。

案例 5-39　河北秦皇岛北戴河集发生态农业观光园模式

北戴河集发生态农业观光园是一个依靠高科技农业，集观赏性、参与性、娱乐性、趣味性于一体的多功能产业园。按照观光园功能分为 4 个区建设：

（1）特种种植示范区，分为 4 个园建设：①四季菜园，采用基质和水培等先进的栽培技术，以及立柱式、墙壁式、牵引式等立体种植方法种植各种蔬菜，形成“蔬菜树”“水上菜”等奇特景观，让您在欣赏菜园风光的同时，又能体会到高科技带给我们生活的乐趣；②热带植物园，可以看到开花的槟榔树，硕果累累的椰子树，奇特的炮弹树和造型别致的人心果树，漫步在树丛间的小路上，猝不及防的“人工降雨”，在刹那间感受热带雨林带来的浪漫情怀；③四季果园，聚集了从热带到温带的各种果树 500 多株，近 50 个品种，其中热带果树有百香果、龙眼、荔枝、莲雾果、枇杷、香蕉、菠萝蜜、蒲桃、芭乐、杨桃等 20 多个优良品种，形成了北半球百果大聚会的奇观，还可亲手采摘时令水果，享受自由采摘的乐趣；④四季瓜园，采用先进的箱式、槽式等基质无土栽培方法，水上种植技术，种植有数十种世界著名瓜果，其中培育出的大南瓜最重达 300 多斤，堪称南瓜之王。

（2）名贵花卉种植示范区，由热带雨林植物、热带沙漠植物和南国花卉 3 个观赏区组成，共种植有 150 多个珍贵品种的观赏植物，可置身于花的世界、花的海洋，充分领略异域风光。

（3）特种畜禽养殖示范区，集发农家小动物园以农家动物驯养与观赏为主体，集科普教育、生态养殖、旅游观光于一体的综合性生态动物园。

（4）休闲餐饮娱乐区，有绿色客房、集发大宅院、戴河别墅村、桃园木屋等，可供游客住宿。有休闲、娱乐、健身、滑雪的集发生态滑雪场等①。

5.4.5　农耕文化休闲观光模式与技术

农耕文化休闲观光模式是利用农耕技艺、农耕用具、农耕节气、农耕展示、农产品加工活动等，开展农业文化休闲观光活动。就是把农村特有的生活文化、产业

① 《北戴河集发生态农业观光园》，百度百科，2013-04-01。

文化及许多民俗文化等，通过休闲观光农业的发展得以继承，并创造出具有特殊风格农村文化。中国的传统农耕文明文化源远流长，博大精深，与休闲娱乐思想文化息息相关，赋予了新的含义。同时，中国的农村风土人情、民俗文化资源丰富。利用居住民俗、服饰民俗、饮食民俗、礼仪民俗、节令民俗、游艺民俗等，开展民俗文化休闲观光活动；利用民俗歌舞、民间技艺、民间戏剧、民间表演等，开展乡土文化休闲观光活动；利用民族风俗、民族习惯、民族村落、民族歌舞、民族节日、民族宗教等开展民族文化休闲观光活动。还可以利用农村二月二闹春社，男人们在野外赛田鼓、喝春酒，尽兴狂欢；清明前后到田野乡村去踏青、九月九重阳节登高赏菊花；民间龙舟竞渡、棋类竞技、武术、舞狮子，以及新农村建设等时代特色的新内容融入农耕文化休闲观光活动，原汁原味的农耕文化发展前景广阔。

主要技术是农耕文化、民俗文化资源的挖掘、收集、整理，以及休闲观光的产品开发、设计、管理。

案例 5-40　中国（庆阳）周祖农耕文化游模式

甘肃省庆阳是中华民族早期农耕文明的发祥地之一，民俗文化独树一帜。从夏朝孔甲年间算起，至商代康丁年间古公亶父南迁岐山，周祖在庆阳共传承 12 代，达 400 余年之久。周人在庆阳教民稼穑，开创了先周农耕文化的先河，使庆阳由以牧业为主的游牧区变为以农业为主的半农半牧区，对后来庆阳经济文化的发展产生了巨大影响。主要表现在以下几个方面：

（1）农作物种植品种及生产技术的传承和发展。《诗经·豳（bīn）风·七月》所提的农作物小麦、高粱、玉米、稻子、谷子、糜子、大豆、葫芦、大麻、葡萄、韭菜、苋菜等，庆阳市至今仍在种植。被称为中国北方粮食作物“展览馆”。

（2）家养牲畜的传承和发展。如今的庆阳驴、早胜牛、环县滩羊、子午岭黑山羊驰名省内外。北部山区养羊几乎是每个家庭的主业，每年冬初杀羊敬山神，腊月杀猪敬灶神的习俗延续至今。

（3）经济林栽植的传承。庆阳市经济林树种繁多，历史也很悠久，相当多的经济林品种来自周先民的栽植和培育。如今宁县九龙川的黄甘桃、马莲河川的金枣、早胜原的曹杏等，都是地方名优果种。

（4）民俗文化的传承。首先是窑洞文化，这是庆阳最独特的地方民俗，是周先祖对庆阳文化的最主要的贡献之一。其次是生活民俗，从人们的食、衣、行、娱，到嫁娶、丧葬、节庆、祭祀等，无不打上周人生活习俗的烙印。如逢年过节敬神祭祖，在装饰上佩戴美玉宝石，尊老敬老为老人祝寿，结婚或遇喜事给主人脸上抹黑的习俗等，都是从周先祖时期承传下来的，至今仍在民间流行。“庆阳香包绣制”“庆阳唢呐艺术”“环县道情皮影”“庆阳剪纸”“窑洞营造技术”5 个项目被列入国家非物质文化遗产保护名录。其三文化遗迹（址），周先祖留下的文化遗迹、遗址有庆城县的不城，庆城东山巅的不陵，庆城北关的周行宫，庆城南关外的昔姬峪（今莲池），县城东十里的不遗园，肇生公刘的延庆城，鞠陶牧羊处天子坳，位于县城的周旧邦木牌坊，县城南关的周祖庙，西峰区温泉乡的“华夏公刘第一庙”，宁县城西公刘邑，以及历代文人撰写的诗篇、文章等。这一切都记载了周先祖在庆阳创业和发展的历史。

依托上述周祖农耕文化资源，庆阳市建设了周祖农耕文化体验园，该园以周祖陵景区为背景，建有农博苑、农植苑、农情苑、农趣苑、农雅苑、祭祀广场、风情演义广场七大功能区，涵盖祭祀怀远、种植采摘、民居演变、民俗民风、农家乐园、手工作坊、驯化养殖、演艺游乐八方面内容，将周祖农耕文化、民俗文化和旅游产业开发融为一体。该园体现了 5 个特色，以汇聚庆阳五谷、五果、五花、五瓜五药为内容的“五福临门”；以体现陇东地区黄土地貌特征标识型树种大全为内容的“生态氧吧”；以循环活水、荷塘月色、转动水车、小桥流水为内容的“湖水风光”；以原始作坊、古法体育、庆阳无绝、民俗演艺为内容的“陇东风情”；以黄土雕塑、洞天福地、传统小吃、保健药膳为内容的“农家乐园”。

2009 年 9 月、2011 年 9 月，在甘肃省庆阳市举行了两届中国（庆阳）周祖农耕文化节。目前，周祖农耕文化体验园客流量持续增长，游古迹、访名胜、探亲友、玩休闲，周祖农耕文化体验园正发展成为耀眼的旅游亮点[①]。

① 《甘肃庆阳打造周祖农耕文化产业园　彰显农业文明》，中国新闻网，2011-12-10。

5.4.6 教育农园模式与技术

教育农园是农业生产与科普教育相结合的农业经营形式，是农业园区的一种特殊类型，是新型的素质教育和科普教育的基地。教育农园利用农业园中栽植的作物、饲养的动物以及配备的设施，如特色植物、热带植物、农耕设施栽培、传统农具展示等，进行农业科技示范、生态农业示范，传授农业知识。集科技、科普、教育、休闲、观光为一体，富有浓郁乡土文化特色，是开展农业科普教育的好形式。教育农园具有以下功能：

（1）科普教育功能。利用园内优美而独特的植物、动物、自然景观成为科普教育基地和综合实践教育基地等。成为学生春游、秋游、夏令营、军训、劳作、写生、作文、摄影等课外教育的好场所。

（2）生产与生活功能。园内种植的各类树木、花卉、瓜果、蔬菜，饲养的家禽、家畜等可以为游客提供新鲜、卫生、安全的食品。加上无土栽培、立体栽培、嫁接、杂交、转基因技术等的应用为游客提供更多新、优、特的食品和花卉，如彩色甜椒、香蕉、西葫芦、魔豆、宠物、各种花卉等。

（3）观光休闲娱乐功能。园内的树木园、花卉园、蔬菜园、瓜果园等绿色植物，园内的园林小品、建筑、水体、农耕文化、民俗文化等也形成了奇异的田园景观，可吸引游客前来观光、品尝、体验、娱乐，举行各种社团活动，如单位开会、家庭亲友聚会、老年人休闲度假等。

目前，教育农园在世界各地已经有了很大发展。20 世纪 90 年代以来，欧美很多国家已经发展了大量的教育农园。大多数是私人农场为了增加收入，整合传统的农场生产生活资源，为城市居民提供农业和农村的生活体验。也有政府机构、教会和其他社会团体从社会福利或生态教育等角度设立的教育农园，这种农园不以营利为目的，主要进行农业技术推广和激发人们对自然环境和生物的爱心。日本政府每年都投入大量的资金来组织和实施青少年教育活动，其创办的“学童农园”是对青少年进行道德教育、心理健康教育、环保教育的示范基地。

中国的教育农园（农业科普教育园区）是利用农业观光园、农业科技园区为游客提供了解农业历史、学习农业技术、增长农业知识的教育活动。如利用农业科研试验场，把农业生产、科技示范、科技教育融为一体，向农民和学生进行农业科技教育；利用农业园区的资源环境，现代农业设施、农业经营活动、农业生产过程、优质农产品等，开展农业观光、参与体验，DIY 教育活动；利用当地农业种植、畜牧、饲养、农耕文化、农业技术等，让学生参与休闲农业活动，接受农业技术知识的教育。

开发建设教育农园可以通过科普活动向人们提供认识农业、了解农业生产过程、体验农村生活、认识农村文化及生态环境的重要性与意义；可以通过农业科技示范、生态农业示范，让人们更加珍惜农业和农村的生态环境、自然资源，增加保护自然与环境的自觉性。特别是懂得粮食和农副产品的来之不易，从而更加爱惜粮食。

教育农园的主要技术是教育农园的规划、设计，科普教育活动形式、休闲观光新型产品的开发、设计及管理。

案例 5-41　霭雯教育农庄模式

霭雯教育农庄位于佛山市高明区，是一个把教育功能与旅游功能结合为一体，集科学性、知识性、趣味性和实践性、寓教育于娱乐的活动场所。农庄靠山面水，泉水潺潺，空气清新，风景如画。其一草一木、一砖一瓦均有教育意义。农庄所在地是抗日战争和解放战争的革命根据地，是广东省民主革命时期著名的革命家谭平山、谭植棠、谭天度的家乡，有刘胡兰式的英雄邓少珍烈士纪念碑，这些革命事迹广为传诵，有利于对青少年进行革命传统及中华民族传统的美德教育。农庄建在原高明八景之一的鹿峒山脚，这里有汉朝南越王赵佗狩猎“神鹿”、孝女寻仙水救母挖“姊妹潭”的美丽民间传说故事。农庄主题为“识五谷认六畜，学农业懂环保，知生态平衡”。教育青少年热爱祖国，孝敬父母，尊师重教，团结友爱，并有做人指南，着重素质教育。农庄目前已被命名为“全国工农业旅游示范点”“广东省生态示范园”[41]。

案例 5-42 台湾农民创业园现代农业科普教育模式

台创园依托现代农业示范园区建设，拓展农业科普教育功能，已成为重要的现代农业科普教育基地。如南师附小、中国药科大学数百名学生来到台湾农民创业园，开展主题班会或进行科普学习，徜徉在现代农业知识“海洋”里。在台创园主题文化园内，无论是大学生还是小朋友都被园内丰富的台湾主题元素所吸引。在特色瓜果作物种植区，各种观赏型葫芦、南瓜等从廊架垂下，双生子、蛇瓜等特色作物让同学们大开眼界。高科技栽培区内最先进的袋培、管培、雾培、立柱式栽培、墙式立体栽培等无土栽培模式让同学们兴致盎然。通过园区现代设施农业展示观光平台，使青少年们在一定程度上了解了现代设施农业种植发展情况，感受现代农业文化，体验现代休闲农业的趣味，创新现代教育模式，使其在观赏愉悦中产生学习的兴趣。

台创园精心打造集农业科研、生态观光、休闲度假、环境教育、科普教育于一体的多功能现代农业示范园区，以“新、奇、特、趣”特色增强科普产品的吸引力，成为青少年素质教育培训的理想之地。园区以市场化需求为导向，开发青少年科普活动，以资源信息共享为手段，推进园区文化建设，以丰富的活动项目，提升园区展教功能，并精心开辟了各类青少年农业科普教育点，使青少年在观赏愉悦中丰富知识。此外，台创园建成了实物与图文相结合的“农业科普之窗”精品特色科普画廊，向青少年传播农业科普种植技术、体验现代农业文化，展示了宝岛台湾的风景名胜区及台湾特色农业成果等，让青少年了解中国农业发展知识[①]。

5.4.7 做大做强绿色休闲观光农业

前面已经论述，发展绿色休闲观光农业不仅是调整农业产业结构、促进农业农民增收的重要手段，也是提升城乡居民生活质量的有效途径。中国休闲观光农业资源独特丰富，品位高雅，区域特色明显，民族风格多样。各地应根据本地资源特点，因地制宜，统筹规划，科学布局，不断创新，开发适合本地发展的休闲观光农业类型，推进本地区休闲观光农业的发展。随着城乡居民休闲旅游消费需求的增长，对

① 《台创园成现代农业科普教育基地》，江宁新闻网，2012-11-12。

休闲活动内容质量要求也会提升。在发展休闲农业中，既要注重休闲农业产品供给的规模与数量，更要把开发差异化产品与不断提升产品质量放在重要位置。要充分发挥政府引导、企业参与、市场推动的机制，合理调整和把握旅游需求的发展方向，开发多种多样具有现代农业与高科技特色、浓郁乡村景观、淳朴风俗民情、浓厚乡村文化的休闲观光农业项目，把绿色休闲观光农业做大做强。

第 6 章

绿色低碳循环农业产业化经营

搞好绿色低碳循环农业产业化经营是做大做强绿色低碳循环农业，实现农业资源的优化配置和生产要素的优化组合，促进绿色农业和农村经济的发展，加快农民发家致富的一项重要的战略举措，有着十分重要的作用与意义。在实施农业产业化经营过程中要坚持以市场为导向，以市场需求量决定其规模和总量；要以农业高新技术为支撑，以科技进步促进其发展；要追求农业经济效益、生态效益、社会效益高效统一，实现可持续发展；要培植农业主导产业，实行区域化布局、专业化生产、一体化经营、“龙头”企业带动、社会化服务、科学化管理。实现绿色低碳循环农业的有序、稳定、健康发展。

6.1 绿色低碳循环农业产业化经营认知

6.1.1 绿色低碳循环农业产业化经营的概念与内涵

绿色低碳循环农业产业化经营的实质就是产业化的农业经营。为了深入认识绿色低碳循环农业产业化经营的含义和基本内容，我们首先对农业产业化经营作一了解。目前学术界对农业产业化经营的概念有多种解释，还没有一个规范统一的认识，概括起来主要有如下几种观点：

（1）农业产业化的实质是农户与市场的连接。在农业产业化的发展过程中，政府的作用主要是通过制定政策，营造出一个便于农户与市场连接的制度环境。

（2）通过对生产要素的优化配置和产业的重新组合，形成商品性生产产业流通，这种产业流通是根据现代农业要求，大规模地组织分工分业生产，把分散的家庭经营纳入一条龙的生产经营体系，把分散独立的许多生产过程融化为一个社会生产总过程，最大限度地发挥整体效应和规模效应。

（3）农业产业化是围绕一个或多个相关的农副产品项目，组织众多主体参与，进行生产、加工、销售一体化的活动，并在发展过程中逐渐形成一个新的产业体系的过程。其中，经济利益是各方主体追求的共同目标。

（4）农业产业化就是指改造传统的自给半自给的农业和农村经济，和市场接轨，在家庭经营的基础上，逐步实现农业生产的专业化、商品化和社会化。

（5）在市场经济条件下，通过将农业生产的产前、产中、产后诸环节整合为一个完整的产业系统，实现种养加、产供销、贸工农一体化经营，提高农业的增值能力和比较效益，形成自我积累、自我发展的良性循环的发展机制。

（6）把农业产业化界定为市场化、社会化、集约化农业。市场化农业就是以市场为导向，依据市场的需要调整农业的产业结构及其产量；社会化农业，就是逐步扩大农业的生产经营规模，实行农业生产的专业化分工，以及加强农业生产、加工和流通等再生产诸环节的内在有机联系，直至达到一体化；集约化农业，就是通过结构优化、技术进步和实施科学管理，提高农业经济效益。

以上观点虽然表述各异，但也有其共同点，即以市场为导向；按产业系列组织农业生产；通过生产要素重组提高农业效益；提高农业的专业化、集约化、企业化水平。

笔者认为绿色低碳循环农业产业化经营是以市场为导向，以农业高新技术为支撑，要求农业经济、生态、社会效益高效统一，围绕农业支柱或主导产业，优化组合各种生产要素，实行区域化布局、专业化生产、一体化经营、社会化服务、科学化管理的经济管理体制和运行机制。一句话就是用现代工业的管理办法来组织管理农业的生产和经营。

根据上述对农业产业化经营的认识，绿色低碳循环农业作为农业生产的一种新型的现代农业生产模式，要实现其可持续发展必须实行产业化经营，这也是绿色低碳循环农业发展的必然要求。绿色低碳循环农业产业化经营是一个系统发展过程，它的发展与中国农村的生产力水平、农业的发展水平以及市场的需求，人们的消费水平都是相关的。绿色低碳循环农业产业化经营本身是在实践探索中。从实践看，绿色低碳循环农业产业化经营的核心是经营一体化，关键是“龙头”企业带动，基础是广大农户参与，本质是有关方面组成“利益共享，风险共担”的经济共同体，各个组成主体，都能获得整个产业链条的平均利润，进而形成全国统一条件下，同行业同产品的平均利润，这就是发展绿色低碳循环农业产业化的经济学意义。

6.1.2 绿色低碳循环农业产业化经营发展的背景分析

党的十一届三中全会以后，中国农村实行了以家庭承包经营为基础、统分结合的双层经营体制，极大地调动了农民的积极性，农业和农村经济快速发展，取得了举世瞩目的成就。但随着改革的深化，农业和农村经济发展遇到一些深层次矛盾的问题。这些矛盾概括起来主要表现在以下几个方面：

6.1.2.1 千家万户的小生产与千变万化大市场的矛盾

农业生产经营单位是以户为主的超小规模型，而且耕地还在减少，农户在增加，经营单位越来越小。超小规模生产经营，难以满足大市场对品种多样化、高档化的要求，难以适应大市场的变化。因此，出现农民“人赚我种，我种就亏”，收购者则是“有钱赚了就收，没钱赚了就丢”，使农民生产经营受到生产盲目性和市场风险性双重的压力，造成生产大起大落，影响供求之间不稳定和持续性，农民难以稳定进入市场。

6.1.2.2 建设现代化农业与落后粗放经营的矛盾

现代化农业，要求有先进技术和装备以及现代科学管理。然而，现在超小规模生产经营粗放，凭着感觉走，有的还停留在肩挑手提、锄头加铁钯的落后的生产方式，集约化经营程度低，严重地制约劳动生产率的提高，制约产量和质量的提高及在国内、外市场的竞争力。

6.1.2.3 社会效益大与比较效益低的矛盾

这一矛盾在乡镇企业发达地区尤为突出，甚至出现弃农抛荒现象。农业与工业、商业等存在比较效益低的问题，造成农业比较效益低有多种原因，其中产前、产中、产后脱节，贸、工、农分离为主要因素。农民以出卖原料和初级产品为主，得不到产后加工、流通环节的增值利益，造成务农不如做工，做工不如从商，制约着农业生产发展的动力，有的地方农业发展受到严重影响，如果继续下去，将严重制约有效供给。

6.1.2.4 农村地区、行业间的条块分割，与社会主义市场经济体制很不适应的矛盾

面对这一矛盾，广大农民群众大胆探索，在坚持家庭承包经营的基础上，走上了贸、工、农一体化、产加销一条龙之路，大力发展农业产业化经营。尽管农业产业化经营的具体形式多种多样，但它们的共同之处都是以市场为导向，以家庭经营为基础，以效益为中心，以龙头企业和合作经济组织为纽带，把分散的农户与统一的市场联结起来，把农业生产的产前、产中、产后联结起来，形成了符合社会主义市场经济要求的有机结合、相互促进的组织形式和经营机制。这一新的经营机制一出现，就显示出强大的生命力，极大地调动了农民的积极性，有力地促进了农业和农村经济的发展[42]。

为了解决上述矛盾，广大农民群众在坚持家庭承包经营的基础上大胆探索，逐步走上了贸、工、农一体化、产加销一条龙的农业产业化经营之路。绿色低碳循环农业产业化经营是在其产业化的基础上进行的，它的产业化经营要求更高，如果没有高效系统的产业化经营运行，绿色低碳循环农业就得不到大规模发展。

6.1.3 绿色低碳循环农业产业化经营的意义与作用

绿色低碳循环农业产业化经营的意义与作用主要表现在以下几个方面：

6.1.3.1 有利于加快农业科技进步，推进传统农业向现代农业转变

实现农业现代化，最重要的是用现代科学技术和装备武装农业。在某些生产经营项目和环节上，由于农户的小规模分散经营，制约了现代科技的应用，影响农业科技成果的转化。通过绿色低碳循环农业产业化经营对农户生产环节和生产要素的协调重组，大大提高了生产、加工、销售环节的规模化、专业化、集约化程度，为采用现代农业科学技术奠定了组织基础；龙头企业为了提高产品质量，积极应用现代的加工技术和装备；农产品原料基地的专业化生产、规模化经营，为采用优良品种、改进栽培技术、应有农业机械、搞好储藏运输创造了条件。

6.1.3.2 有利于生产要素的优化组合，提高农村经济对科技的吸纳能力

发展绿色低碳循环农业产业化，可以按市场取向组织农副产品生产，通过发展

龙头企业在农村建立农业基地、产品基地等，进而发展技术含量高、经济效益高的农业生产项目，开发区域性的主导产业。随着主导产业的发展规模的增大，农业和农村经济的吸引力不断增强，使得城市先进的技术、科技人才、物资设备、资金、信息等更多地流向农村，与当地村域的土地、劳力、原料等资源要素结合，实现城乡生产要素的优化组合和配置。

6.1.3.3 有利于形成具有活力的科技成果推广应用机制

发展绿色低碳循环农业产业化有利于科教部门深化改革，激励广大科技工作者走向农业和农村的主战场，开展科技承包、有偿服务、建立农、科、教为一体的试验示范基地，并围绕区域主导产业，举办以科技服务为主要内容的经济技术实体。通过经济契约把基地、科技、服务、市场有效连接，为农户提供产前、产中、产后的全程服务，使科技知识、技能和物质配套输入，推进科技成果尽快转化为现实生产力。发展农业产业化有利于科、工、农融为一体，具备了连片种植、规模较大、经营集中、专业化程度较高的优势，吸引着农民、企业在生产、加工、检验、包装、储运时环节上充分应用新技术、新设备，加快技术经济有机结合，提高科技成果的转化率，有效地发挥科技是第一生产力的作用，极大地推动农业和农村经济的发展。

6.1.3.4 有利于增强农民对科技成果的有效需求，提高农民科技文化素质和市场经营管理素质

绿色低碳循环农业产业化经营将农、林、牧、副、渔各业的生产、加工、储运、销售等环节有机相连，实现农产品的多层次加工增值，使农业合理分享工业增值利润和商业经营利润，提高农业比较利益和农民收入，这就从根本上增加农业对科技成果的有效需求。随着龙头企业将农民带入市场，得到实惠，农民在实践中亲身体验到科技、文化的重要性，从而激发他们学习科技知识、市场经济知识的积极性，促进农民科技文化素质和市场经营管理素质。

6.1.3.5 有利于优化农村产业结构，促进农村小城镇建设

随着绿色低碳循环农业产业化和专业化发展，农村各产业的分工日益深化，专业化水平不断提高，形成了一些新的产业和部门，农产品加工业、建筑业、运输业、服务业等第二、第三产业相继产生和发展，农村产业结构得到相应调整和优化，为农业剩余劳动力开辟了新的就业门路。一部分进入第二、第三产业的农民，随着第二、第三产业向小城镇逐步迁移聚集，进入小城镇居住就业，必将促进农村小城镇发展，加快农村城市化进程。

6.1.3.6 有利于增强农民的组织化程度，提高农业劳动者的素质

绿色低碳循环农业产业化的龙头企业、中介组织通过市场、信息、技术和管理，把分散的农户联结为一个经营整体，强化了配合协作，提高了经营活动的组织性、有序性，增强了农民的凝聚力。广大农民在农业产业化经营实践中，学习技术、参与管理、进入市场竞争，不仅可以提高科学文化素质，而且增强商品意识和市场观念。一代新型农民可以在农业产业化经营的实践中成长起来。

6.1.3.7 有利于合理开发利用自然资源，保护生态环境

农业生产是对自然资源和自然条件改造与利用的过程。现代农业坚持可持续发展战略，不能用牺牲自然环境的办法发展农业生产。绿色低碳循环农业生产过程就是绿色低碳生产、资源循环高效利用，加之产业化经营活动的区域化、专业化、规模化程度较高，都有利于从总体上保护和合理利用自然资源，做到“靠山养山、靠田养田、靠水养水”，实现资源永续利用，保护生态环境，促进农业可持续发展。

6.1.3.8 有利于千家万户小规模经营进入统一的大市场，提高农业市场化程度

引导农民进入市场，推进农业市场化，是传统农业向现代化农业转变的必然要求。由于农户经营规模小，生产链条短，农产品流通不畅，农民很难跻身市场竞争。绿色低碳循环农业产业化经营是在农户与市场之间架起了一座“ 桥梁”。通过龙头企业、专业市场、中介组织，把分散的农户经营与统一的大市场衔接起来；通过按市场需求组织农产品生产，兴办加工和运销业，把农产品生产同国内外市场需求衔接起来，进而把农业和农村经济纳入市场化的轨道，为农业现代化创造条件。

6.1.3.9 有利于农业规模化经营，提高农业的比较效益

有规模才有市场，有市场才有效益。绿色低碳循环农业产业化经营，在稳定家庭经营机制的基础上，对主导产业和产品实行区域化布局、专业化生产，可以形成较大规模的产业链、产业群，实现分散的家庭经营与规模经营的有机结合。这种规模化生产，提高了农产品市场占有率，扩大了规模效益。同时，大批量的农产品原料生产，可以促进农产品加工业，提高农业比较效益。中国农业比较效益低，主要是农产品加工业不发达。世界发达国家农业产值与农产品加工产值之比为 1∶3 左右，而中国只有 1∶0.5。食品工业产值一般是农业产值的两倍，而中国食品工业产值还不到农业产值的 1/3。可见，通过产业化经营，提高农产品生产规模化程度，进而发展农产品加工业，实现多次转化增值，是提高农业比较效益的重要途径。

总之，绿色低碳循环农业产业化经营，对于促进科技兴农，推进农业的两个根

本转变，实现农业资源的优化配置和生产要素的优化组合，加快农业和农村经济的发展，以及农业现代化的进程，振兴县域经济，都具有十分巨大的推动作用。

6.2 绿色低碳循环农业产业化经营

6.2.1 绿色低碳循环农业产业化经营存在问题分析

6.2.1.1 绿色低碳循环农业产业化经营存在问题

目前，农业产业化发展方兴未艾，在一些先行地区，农业产业化经营已在当地农业和农村经济发展中占主导地位，产业化经营组织形式日渐丰富，实施内容日益广泛，实施地域逐步拓宽，知名品牌不断涌现。但是，农业产业化在发展过程中还存在许多问题。不解决这些问题，农业产业化在一些地区就会走样，也不可能通过发展农业产业化经营推动县域乃至全国农业向商品化、专业化和现代化转变。因此，必须充分认识当前农业产业化经营中存在的问题，研究对策，解决问题。这些问题主要表现在以下几个方面：

（1）片面、简单地理解和操作农业产业化，热情大于理智，以为办几个农产品加工企业或是建几个塑料大棚、万头猪场、百万只鸡场就实现了农业产业化，并以此为“政绩”到处炫耀。

（2）农民单家独户的分散经营与大市场的矛盾日益突出。农业生产多了砍、少了赶、一哄而上、一哄而下、大贵大贱、大起大落的情况多次反复出现；农民生产规模小，农产品批量小，质量差，履约率低，很难进入大市场、大流通。

（3）农业产业化正常的利益协调机制尚未形成。农户和公司都普遍存在着毁约现象，公司和农户的经营往往得不到法律与制度的有效保护。

（4）农业产业化龙头企业发展不足。小龙多，大龙少，低标准的似龙非龙多，高标准的真龙活龙少，尤其是缺乏具有国际竞争力的农业产业化经营龙头企业更少。上市公司中，农业产业化经营的龙头企业股本规模明显偏小。

（5）农业产业化缺乏必要的规划引导。随着对农业产业化认识的不断提高，全国各地都先后提出了发展农业产业化的政策措施，有的县域还制定了农业产业化的专门规划。但是由于主管农业产业化的具体部门至今尚未明确，也没有全国统一的规划和地区布局，盲目建设、过度重复建设和无序竞争加剧的苗头已经出现。

（6）农业产业化宏观管理体制尚未理顺。现在有关综合部门和涉农部门都在抓农业产业化，但部门之间缺乏必要的沟通与联系，政策措施难以配套，形不成合力，产生不了整体效应，政府有限的扶持资金被各部门严重分散使用，基层政府、企业、农民对此反应较大。

（7）农村市场体系、社会化服务体系建设还很不完善，还须大力加强。

（8）农业领域市场法规不配套、不完善，农村经济运行机制与市场经济发展要求不相适应的矛盾凸显。随着市场行情的变化，农产品加工经营者或者抢收抢购，或者拒收拒购，农民或者待价而沽，或者有货难售，各方之间缺少利益连接机制，经济行为随意性很大，影响了农业稳定发展[43]。

6.2.1.2 绿色低碳循环农业产业化经营需要解决好的几个问题

（1）系统性经营问题。绿色低碳循环农业产业化经营，这里“ 化”的概念是指农业产业体系，是一个农业产业群发展的问题，而不是传统意义上的农业概念。它是将绿色低碳循环农业生产的种植、养殖、加工、销售融为一体进行经营的一项十分复杂的系统工程。这项工程决不能单打一，也不是靠一个部门所能完成的，而必须把绿色低碳循环农业产业化发展过程的各个环节以及社会化服务部门形成一个系统整体，统筹规划，协同作战，彼此相互联系、相互作用，进行系统性经营，整体推进。

（2）区域特色问题。中国地域广大，县域情况千差万别，绿色低碳循环农业产业化经营不可能形成一个模式，必须从各县域的经济、技术、资源、市场等的实际出发，抓住县域的特点，因地制宜地进行培育和发展，并形成具有地方特色的农业产业化。

（3）渐进性进程问题。绿色低碳循环农业产业化经营是一个渐进的过程。从中国的国情、省情、县情看，从认识到实施，都没有一个现成的通用模式所套用，在实施过程中不能操之过急，也不可能一概而论，而必须不断地进行实践探索，不断地进行充实提高，逐渐走向完善。为此，绿色低碳循环农业产业化经营要循序渐进，一步一个脚印、扎扎实实发展壮大，从而振兴县域经济。

（4）可持续性发展问题。绿色低碳循环农业产业化发展必须认真实施可持续发展战略，正确处理好经济效益、社会效益和生态效益三者的关系，绝不能以牺牲生态环境利益为代价换取一时的经济效益。要把农业产业化发展与生态环境保护相结合，促进农业和农村经济可持续发展。

6.2.2 绿色低碳循环农业产业化经营的条件

6.2.2.1 一定的资源与环境优势

绿色低碳循环农业产业化经营要具有的一定的资源与环境优势条件，试想一个资源短缺、环境污染严重是不可能生产出绿色产品的；要具有一定的开发规模条件，产业化发展没有一定的开发规模条件支撑是不可能实现农业产业化经营的；要具有产品开发的区域特色条件，才能开发出有竞争力的绿色产品。

6.2.2.2 主导产业明显

区域有突出的绿色低碳循环农业主导产业，并通过深度开发能延长产业链条，增加科技含量，提高产品的附加值，提高资源利用的整体效益，有较高的商品率。

6.2.2.3 有龙头企业带动的产业化运作组织载体

绿色低碳循环农业产业化发展组织形式都要建立一种有龙头企业带动的能够连接生产、加工、销售各环节，协调各环节利益关系的组织载体，并且有保证组织运行的配套制度。

6.2.2.4 高效运行机制

建立起绿色低碳循环农业产业化经营的高效运行机制。包括利益分配机制、合同约束机制、矛盾协调机制、风险共担机制、企业组织机制、股份合作机制等。

6.2.2.5 农业产业化的规划和方案

绿色低碳循环农业产业化发展能得到当地领导支持，要制定出符合当地实际的发展农业产业化的规划和方案，制定出切实的政策措施，并能进行强有力的组织和协调工作。

6.2.2.6 市场化

绿色低碳循环农业产业化经营要求建立农业生产要素市场、农产品销售市场、农业生产资料市场等市场体系，使农业要素、农产品及农业生产所需要的化肥、农药、农业机械等全面进入市场。只有在市场化的条件下，才能真正实现绿色低碳循环农业产业化经营，满足绿色低碳循环农业发展的需要。因此，市场化是农业产业化经营的必备条件。

6.2.2.7 农业集约化

农业集约化是通过应用先进的农业技术来增加农业品产量，从单位面积的土地上获得更多的农产品，不断提高土地生产率和劳动生产率。农业集约化水平主要取决于社会生产力和科学技术的发展水平，同时也受自然条件、经济基础、劳动力数量和素质的影响。衡量农业集约化水平有两类指标：①单项指标。如单位面积耕地或农用地平均占有的农具和机器的价值（或机器台数、机械马力数）、电费（或耗电量）、肥料费（或施肥量）、种子费（或种子量）、农药费（或施药量）乃人工费（或劳动量）等；②综合指标。如单位面积耕地或农用地平均占用生产资金额、生产成本费、生产资料费等。中国是一个拥有 9 亿农民的农业大国。农业生产力水平较低，农业科学技术不发达，农业生产的自然条件千差万别，农业劳动力数量大素质低。发展集约农业目前主要是大力提高农民的科技文化水平和综合素质；大力开展农田基本建设，改造中低产田，提高农业生产基本条件的水平；发展农业灌溉，增施肥料，推广农业高新技术与优良品种，实行农业机械化等提高农业生产水平。

农业产业化经营要求改变分散农户的小生产方式，逐步实行与大市场要求相适应的规模经营与专业化生产，以农业集约化来提高农业的经济效益和竞争能力，才能真正实现绿色低碳循环农业产业化经营。以农业集约化来实现农业产业化要抓住 3 个环节：①选准主导产业；②建设好商品基地，基地建设要与主导产业和龙头企业发展结合起来，做到布局区域化、服务系列化；③培育能够连接生产、加工、销售各环节的产业化组织载体，建立能够协调工农利益关系的机制，与农民形成利益共同体。上述农业集约化是绿色低碳循环农业产业化发展的必备条件。

6.2.3 绿色低碳循环农业产业化经营的组织形式

绿色低碳循环农业产业化，从中国的实际情况看，还处于起步阶段，由于各地自然条件、资源条件、市场条件、技术管理水平和劳动力素质差异，不可能先验地有一个固定的模式，只能靠在实践中探索。目前，从各地实践来看，绿色低碳循环农业产业化经营，按照牵头单位或主导产业要素与农户连接方式，主要有以下几种形式。

6.2.3.1 龙头企业带动型的组成形式

这里所谓的龙头企业是指农业产业化经营的龙头企业，是以农产品加工或流通为主，通过各种利益联结机制与农户相联系，带动农户进入市场，使农产品生产、加工、销售有机结合、相互促进，在规模和经营指标上达到规定标准并经政府有关部门认定的企业。龙头企业应该具有开拓市场的功能、引导生产的功能、加工转化的功能、销售服务的功能[44]。这种龙头企业带动型组成形式是公司或集团合作经济组织+ 基地+ 农户。就是龙头企业与农产品生产基地和农户，以契约方式，明确双方责权利，结成紧密的贸、工、农一体化生产经营体系，龙头企业对基地和农户，具有明确的扶持政策，提供全程服务，才能开拓市场，扩大规模，带动基地联结农户。

6.2.3.2 主导产业带动型的组成形式

绿色低碳循环农业主导产业就是在区域农业经济中起主导作用的产业，在农业生产总值或农业收入中占有较大比重或者将来有可能占有较大比重，在农业中占有举足轻重的地位，能够对农业经济增长的速度与质量产生决定性影响，产业关联度强，对其他农业产业和整个农业经济发展有较强带动作用的产业。这种农业主导产业带动型组成形式是农业主导产业+农户。就是立足当地资源优势和区位优势，发展具有地方特色产业和产品，以一乡一业、一村一品等形式走一体化路子，逐步扩大规模，提高产品档次，组织产业群、产业链，形成区域绿色低碳循环农业主导产业和拳头产品，从而带动区域农业经济发展，乃至整个区域经济发展。

6.2.3.3 中介组织带动型的组成形式

中介组织是指介于政府与企业之间、商品生产者与经营者之间、个人与单位之间，为市场主体提供信息咨询、培训、经纪、法律等各种服务，并且在各类市场主体之间，从事协调、评价、评估、检验、仲裁等活动的机构或组织。这里的中介组织是指各种农业行业协会，如农产品市场协会、农业科技服务协会、种子协会、农业生产资料协会等，这种中介组织带动型组成形式是各种行业协会+农户。这些农业行业协会对某个产品的再生产全过程，实行跨区域联合经营，建立以占据市场为目标，企业竞争力强，经营规模大，生产要素大跨度优化组合，生产、加工、销售相连接的一体化集团。另外，各种农业科技服务组织，如农业科技推广服务协会，与农户联合，以科技服务为手段，开发名特优新产品，带动区域绿色低碳循环农业专业化生产和一体化经营。

6.2.3.4 市场带动型的组织形式

市场是社会分工和商品经济发展的必然产物，市场联结商品经济发展过程中的产、供、销各方，为产、供、销各方提供交换场所、交换时间和其他交换条件，以此实现商品生产者、经营者和消费者各自的经济利益。农产品市场通过信息反馈，直接影响着农民耕种什么作物、生产什么农副产品、生产多少以及什么时间上市、农产品销售状况等。为此，构建市场与农户联合的农业产业化经营组织形式是可行的。这里的市场主要是各种农业专业市场，如农贸市场、农产品物流、农产品批发市场、蔬菜市场、粮食市场等。这种市场带动型组织形式是专业市场+农户。就是以专业市场为载体，与农户沟通，以合同或合作方式，将农户纳入市场体系，实现产加销一体化经营，从而拓宽商品流通渠道，带动区域绿色低碳循环农业专业化生产，扩大生产规模，形成产业优势。

以上绿色低碳循环农业产业化经营诸发展形式的划分是相对的，它们的某些相似性互相交叉渗透。随着绿色低碳循环农业产业化的发展，还会出现更多的经营形式。

6.2.4 绿色低碳循环农业产业化经营的运作机制

实现绿色低碳循环农业产业化经营的关键在于探寻其内在运行规律，理顺各方面的经济关系，建立起适应社会主义市场经济的有效机制。这种运行机制包括以下几个方面[45]。

6.2.4.1 龙头企业发展机制

龙头企业发展机制，包括企业所有制形式、内部管理制度、产品加工流程、质量管理体系、科技创新体系、市场流通体系、品牌创建机制以及利益联结机制等。龙头企业发展机制创新在农业产业化经营中占有十分重要的地位。为此要把龙头企业发展机制创新作为绿色低碳循环农业产业化经营的重点，按照“政府引导、企业主导、市场运作、强强联合”的原则，依托区域优势产业和特色产品，发展壮大龙头企业，努力实现跨越式发展。使龙头企业建立完善的企业发展机制，即企业已掌握了产品核心技术并形成了成熟的加工工艺流程，已开拓出主导产品和创建了自有品牌且产品占有一定的市场份额，已形成了完整的产加销体系和稳定的多方合作共赢的利益联结机制。如内蒙古自治区的农业产业化龙头企业蒙牛、伊利等。这种机制是以龙头企业为核心，通过利益吸引众多的小农户（专业户）加盟，形成一定规模的产业群[①]。

6.2.4.2 利益分配机制

利益分配机制是绿色低碳循环农业产业化经营中最核心的问题。要正确处理"龙头""基地""农户"多元经营主体的利益关系，建立企业、专业合作组织等市场主体与基地、农户之间以利益为纽带的利益共同体，使合作各方合理分享利润，实行共赢共利、共同发展。在利益分配上既要确保产业群体内部各方面都有利可图，以增强凝聚力，又要在初创阶段适当向龙头企业倾斜，以增强龙头企业的经济实力。从而形成以龙头企业为核心，由内到外的多层次的利益分配梯度。

目前农业产业化经营利益分配主要有五种方式：①"龙头"企业按合同保护价收购签约农户的产品；②实现股份制的按股分红，红利均等；③利润返还，即"龙头"企业将一部分利润返还签约基地，用于改良品种等，一部分根据农户产品交售量按比例直接返还签约农户，让利于农；④企业与农户签订租赁关系的，以租金方式付给租让其承包土地的农户；⑤"龙头"企业对进入企业工作的农民，按工种、技术水平和完成任务等指标付给工资，对成绩突出的颁发奖金。

6.2.4.3 合同（契约）约束机制

这种机制就是建立和完善龙头企业、专业合作组织等市场主体与基地、农户之间的合同契约机制。公司和农户之间是一种互为市场的关系，需要借助合同契约的形式加以确定，以明确各方面的权利和义务。为此，龙头企业与基地（村）和农户签订具有法律效力的产销合同、资金扶持合同和科技成果引进开发合同等，明确规定各方的责权利，以契约关系为纽带，进入市场，参与竞争，谋求发展。在实践中需要规范合同内容，健全合同签订程序，明确权利责任，逐步实行合同可追溯管理，引导龙头企业与农户形成稳定的购销关系。基地、农户接受"龙头"企业的指导，搞好农产品的生产，按合同规定向"龙头"企业交售其产品；"龙头"企业为基地、农户提供服务，按照让利原则保护性地收购签约农户合格的产品。通过开展定向投入、定向服务、定向收购等方式，为农户提供种养技术、市场信息、生产资料和产品销售等多种服务。鼓励龙头企业采取设立风险资金、利润返还等多种形式，与农户建立更加紧密的利益关系。引导农民以土地承包经营权、资金、技术、劳动力等生产要素入股，实行多种形式的联合与合作，与龙头企业结成利益共享、风险共担

---

① 刘大圣：《农业产业化经营机制探讨与思考》，湖北农业信息网，2010-10-27。

的利益共同体。

6.2.4.4 矛盾协调机制

这种机制就是在产业化群体中，公司和农户都有自己独立的经济利益。维系龙头企业与农户利益的核心是合同保护价格。龙头企业要保证按最低保护价收购签约农户的产品，最低保护价制定的依据是“完全成本+合理利润”，当市场价格高于合同价时就随行就市，一旦市场价格低于合同价格时就按最低保护价收购。在绿色低碳循环农业产业化合同（契约）执行过程中，签约双方必须履约，违约必究。既要避免龙头企业以主导地位进行强买强卖，与民争利，侵害农民权益，又要防止农民只顾眼前利益，违背合同契约，必须树立全新的市场观念和产业化观念，增强履约意识。但是，如果发生利益矛盾，这就需要在公司和农户之间有一个中介组织来协调两者关系，解决两者纠纷，以保障各方利益不受侵犯，维护各方的权益。

6.2.4.5 风险共担机制

“风险共担”实际上是一种鼓励创新的机制，早在 1942 年由经济学家舒彼特提出的。党的十五届五中全会通过的《中共中央关于制定国民经济和社会发展第十个五年计划的建议》中要求“要把农业产业化经营作为推进农业现代化的重要途径，鼓励、支持农产品加工和销售等企业带动农户进入市场，形成利益共享、风险共担的组织形式和经营机制”。农业产业化经营是多元主体共同利益上的联合关系，共同利益的最大化及分配的合理化，是追求的根本目标，也是产业化的生命线。市场发生了变化，企业经营状况不好或出现亏损，农户也要承担一些责任，共渡难关。在产业群体发展过程中要坚持“入股自愿、退股自由”的原则，鼓励农户购买龙头企业股份，使农户与公司结成紧密的利益共同体，也就形成了风险共担机制。

6.2.4.6 组织与制度保障机制

绿色低碳循环农业产业化经营需要建立组织保障、制度保障的基本保障机制，才能实现可持续发展。

（1）组织保障。组织保障是绿色低碳循环农业产业化经营重要基础条件，龙头企业是产业化经营的组织载体，在农业产业化经营中具有非常重要的作用。农民专业合作社、专业协会及其他联合自助组织同样重要。农民有了组织，农民的利益由合作组织作为中介出面协调，龙头企业与农户共同制定的制度也容易得到共同遵守和检查监督。

（2）制度保障。绿色低碳循环农业产业化经营系统要建立和完善一系列制度，以适应市场经济条件下农业产业化不断发展的需要。①合同产销制度。龙头企业与农户实行合同产销制度可以减少生产上的盲目性，降低市场风险。合同规定了农户向龙头企业交售产品的数量、质量、规格、交货时间和地点，龙头企业按合同规定收购农户签约产品，提供服务和支付约定的价格，还规定了履约约束和违约罚则，以制度保证合同的兑现。②保护价格制度。制定保护价格的基准应当是完全成本+平均利润，以保证抵偿生产者成本和赚得盈利，这是经济学的要求，只有建立了这样一种制度，签约农户利益才有保证，龙头企业所需原料才有来源，产业化正常营运也就有了基础。签约产品，这样就有了制度保障。③风险基金制度。市场农业面临着两大风险，即自然风险和市场风险。为防范风险，将风险损失控制在最低程度，对风险损失有所补偿，农业产业化经营系统必须建立风险基金制度。农业产业化经营风险基金可以采用多种形式筹集。龙头企业自筹，将自有资金的一定比例划拨为防范风险专用资金，每年从税后利润归已部分中扣拨一定比例，充实风险基金；龙头企业与农户共筹，每年分配前从共同经营利润中扣除一小比例作为风险基金，逐年充实；政府与龙头企业共筹，政府每年从其财政中拨出一定额度，龙头企业从其利润中划拨一定额度，形成风险基金；政府自筹，农业共用，建立农业保险风险准备金，实行专户专储，滚动发展。

6.2.4.7 资金投入机制

资金是绿色低碳循环农业发展最稀缺的要素之一，也是推进其规模化发展一个关键性因素。建立多元化投入机制，是促进绿色低碳循环农业产业化各个环节的规模不断扩大和协调发展的重要保证。在产业化经营中，要探索建立以政府投入为引导，农民和集体投入为主体，“龙头”企业和社会法人投入为骨干，外资投入为补充的多元化投入新机制。

6.2.4.8 宏观调控机制

政府部门应把规范绿色低碳循环农业产业化经营内部营运机制、改善外部运行环境、建立和运用宏观调控机制作为推进其产业化进程的一项重要任务。政府部门要充分利用政策、行政、经济、法律等手段，对绿色低碳循环农业产业化经营的各个主体进行引导、规范、扶持、服务，保证其沿着可持续发展方向迈进①。

---

① 陈学君：《构建农业产业化利益协调机制》，财经价值中国网，2007-05-08。

6.2.5 绿色低碳循环农业产业化经营的服务体系

在绿色低碳循环农业产业化经营过程中必须建立社会化服务体系，为其服务，推进其产业化的进程。

6.2.5.1 农业科技服务体系建设

科学技术是第一生产力，绿色低碳循环农业产业化水平取决于科学技术进步。为使县域农业和农村经济持续快速健康发展，必须充分发挥科学技术的先导作用和推动作用，把科学技术作为提高绿色低碳循环农业产业化整体水平的重要支撑。在搞好科技进步软环境建设的同时，依靠科技对农业生产的各个环节进行全面组装配套，产生新的生产力，形成集约化的专业化生产经营模式，不断培育新的经济增长点，全面实施科技带动战略，以加快其产业化进程。为此，要围绕绿色低碳循环农业产业化经营战略，建设和完善多层次、多渠道、多形式、多经营成分并存的有效服务的科技体系。

（1）农业科技组织体系建设。实施绿色低碳农业产业化经营战略，是整个农村经济工作的一个系统工程，建议各级政府应成立农业产业化领导小组，进一步落实领导分工责任制，要明确一名“副官”具体分管负责有关科技政策的实施和组织协调工作，建立和完善科技组织服务体系，省、市两级着重抓好重点项目的制定和开发，县、乡两级要围绕主导产业抓好基地建设和技术推广工作。地市级以下的科技人员，可由现在的部门管理逐步走向按产业进行管理，并建立“稳放结合”的动态管理机制，按不同产业，不同的技术要求，把各类科技人员分流到各个农业产业化体系中去，使农业产业化始终朝着科技进步的方向发展。

（2）农业技术体系建设。绿色低碳循环农业产业化经营涉及的技术面广泛，概括地讲就是能够改造旧产品、创造新产品、提高劳动生产率和管理效率及增加效益的一切技术。改造或创造新产品的技术，就是所采用的农业高新技术对已有的农产品进行更新改造、开发新的产品，以提高农产品质量与市场竞争力。这里所讲的农产品是广义的农产品，包括收获的各种农产品、经加工生产的各种农产品、改良的动植物产品等。提高劳动生产率和管理效率技术就是所采用的技术能提高劳动生产率和管理效益，如计算机技术、自动化生产技术、各种规章制度建立、整个生产过程的管理等。总之，绿色低碳循环农业产业化经营涉及的技术都是为了加固和扩大规模，增加效益，提高利润。

绿色低碳循环农业产业化经营中所采用的技术体系，从现阶段看主要包括：自然科学和社会科学中的相关技术。自然科学的技术包括常规技术和高新技术，现在使用的农业技术大部分为常规技术，如耕作技术、防病治虫技术、施肥技术、灌溉技术、地膜技术、化控技术等，部分为高新技术，如生物技术中的抗虫棉、生物农药、信息技术中的计算机等。在农业内部行业又可分为种植业技术，如作物品种、栽培、施肥、防病治虫、收获、储存等技术；养殖业技术，如畜禽品种、保鲜、防病、治虫、屠宰、加工、保存技术；加工保鲜技术，如农副产品的加工、保鲜、包装等技术。社会科学技术，如规模经营的管理，包括人事管理、财务管理、营销管理、预测和决策等技术。按技术的集合程度又可分为单项技术和配套（综合）技术，绿色低碳循环农业产业化经营不但需要各种各样的单项技术，而且随着产业化的不断发展，越来越依靠综合配套技术，并向高新技术方向发展。为此，应构建一套行之有效的科学技术体系。

（3）农业技术推广体系建设。推进绿色低碳循环农业产业化发展，实现农村经济的全面振兴，加快农业技术推广是一项重要措施。农业技术服务，包括农业技术培训、示范推广先进的种养加技术、扩大产品品种，以达到降低成本、提高附加值。为此，要进一步建立健全农业技术推广体系，完善科技服务网络，按照“ 配套、有效、及时”的要求，办好各类农技服务中心或技术服务站，科技人员要深入实际，积极参与科技成果转化的全过程，这是促进成果转化为现实生产力的重要因素。当前农村自愿组织的各种农民专业技术协会，是农村一支潜在的科技资源，在新技术、新成果推广应用中发挥着重要作用，应加强组织和引导，做到优化配置，以扩大农业技术推广力量。

总之，纵观国内农业产业化经营的集成体，都是紧紧依靠科学技术，着眼农民利益，使产业化规模越来越大，效益越来越突出。为此，在推进绿色低碳循环农业产业化经营规模的扩大过程中，必须把科技进步作为一项重大的战略措施进行全面突破，加快农业两个根本性转变。①要强化科技意识，用科技来提高产业化经营的内涵；②要加快科技向产业化各个环节的渗透，促进生产要素的优化配置和向经济效益最大化方面转化；③要大力推广各种新技术，提高科技成果的转化率和贡献率，改革传统的生产方式和经营管理方式；④要建立适应产业化经营需要的技术体系，改变传统技术的种种缺陷和弊端，特别是加强产前与产后技术的研究，使之形成有机结合的全新技术[46]。

（4）科技人才体系建设。绿色低碳循环农业产业化经营的实施，科技人才是关键。要贯彻“以人为本”的思想，重点做好“用、育、引”三方面的工作。①充分利用现有的科技人员，从多方面入手，最大限度地调动科技人员的积极性。②通过各类科技计划项目的实施，大力培训专业技术人才，还可结合 “绿色证书工程”全面系统地向农民传授农业科学知识，培训一支既有理论知识，又有实践经验的农民科技骨干队伍。对于技术力量薄弱的产业，可聘请国内外知名专家传授高新科学知识，或有计划地组织人员外出学习或深造。③直接吸收一批大中专毕业生或研究生到产业化企业或生产基地工作。在人力管理方面，引入竞争机制和激励机制，对作出贡献的专业技术人员实行重奖，改善他们的工作、生活条件，造成一个尊重知识、尊重人才的良好社会氛围。总之，要建立一支绿色低碳循环农业产业化经营的科技人才队伍和“智囊团”，不断提高产业化经营的档次和水平。

（5）科技服务体系建设。绿色低碳循环农业产业化经营一方面要把产业生产的产前、产中、产后连接成一个整体，另一方面还要使商品生产的生产加工销售形成一个整体。其目的就是不再单纯出售农产品的初级产品，而是通过保鲜、储藏、分级、包装、加工等手段，提高农产品的附加值，形成一种能占有一定市场份额的最终产品。由于最终产品的形成是靠一个产业链来形成的，那么其质量、成本的高低便反映在整个产业链的各个环节。各个环节构成的系统，其局部最优不等于整体最优。所以，科技服务必须追求产业化链每一环节上技术的先进性、相关性、配套性、成熟性，坚持常抓不懈，全过程推广，使新技术新成果渗透到产前、产中、产后、加工、销售的每一环节中去，形成一个全方位、系列化的科技服务体系，实现集成优化。任何一个名牌产品背后都有自己的“绝活”。产品中的各个环节的独占性技术份额越高，市场竞争力就越强，产品附加值也就越高。科技服务能否针对产业化经营各个环节进行全方位和系列化服务，也就关系到整个产业链的经济效益。

农业生产的最大特点就是具有季节性。绿色低碳循环农业产业化经营遇到的最大的生产问题就是如何保证全年均衡生产问题，这关系到产业化能否持续发展。为此，①科技服务要多提供早中晚搭配的加工原料优质新品种，分期播种延长采收期和供货期；②多提供一些储存、保鲜方法，待淡季加工处理；③为龙头企业提供柔性生产技术体系，实现一套组合生产线可先后加工几种产品，从而保证企业实现淡旺两季不停产，提高生产率。此外，绿色低碳循环农业产业化追求产品的高度商品化，实现有利可图的经济效益，产业化链才能持续下去。所以，科技服务就要注重提供有利于提高农业资源利用率的技术，产品分级或多级加工利用技术。产业化链内部实质上是一个动态联合，是针对某一个产品上的联合，当这一产品生命周期结束，联盟也就宣告结束。因此科技服务体系就要面对整个产业链，带动农业综合技术体系的全面创新，以新的农业技术体系，造就新的农业产业体系，构建新的农业产业结构，培育新的产业生长点，开辟新的生产领域，建设新的产业格局[47]。

6.2.5.2 信息服务体系建设

随着绿色低碳循环农业产业化经营的不断深入发展，信息工作越来越重要。一条信息，可以发展一个项目，可以救活一个企业，已成不争的事实。信息咨询服务，就是把市场预测信息传递给农民，指导他们经营决策，减少生产盲目性和市场风险性。各村级组织、龙头企业、产业集团应根据实际需要，建立信息服务中心，充分利用各种通信设备，如 IT、电话、传真等了解科技信息，也可参与各类学会与全国各大信息机构联网，广泛收集、了解国内外市场信息，及时准确地为产业化经营提供信息，搞好超前服务。

6.2.5.3 市场服务体系建设

市场体系是整个绿色低碳循环农业经营运行过程的一个重要环节，是商品流通的重要组成部分，也是科技成果转化赖以发育的向导和载体。农产品能否占领市场最终取决于科技水平的高低。所以，只有站在国际农业科技领域的前沿，用现代化科技来武装农业，才能适应市场的需求。全国最大的寿光蔬菜市场之所以保持长盛不衰，关键是把确保优势定位在科技上，从开发和推广冬暖大棚，到多种种植和立体种植，从无公害蔬菜到特色种植，不断加大科技开发力度，提高产品科技含量，使寿光蔬菜在全国始终保持领先水平，可以说，在寿光蔬菜市场上没有买不到的菜，也没有卖不了的菜。市场建设规模越来越大，大大提高了市场的整体性和系统性功能，使市场形成了集商品流通与科技为一体的运行机制。市场体系的发展为农业产业化经营注入了生机和活力。

6.2.5.4 硬件、储运、供销服务体系建设

硬件服务，包括提高机耕、施肥、喷药等服务。储运、供销服务，包括农产品的储藏、运输和农业生产资料的供给，以及农产品的销售等服务。

上述服务涉及各行业各部门，需要社会各方面协同推进，政府有关部门要深化改革，转变职能，打破条条分割，树立为全局服务观点，做好组织协调工作。从政

策、财力、物力支持社会化服务。现有的农业技术推广机构，要转变观念，调整服务内容和方式。要充分发挥民营组织的作用，总结农村专业协会等成功经验，调整、充实、完善社会化服务体系，逐步把社会化服务融入农业产业化经营体系。

6.3 绿色低碳循环农业产业化经营的标准化、结合力与驱动力构建

6.3.1 绿色低碳循环农业产业化经营标准化要求

要真正实现绿色低碳循环农业产业化经营，应达到以下标准化要求。

6.3.1.1 市场化导向

市场是绿色低碳循环农业产业化发展的起点和归宿。绿色低碳循环农业产业化经营首先要以国际国内市场为导向，根据市场需求组织生产，以市场配置资源为基础，优化生产要素组合，用市场机制激励生产经营者。

6.3.1.2 区域化布局

根据区域农业资源与环境的分布状况，对绿色低碳循环农业生产进行区域化布局，建立相对集中连片、比较稳定的区域化的生产基地，以发挥区域优势和产业化规模经营。

6.3.1.3 专业化分工

实行绿色低碳循环农业的生产、加工、销售、服务的专业化分工，可以有效提高劳动生产率、土地生产率、资源利用率和农产品商品率等，可以在保持家庭承包责任制稳定的基础上，把小而分散的农户组织起来，根据农户生产和经营专（特）长进行分工，实行专业化生产。你是种田能手，你就分工生产；你有加工技术，你就分工加工；你有销售经验，你就分工销售；你擅长服务，你就分工服务。这样既可以发挥农户的专（特）长优势，又可以提高生产效益，还能为一体化经营建立基础。

6.3.1.4 集约化生产

绿色低碳循环农业必须依靠科技进步，实行集约化生产。实现农副产品的科技含量高、资源综合利用率高、经济社会生态效益高。

6.3.1.5 一体化经营

绿色低碳循环农业要实行产加销一条龙、农工贸一体化经营，把农业的产前、产中、产后环节有机地结合起来，形成“龙”型产业链，形成风险共担、利益共享、同兴衰、共命运的利益共同体。

6.3.1.6 规模化效果

绿色低碳循环农业生产经营规模化是产业化的必要条件，没有规模，就没有效益，只有其生产基地和加工企业达到一定的规模，才能达到产业化的标准，才能增强辐射力、带动力和竞争力，实现规模效益。

6.3.1.7 社会化服务

建立社会化的服务体系，对绿色低碳循环农业产业化经营（一体化经营）的各组成部分提供产前、产中、产后的信息、技术、资金、物资、经营、管理等的全程服务，促进各生产经营要素直接、紧密、有效地结合和运行。

6.3.1.8 企业化管理

实行绿色低碳循环农业生产经营企业化管理，就是按照现代企业管理要求对农副产品生产基地、龙头企业、产品营销等实行规范的企业化管理，企业化运作。

6.3.2 绿色低碳循环农业产业化经营系统结合力构建

绿色低碳循环农业产业化经营是涉及全社会的一项系统工程，必须统一协调，各方紧密结合，形成一个产业化经营的系统整体，才能有效推进其顺利发展。为此要构建以下几个方面的结合力。

6.3.2.1 政技结合力

领导对科技成果的推广是否积极，引导是否得力，是推进绿色低碳循环农业产业化发展的关键。有人说“科技+权力=生产力”，这种说法虽不完全，但从目前的农业科技推广看，也有一定的道理。所以，在实施科技计划时，一定要与有关领导和部门结合好，特别是一些重大科技项目的建设、改造、引进或推广，都要得到领导的支持，利用行政手段的力量支持农业产业化，可以收到事半功倍的效果。

6.3.2.2 农科教结合力

农科教结合是农业科技体制改革的一种新形式。在政府的统筹协调下，绿色低碳循环农业产业化通过龙头企业的凝聚作用，使农业科研单位、大专院校和企业之间共同协作，把农业技术人员的管理使用，科研单位研究开发的课题，农村职业教育的方式、内容和绿色低碳循环农业产业化经营的需要紧密结合起来，把分散的力量集中起来，能够充分发挥人力、财力、物力的作用，有利于产业化经营采用现代科学技术，提高农产品的科技含量，提高产业化经营的整体水平。

6.3.2.3 科技与实体结合力

根据农村经济发展和市场对绿色低碳循环农业发展的需要，可选择技术含量高、附加值大，在国内外市场有竞争力的新成果、新技术创办经济实体，使科技成果尽快转化为现实生产力。也可以实体为依托，采取合同契约、资产参与、联产联营和技术入股等多种形式，使两者互相依托、结成风险共担、利益共享的紧密型共同体。科技人员可凭自己的技术成果，利用实体的基地、装备等有利条件，尽快生产出高科技含量的拳头产品，参与市场竞争，以加快科技成果在绿色低碳循环农业产业化进程中的转化。

6.3.2.4 技物结合力

技物结合是在市场经济条件下出现的一种成果转化形式，变无偿服务为有偿服务或低偿服务，以创办各种公司为主要形式，如植保公司、专用肥公司、农作物良种公司、苗木公司、饲料公司、畜禽公司等，把科技和经营结合在一起，减少了科技转化环节。这类公司既经营物资，又进行技术指导，农民信得过，愿意买，使一些新技术、新成果在绿色低碳循环农业产业化过程中能很快发挥作用。

6.3.2.5 产业化经营与农民的结合力

农民是农村经济的主体，是绿色低碳循环农业产业化经营的生力军。产业化经营最终取决于农民。所以只有与农民相结合，发挥农民的生力军作用，让农民参与产业化经营的全过程，才能使农民信得过，有说服力，农民才会千方百计地参与，甚至不惜工本去投入，绿色低碳循环农业产业化才有旺盛的生命力。

6.3.2.6 产业化经营与调整优化农村产业结构结合力

从农村经济整体看，要优化农村工业与农业的结合，要改变目前农村工业与农业脱节状况，加大农业关联产业群的培育和建设，加强农业产前、产中、产后的连接，为提高农产品竞争力及提高附加值服务，这也是改变农村工业低水平重复、产品积压、效益低的有效出路之一，也是促进绿色低碳循环农业发展的有效措施。农业内部在保证完成粮食生产任务的前提下，大力发展多样、优质的绿色有机农产品和为农村工业提供原料，从中选择和培育有资源优势、规模基础和市场前景的主导产业。实行贸、工、农一体化经营，推动调整和优化农村第一、第二、第三产业结构。

6.3.2.7 产业化发展与适度规模经营结合力

规模经营是农业产业化的必备条件。没有主导产业的规模经营，就难以形成市场优势，也就没有规模效益。因此，发展适度规模经营是绿色低碳循环农业产业化的需要，同时建立农业产业化体系是适度规模经营的依托。因为适度规模经营不只是耕地量的增加，它还须要技术、市场、信息、供销等一系列的支持。两者相互作用，相互促进。

6.3.2.8 产业化发展与城镇建设结合力

绿色低碳循环农业产业化经营，是传统农业向现代农业转变，粗放型增长方式向集约增长方式转变，推动传统农业向第二、第三产业延伸。它将带动关联产业群的发展，而这些产业群不能是家家点火，村村冒烟，而必须统筹规划，相对集中，需要具有较好能源、交通、通信、服务等设施的城镇为依托。由此可见，产业化发展与城镇建设结合有利于推进城乡一体化和工、农一体化的进程，两者相得益彰。

6.3.3 绿色低碳循环农业产业化经营的驱动力构建

实施绿色低碳循环农业产业化经营战略，是整个农村经济工作的一项系统工程，必须构建有效促进农业产业化发展的驱动力系统，用驱动力推进或驱动绿色低碳循环农业发展。

6.3.3.1 龙头企业驱动力

绿色低碳循环农业产业化经营就其内涵而言，主要由主导产业、龙头企业、商品基地 3 个要素构成。在这 3 个要素中，建立龙头企业是发展农业产业化的关键。而龙头企业是以现代化管理、现代化科学技术为基础。龙头企业科技含量越高，带动能力就越强，所以，依靠科技进步建设高科技龙头企业是农业产业化发展的成功之路。按照这一思路，①要建设新的科技龙头企业。以农业高新技术开发区或科技示范园区为“样板”和“基地”，围绕主导产业和重点产品，在产前、产中和产后各个环节上选择和培育一批科技含量高、市场潜力大、辐射带动功能强的企业作为龙头，通过自我发展、自我积累、逐步扩大，以此带动主导产业的发展。②用现代化的技术设备嫁接改造旧企业。在原来企业的基础上，按照现代化生产的要求，进行大规模的技术改造，使其成为高科技的龙头企业。③引进国外的先进技术设备。

在立足自主开发的基础上，引进、吸收、消化国外先进技术设备，为我所用。

龙头企业发展是绿色低碳循环农业产业化经营的关键。龙头企业经济实力的强弱和带动力的大小，决定着产业化经营的规模和成效。龙头企业的建设，应立足于改造重组，充分利用原有企业的资金、设备，围绕产业化这条主线进行改造重组，实现资源的有效配置，使之发挥最大潜力，而不是盲目新建。龙头企业要围绕名牌产品抓好建设，这是产业化经营的重要依托，龙头企业只有注重塑造企业形象，争创名牌或拳头产品，才能不断形成规模化，实现产业化。例如，湖北省监利县，从农业大县的实际出发，依托农业资源，以培植龙头企业为突破口，大力发展农产品加工业，走业产业化路子，全县形成“ 粮食—饲料—畜禽养殖—加工—销售”“ 林业生产—木材加工—家具—销售”“芦苇生产—造纸—印刷—包装—销售” 三大一体化主导产业，加快了经济发展步伐，成为中西部地区农业产业化经营的典型。

6.3.3.2 技术和经营能人驱动力

任何一个产业的兴起和发展，都需要有一个会管理、善经营、并掌握一定科学知识的能人带动。通过培养技术能人和经营能人，形成技术能人、经营能人驱动力，带动绿色低碳循环农业产业化的发展。

6.3.3.3 良种工程驱动力

种子作为一种科技载体，在农业生产中一直起着重要作用。通过推广优良品种，可以使农业增产增收，使农民增强科技意识。在实施良种产业化工程中，要走育、繁、推一体化，产、供、销一条龙的道路，要从种子一体化经营入手，促进绿色低碳循环农业区域化布局、专业化生产，对优良品种实行足量繁育，积极发展优特新品种，实现集约种植，促进区域农业结构优化。要完善种子精选、加工、包装、质量检测的自身系统，提高种子的科技附加值。还要积极引进高产、高值、创汇品种，试种成功之后，实行基地化生产，加快品种向出口型转变。总之，通过实施良种产业化工程，实现农业的优质化与产业化。

6.3.3.4 特色农业名牌产品驱动力

随着绿色低碳循环农业产业化的发展，经济效益的提高，必须根据市场的需求调整产业结构，用发展特色农业、创名牌产品来提高农业产业化水平。在保证粮食生产的前提下，充分发挥当地优势，选择商品率高、市场容量大、易于组织生产的绿色低碳循环农业项目统一规划，在种植养殖项目上标新立异，填补空挡，培养新的经济增长点，丰富特色农业的内涵。为使产品走出国门，打入国际市场，要依靠科技创新，实施名牌战略。如果没有叫得响的产品，在市场上就不可能站住脚，甚至会在激烈的市场竞争中被淘汰。

6.3.3.5 科技投入驱动力

目前中国的科技成果转化率和科技对农业增长的贡献率远远落后于发达国家的水平。实践证明，加大对农业科技的投入，是促进成果转化的一项重要措施。国家要加大对农业科技的投入，建立国家、集体和农民相结合的投入机制，增加对农业资金总量的投入。以科技投入促进农村经济实力的增强，加快绿色低碳循环农业产业化经营的进程。

6.4 绿色低碳循环农业产业化经营的规模与效益

6.4.1 绿色低碳循环农业产业化经营的规模

规模就是把与农业相关的单位以利益为纽带有机结合在一起，形成绿色低碳循环农业产业化经营集合体或称集成体，单位是参与农业产业化经营行列中的各方成员，也称为要素。有龙头企业或企业集团（公司）、农户等，单位的数量和范围因经营对象而不等。以利益为纽带就是以市场为导向、以资源为依托、以效益为中心，在利益分享上均等，用利益机制把各方紧密聚集在一起，经营集成体是进行绿色低碳循环农业产业化经营的一种组织形式或方式。

绿色低碳循环农业产业化经营必须建立在一定的规模基础之上，没有规模就不可能实现集约化和商品化，更谈不上产业化经营。规模是绿色低碳循环农业产业化经营的本质要求，也是产业化取得效益的组织保障。目前中国的农业产业化集成体的种种形式，概括起来其共同特点是向纵横两个方面扩展规模，突破了多重限制和制约，使农村经济呈现出向规模发展的态势：①突破了所有制界限，将国有、集体、个体不同所有制有机结合在一起，表现为新型的混合经济嵌合体；②打破了传统的产业界限，把农业的产前、产中、产后生产的各个环节联结起来，构成有机传递的产业链；③突破了部门条块分割的局限，形成跨地区、跨部门、跨城乡，甚至跨国界的联合体。表现为产、加、销一条龙，贸、工、农一体化的规模经营组织结构。这种组织结构的合理性在于不断满足市场需求，形成相对固定的市场，有利于提高产品质量，降低成本。因此，规模化是实现绿色低碳循环农业产业化经营的前提，为应用各种现代农业技术和提高劳动生产率创造了条件，为资源的合理配置和获取较大效益奠定了坚实的基础。处于分散状态的小农经济的自给自足行为，对技术和人才的吸引力极弱，不可能形成规模，更不可能产生规模效益，就像过去一个农家养几只鸡，在田间地头种些瓜菜，没能形成规模，对鸡的品种、饲料、饲养、防病治病和瓜菜品种、栽培管理等技术要求不迫切，更谈不上延长产业链，进行加工和参与市场竞争，最终也不会取得规模效益，最多是用鸡蛋换取油盐酱醋和满足自家吃菜需要而已。而具一定规模，有几百只、几千只甚至上万只的养鸡专业户时刻也离不开鸡的品种、饲料、饲养、疫病防治；形成规模的蔬菜基地，离不开蔬菜品种、设备、管理等技术。就必须延长产业链，向产前延伸进行配合饲料生产和蔬菜新品种的引进，甚至原料基地建设和品种试验、示范等工作，向产后延伸进行包装、运输、参与市场的竞争。例如山东省寿光市的蔬菜专业基地生产的各种蔬菜形成了较大规模，使用种子、肥料、防病治虫、田间管理、设备设施、加工包装、运输销售等全套技术与服务，产生了明显的社会效益，振兴了地方经济，农民也发家致富[48]。

6.4.2 稳步扎实地推进绿色低碳循环农业产业化经营规模化

绿色低碳循环农业产业化经营是一个逐步发展的过程，其规模化的形成和扩大也是一个系统发展过程。在产业链的延长由小到大渐进的集成过程中，既要注意适度，又要符合实际情况，切忌不切实际一哄而起，一哄而散的盲目做法。绿色低碳循环农业产业化经营的规模有没有凝聚力和生命力，关键就看效益是不是最大化，农民利益能不能得到有效保证。为此，必须在坚持照顾和保护农民利益不受损失的条件下，使农民自愿参与全链条中的各个环节，并享受相应的利益分配。这样才能使规模不断形成和扩大建立在利益越捆越紧的基础上，达到规模越扩大，结构越牢固，生命力也越强，才能取得明显的经济效益和社会效益。如果不顾农民利益而片面强调扩大规模，或是用行政干预手段扩大规模，采取“ 拉郎配”的做法，必将导致规模的“流产”。因此，绿色低碳循环农业产业化经营规模化的形成或扩大必须把农民利益和农民得到的实惠放在首位，这样才能使农业产业化经营健康、持续发展。

6.4.3 处理好绿色低碳循环农业产业化经营规范化与多样化的关系

绿色低碳循环农业的规范化体现在市场的导向，生产要素的重组，专业化、集约化、企业化程度，这些方面都要规范运行。在规范绿色低碳循环农业产业化的经营中，要遵循自然规律和经济规律办事，经营形式要从实际出发，适合发展什么形式就发展什么形式，形式可以多样化，不可生搬硬套单一化。按照经营主体划分，有的是加工企业来带动，有的是贸易公司来带动，有的是专业市场来带动，还有主导产业带动，科技、科研院所来带动，农民的合作组织（包括供销社）来带动，谁有能力，谁最适合就由谁来带动。以此形成规模化与多样化的有机结合，相辅相成发展，推动绿色低碳循环农业产业化可持续发展[49]。

6.4.4 全力提高绿色低碳循环农业产业化经营的效益

（1）效益是反映经营效果的标准。绿色低碳循环农业产业化经营的效益是指参与农业产业化经营的各方获得应该得到的直接和间接的利益，即产出明显高于投入，也高于各方单独经营的效益。具体讲，各方就是参与农业产业化经营的各个单体。某一单体应该获得产业链条中某个环节应得到的直接效益，或其他环节的间接效益，包括效果和效率。这是因为效果和效率都与效益密切相关，假如某一个农业企业采用新技术效果好、生产的产品质量就会提高，生产效率也会提高，最终效益也会增加。按不同目的标准来衡量，绿色低碳循环农业产业化经营的效益分为社会效益、生态效益、经济效益。社会效益就是绿色低碳循环农业产业化经营的结果必须有利于社会的稳定和发展，这是因为农业是国民经济的基础，必须考虑国家和社会的长远利益。生态效益就是绿色低碳循环农业产业化经营的结果必须对生态环境的改善与提高产生有利的影响和作用，这是因为农业产业化经营中不可避免要与自然打交道，以生物为对象，必须注重生态环境的改善和农业资源的永续利用，并促使生态良性循环，符合可持续发展的原则。经济效益就是参与绿色低碳循环农业产业化经营的各方，包括龙头企业、基地的农民取得的经济利益，也就是利润。

（2）经营追求效益最大化。效益是绿色低碳循环农业产业化经营的目的，是以农民受益、企业发展、国家富强为宗旨。绿色低碳循环农业产业化经营的根本目的或追求的唯一目标是效益最大化。重点是使农民得到最大的实惠，促进企业发展，增强国家和地方经济的实力。要特别注重把农民的利益放在重要的地位，在各方利益均等的前提下，应保证农民利益高些。农业产业化经营就要像工业企业一样来进行运作，进行生产、经营等活动。企业的行为或目的就是效益或利润，没有利润的企业只能是一个亏损企业，照此下去必然是一个破产企业。就农业产业化而言，不管经营规模的大小或链条长短如何，也不管利用各种技术多少如何，最终要以效益或利润的多少来衡量，最低的标准是与产业化前相比有没有明显增加，农民收入是不是稳定提高，企业利润是不是持续增长。如果产业化经营效益好，利用现代技术能力强，规模就稳步扩大。现在，县域农业产业化的成功案例，多是发展养殖业、种植业或加工业，形成专业化生产，一体化销售。在大企业的带动下和农民的参与下，农民收入和企业效益成倍增加。不管是种、养、加，还是科、工、贸，产、供、销的产业化经营形式，规模不能维持，就谈不上扩大规模，吸收技术能力也不会增强，这种产业化就失去生命力。可见，绿色低碳循环农业产业化经营的效益是规模得以存在和发展的经济基础，也是吸收、利用新技术和新装备的潜能所在，更是增强国力、促进县域经济发展和农民奔向富裕的重要途径。

（3）坚持社会效益、生态效益和经济效益的统一。在绿色低碳循环农业产业化经营中离不开社会效益、生态效益和经济效益，各效益间存在相互依存、相互促进、相互制约的关系，是一个有机的系统整体。为此，必须正确处理好三者的关系，坚持 3 个效益统一的原则，使绿色低碳循环农业产业化经营健康发展。在绿色低碳循环农业产业化经营中生态效益（环境）的好坏，不仅影响一个村、一个乡（镇）、一个县域，而且会影响一个地区、一个国家，甚至整个世界，从这个意义上讲，生态效益本身就是社会的一部分，具有明显的社会性。在正常情况下，绿色低碳循环农业产业化经营中的经济效益与社会效益是统一的，在推动社会进步中获取可观的经济效益。在绿色低碳循环农业生产化经营过程中，应汲取片面追求经济效益的教训，坚持在不影响或有利于社会效益和生态效益的前提下，追求最大的经济效益。有了经济实力，又可扩大社会效益，增强对现代化技术的吸收能力和改造自然的能力，使绿色低碳循环农业产业化由低级向高级阶段发展，最终实现农业现代化的目标。

第 7 章 绿色低碳循环农业农产品开发与标准化及评价指标体系

绿色低碳循环农业发展最终目的是为人类生活生产出无毒、安全、营养、优质的各种优质农产品，即无公害、绿色和有机农产品。农产品质量安全事件的一次次发生，充分说明农产品质量安全不仅是影响人类生活质量，而且还是影响人类身体健康，甚至是生死攸关的大事。为此，必须建立健全农产品质量安全标准化体系，对农产品生产全过程实行质量安全监督管理，从而使农产品质量安全得到保障。同时，还要建立绿色低碳循环农业评价指标体系，用于科学地、客观地、定量地分析评价一个区域的绿色低碳循环农业发展现状、发展过程、管理水平，促进绿色低碳循环农业发展的战略管理。

7.1 绿色有机农产品开发

7.1.1 绿色有机农产品含义

绿色有机农产品是绿色低碳循环农业的产品。是指从生产、加工、运输、贮藏到销售过程中无任何有毒有害物质污染，为人类生活提供无毒、安全、营养、优质的各种农产品的总称，包括无公害农产品、绿色农产品和有机农产品。

（1）无公害农产品。是在产地环境、生产过程和产品质量符合国家有关标准和规范的要求经认证合格获得认证证书并允许使用无公害农产品标志的未经加工或者初加工的食用农产品。

（2）绿色农产品。是在遵循农业可持续发展原则的条件下，按特点生产方式，经专门机构认定，许可使用绿色农产品标志的无污染、安全、优质、卫生、有营养农产品总称。分 A 级、AA 级两种：A 级农产品是生产地的环境质量符合《绿色产品产地环境质量标准》，生产过程严格按照有关绿色农产品生产资料使用准则和生产操作规程，允许有选择地限量使用一些化学合成农药、化肥和生长调节剂。并积极采用生物学技术和物理方法，最终使产品达到绿色农产品标准。AA 级农产品是生产过程中不允许使用任何人工合成化肥、农药和生长调节剂，而是通过使用有机肥，种植绿肥作物轮作，生物防治病虫害，生物和物理除草技术，培肥土壤，控制病虫害草害，最终保障产品达到质量标准。

（3）有机农产品。是纯天然、无污染、安全营养的食品，也称“生态食品”。它是根据有机农业原则和有机农产品生产方式及标准生产、加工出来的，并通过有机食品认证机构认证的农产品。有机农产品与其他农产品的主要不同是：遵循自然规律和生态学原理，协调种植业和养殖业的平衡，采用一系列可持续发展的农业技术，维持持续稳定的农业生产过程；有机农产品在生产加工过程中禁止使用农药、化肥、激素等人工合成物质，并且不允许使用基因工程技术；有机农产品生产考虑到某些物质在环境中会残留相当一段时间，土地从生产其他农产品到生产有机农产品须要 2～3 年的转换期①。

无公害农产品、绿色农产品、有机农产品是 3 个不同档次的绿色低碳循环农业所生产的农产品，三者的主要不同是：无公害农产品——规范农业生产，保障基本安全，满足大众消费，达到中国普通农产品质量水平；绿色农产品——提高生产水平，满足更高需求、增强市场竞争力，达到发达国家普通食品质量水平；有机农产品——保持良好生态环境，人与自然的和谐共生，达到生产国或销售国普通农产品质量水平。

无公害农产品、绿色农产品、有机农产品的共同要求是：生产的地域环境及周围环境中不存在污染源，确保产地环境中的空气、水、土壤的洁净；采用安全可靠的生产、储运技术以及从土地到饭桌的全程质量控制；不用或少用化肥、农药、激

① 《有机农产品、绿色农产品、无公害农产品的标准概念》，中国质量报，2003-12-18。

素等人工合成化学物质，有效防治生产对环境的污染[50]。

7.1.2 绿色有机农产品开发面临的问题

目前，绿色有机农产品以其良好的生态效益和经济效益得到了有关部门和政府的重视，以及越来越多人们的关注，取得了可喜的成绩。据国家认鉴委统计，2004年国家颁发有机产品认证证书 22 张，2014 年达 11 499 张，10 年间增长了 500 多倍。2015 年投入市场的有机码数量达 15 亿件。①但在发展过程中面临许多问题，如生产规模小，产品深加工少，认证成本较高，技术人员短缺，销售网络不健全，品牌产品不多，消费意愿低，假冒和被检出的禁用物质频现等，如国家认鉴委 2014 年曾对有机产品进行认证的真实性检查，发现未通过测试违规使用认证标识现象突出，认证真实性不符合率达 5.8%。其中，50%是因为认证书超期使用，28.10%涉嫌有机码缺失，14.3%涉嫌假冒有机码，7.1%未按规定使用认证标识。②影响了绿色有机农产品行业的进一步发展。

7.1.3 绿色有机农产品开发条件分析

7.1.3.1 自然条件

绿色有机农产品开发的自然条件主要包括当地的水、土壤、大气无污染，要符合绿色有机农产品生产的光、温、水、气等资源条件。具体而言，就是绿色有机农作物（包括蔬菜、水果）生长的区域内没有工业企业的直接污染，水域上游、上风口和周边没有污染源对该区域构成污染威胁。要求该区域内的大气、土壤、水必须符合绿色农产品生产标准，并确保该区域在今后的生产过程中环境质量不下降，生态环境保持良性循环。

7.1.3.2 技术条件

绿色有机农产品的生产、加工、包装、销售均要符合有关的技术操作规程。应该使用有机肥，尽量不施化肥；应该利用机械、农业、生物措施防治病虫害，尽量不使用农药。做到质量优、产量高、环境美、效益好。各地应根据自然资源和社会

---

① 《有机产品怎样才能真“有机”》，光明日报，2016-05-20（07）。

② 《有机产品怎样才能真“有机”》，光明日报，2016-05-20（07）。

经济资源的情况，以效益和环境为中心，合理地利用资源，保护农业生态环境，生产无污染、营养丰富、安全的农、畜、水产品，达到经济、社会、生态效益的统一。

7.1.3.3 市场经济条件

绿色有机农产品要有市场需求，绿色农产品的价格一般要高于普通农产品，这就需要有较高的收入来承受提高的价格部分，从目前国际国内市场需求看，绿色有机农产品深受欢迎，市场份额很大，发展空间广阔。绿色有机农产品经济效益也明显高于一般农产品。

7.1.3.4 政策和社会环境

绿色有机农产品的开发要具有良好的政策和社会环境保障。目前世界各国都十分注重绿色有机农产品的开发，并制定相应政策鼓励开发绿色有机农产品，全社会都拥护发展绿色有机农产品。

7.1.4 绿色有机农产品开发的意义

民以食为天，食以安为先。农产品质量安全不仅会影响到我们的生活质量，而且还会影响到我们的健康，甚至是生命。为此，开发绿色有机农产品具有十分重要的意义。

7.1.4.1 绿色农产品开发有利于人类身体健康

绿色有机农产品是在农业生态环境良好的条件下生产出来的无污染、优质、营养、安全的农产品，人们食用后有利于身体健康，保护生命。这已成为人们的共识和不争的事实。

7.1.4.2 绿色农产品开发有利于生态环境改善

随着工业化发展环境问题日趋严重，同时农业大量使用化肥、农药造成土壤与环境污染，乱垦滥伐林木、围湖造田导致严重水土流失，过度放牧造成草地大面积退化、荒漠化沙尘暴加剧，生物多样化受到严重威胁等一系列环境问题。在生态环境严重污染的条件下，一方面人类生存环境受到威胁，另一方面一些有毒化学物质对土、水、气环境污染，进而农产品也受到污染，人食用了农产品导致生命健康受到威胁，这就要求必须改善生态环境，而发展绿色有机农产品恰恰要求生产加工环境必须符合绿色有机农产品质量标准，建立良好的生态环境才能生产出绿色有机农产品。同时，绿色农产品的生产过程是与生态环境保护密切结合在一起，形成一个有机系统，其本身就是一个净化环境、有效遏制有害物质使用，保护生态环境的过程，也是人类社会实施可持续发展的一项重要战略举措，两者相辅相成、相得益彰。

7.1.4.3 绿色农产品开发有利于提高农产品的出口创汇能力与农业技术贡献率

随着世界经济全球化的发展，人们对农产品的需求将越来越趋向于自然化、保健化和优质化，这必将导致绿色有机农产品将快速发展。中国是一个农业大国，发展绿色有机农产品潜力巨大，这为绿色农产品的开发和农产品的出口提供了不可多得的机遇。因此，发展绿色农产品能够开发创立绿色有机农产品品牌，打破发达国家的“技术壁垒”和“绿色壁垒”，提高农产品的出口创汇能力。

开发绿色有机农产品，从原料产地区域的大气、土壤和水等生态环境条件的调查及检测，生产过程按照标准化的规定严格监控，到产品的加工、包装、运输、销售，均要求采用先进的技术与设备，以及良好的经营者素质。为此发展绿色有机农产品能有效提高农业技术贡献率。

7.1.4.4 绿色有机农产品开发有利于提高农业综合效益

绿色有机农产品农田生产大量是精耕细作农业，生产、加工、运输、销售是一个有机系统，能为农村剩余劳动力提供就业机会，能大幅度提高农产品增值率，从而提高农产品的经济效益。这样既发展了经济、提高了农民的收入，又保护了生态环境，还能为社会提供了安全的绿色有机农产品，可谓利国利民的好事，能获得较好的综合效益①。

7.1.5 绿色有机农产品开发目标

绿色有机农产品开发目标是“三个确保、一个提高”，具体如下。

7.1.5.1 确保农产品质量安全

绿色有机农产品开发必须加强农产品质量安全技术标准体系和检验监测体系建设，加强农业生产与加工的全程控制，提高农产品的质量安全水平，确保农产品质量安全。

7.1.5.2 确保生态安全

绿色有机农产品生产是通过优化农业环境、强调植物、动物和微生物间的能量

① 严力蛟：《刍议绿色农产品》，浙江省农业标准化建设对策研究论文集，2004。

自然转移，确保生态安全。生态安全才能生产出绿色有机农产品。

7.1.5.3 确保资源安全

绿色有机农产品开发要满足人类需要的一定数量和质量的农产品，就必须确保相应数量和质量的耕地、水资源等生产要素，维护好气候、土壤、水、地形等自然条件的经营管理水平。

7.1.5.4 提高农业的综合经济效益

绿色有机农产品开发最终要体现在农业综合经济效益的提高，这对于国家安全、社会发展的作用十分重要。

7.1.6 绿色有机农产品开发的思路与方略

农业部已确定了绿色有机农产品开发工作的指导思想和思路，就是坚持以市场为导向，以全面提高农产品质量和安全水平为核心，以农产品质量标准体系和质量检验检测体系建设为基础，以菜篮子产品为突破口，以市场准入为切入点，从产地和市场两个环节入手，对农产品实行“从农田到餐桌”全过程的质量和安全控制。突出抓好基地建设、执行标准、完善检测、管住市场、严格执法 5 个方面。为此，各地绿色有机农产品开发在坚持上述指导思想的前提下，具体做好以下工作。

7.1.6.1 大力宣传绿色有机农产品

运用各种媒体在公民中大力宣传普及绿色有机农产品知识和消费观念，使公民了解绿色有机农产品无污染、安全、营养、优质的特性，保证身体健康、促进农业可持续发展和保护生态环境等方面的重要作用。通过宣传绿色有机农产品知识和消费观念，使消费者熟悉绿色有机农产品的含义、特性、标志、标识，转变人们的消费观念，使更多消费者认识绿色有机农产品对保证身体健康、保护农业生态环境的重要意义，形成自觉的绿色消费理念。

7.1.6.2 搞好绿色有机农产品基地建设

绿色有机农产品基地是“从土地到餐桌”全程管理的起点，是绿色有机农产品开发的基础。各地要统筹规划，合理布局，整合资源，科学实施；要采取多种途径增加投入，如争取地方政府的政策支持和资金扶持，保证基地建设需要；要使用有机肥料，采取生物防治，提高产品质量。要严格生产技术标准和监管机制，确保农产品的安全。

7.1.6.3 扶持和培育绿色有机农产品加工的龙头企业

努力培育农业龙头企业和专业合作组织，利用它们采取“公司 +基地+ 农户”“公司+ 协会+ 农户”的经营模式，形成在生产资料上包供、生产技术上包教、生产产品上包销的紧密型经济联合体，最终以优质农资换得优质农产品。着力推行以“绿色有机农产品品牌为纽带、龙头企业为主体、原料基地为依托、农户参与为基础”的产业化模式，增强龙头企业促进基地建设和开拓市场的能力。按照把产业调新、产品调优、档次调高、规模调大的要求，结合各地不同的产地的地理、气候条件，确定发展目标，以加快形成产业集聚优势，为发展绿色有机农产品打下坚实基础，使龙头企业真正发挥带动力作用。

7.1.6.4 加强绿色有机农产品的技术研发与推广

绿色有机农产品的开发需要强有力的科技支撑。农产品在农田生产需要优良品种的选育、作物病虫害的生物防治、有机农药和肥料以及先进栽培技术的研发；农产品的加工需要掌握先进的加工技术和工艺以及现代设备；农产品的包装需要使用安全、易回收利用和可降解的包装材料，确保农产品的质量与安全；农产品的运输需要先进的运输技术和装备，以及科学管理，保证在储运过程中不受污染、不变质，并能环保和节能。为此，有关科研单位、大专院校要使科研开发与生产实践有机结合起来，围绕农产品质量安全，抓好新品种、新技术、新产品的开发、推广和技术服务工作。加快开发农药残留、兽药残留等有毒有害物质快速、准确检测的仪器设备和方法，研制农产品有毒有害物质降解技术和产品，研发高质量、高档次、高水平、高科技的绿色有机农产品及加工产品。要广泛开展国际合作与交流，掌握和借鉴国际最新的技术与成果，结合本地的实际，创造性地开展研发工作。要大力推广先进的生产与加工技术，提高产品的科技含量。农产品加工企业应建立研发中心，进行自主研发，打造自己的品牌，提高企业的竞争能力。

7.1.6.5 建立农产品质量和安全信息网点与营销网络

各地要结合农业信息网络建设，加强无公害农产品网站建设，拓展网上订单等服务内容，及时向农产品的生产、加工、经营和使用者提供农产品质量、安全、标准、品牌等方面的信息。通过建立营销网络，拓展销售渠道，开拓国内外市场。建立产地批发市场、批发交易市场和农贸市场以及超市，设立无公害农产品专营区。有计划、有组织地在大中小城市建立专业化的绿色批发市场，进行连锁经营，设立配送中心进行联购分销，降低成本，提高竞争力。

7.1.6.6 强化市场监督管理

市场监察主要是纠正违规使用标志的行为，查处假冒产品。要严格执行《农产品质量安全法》和《食品安全法》，完善认证监管制度，落实属地管理职责，建立“以行政执法为主导，行业自律为基础，属地管理为保障”的监管体制。严厉打击假冒产品，规范市场秩序，保护生产者的利益，维护消费者的权益[51]。

7.2 绿色有机农产品标准化

7.2.1 农产品质量安全标准化与农产品质量安全标准化体系的含义

农产品质量安全标准化是指运用“统一、简化、协调、优选”原则，对农业生产全过程尤其是与农产品质量安全相关的各个环节，通过制定标准和实施标准，提高对农产品生产全过程的管理水平，从而使农产品质量得以稳定并提升，进而达到保障农产品质量安全的预期目的的过程。简言之，农产品质量安全标准化是指制定、发布和实施与保障食用农产品质量安全相关标准等活动的过程。

农产品质量安全标准化体系是指将与保障食用农产品质量安全相关的各个环节的标准，按其内在联系形成科学的有机整体，并对该有机整体加以推广、实施，以及对推广、实施的效果加以监督和检验的整个运作体系[52]。

7.2.2 绿色有机农产品标准化体系建设面临的问题

7.2.2.1 绿色有机农产品监管部门联合执法缺乏合力

绿色有机农产品监管涉及食品安全监管职责的有工商、质监、卫生、农业、药监和商务等将近 10 个部门，部门之间配合不力，信息沟通不够，工商管市场、技术监督管产品、卫生部门管治疗，各自为政，难以形成合力，因而对制假售假查处不力。在执法过程中重审批、轻监管，缺乏有效监管，对违法犯罪分子打击不力。

7.2.2.2 绿色有机农产品执行标准的监测能力和手段不足

目前，绿色有机农产品监督检测机构一般只有常规项目的检测能力，而与农产品安全质量密切相关的农兽药残留、激素残留、放射性污染、重金属污染、再生有毒物质及转基因等方面的检测能力严重不足。在提供质量检测、技术服务和保证标准实施方面与农业标准化发展形势和现代农业发展要求存在较大差距。

7.2.2.3 一家一户分散的传统农业生产方式对实现绿色有机农产品标准化生产难度大

目前在农村一家一户分散的传统农业生产方式占主导地位，使得推行绿色有机农产品标准化生产难度较大，种子种苗难统一，肥料、农药使用难统一，栽培技术难统一，采摘、收获、加工工艺难统一，难以从根本上提高农产品质量。特别是一些地方不按照农药安全使用的规定，未达到安全间隔期收割农产品，以致农药降解不彻底，严重影响农产品质量安全。

7.2.2.4 绿色有机农产品生产与加工不按标准化生产问题严重

绿色有机农产品生产与加工者（农民与生产厂商）受利益的驱动，不顾道德、法律的约束，肆无忌惮违反生产标准和技术规程生产不合格农产品或食品，严重扰乱了农产品市场和食品市场的秩序，对消费者的身体健康和生命安全构成巨大威胁。

7.2.2.5 绿色有机农产品标准化体系不健全且技术落后

目前，绿色有机农产品从产前、产中、产后及产品的深加工等整个农业生产过程还没有真正形成标准化体系。不完整的标准化体系已不能满足绿色有机农产品发展规模、市场流通、产品贸易、质量监控和提高产品质量安全的要求。如加工食品标准采用国际食品法典委员会标准的有 12%，采用国际标准化组织食品技术委员会标准的有 40%，采用国际制酪业联合会标准的有 5%，所占比例都很少。农产品质量标准技术指标落后，仅有重金属、硝酸盐、亚硝酸盐和农药残留等指标，没有涉及甲醛等有害气体的含量指标；进口茶叶受检农药品种在欧盟、德国、英国、日本分别为 62 种、56 种、13 种、64 种，而中国只规定“六六六”“滴滴涕”两项指标；在现行的《食品卫生法》对 104 种农药在粮食、水果、蔬菜等 45 种食品中规定了允许残留量，共 291 个指标，而国际食品法典委员会制定的食品安全标准（CAC）对 176 种农药在 3 755 种食品中规定了 2439 项农药最高残留标准[53]。

7.2.3 农产品质量安全标准化体系建设的基本情况

农产品质量安全是当今世界各国普遍关注的热点问题。中国十分重视农产品质量安全工作，并大力开展农产品安全技术标准体系建设。农产品质量安全标准已从新中国成立初期的农作物种子、种畜禽标准发展到涉及农产品品种标准、产地环境标准、生产加工技术规范、产品等级分级、安全卫生、包装贮运等农产品生产的全过程。目前已制定颁布农产品质量安全国家标准 1 281 项，行业标准 3 272 项，地方标准 7 000 余项，另有加工食品国家标准和行业标准 671 项，初步建立了农产品及食品质量安全标准体系框架。2006 年 11 月 1 日正式施行《中华人民共和国农产品质量安全法》，从法律层面上将标准作为全程介入农产品安全的核心内容加以制定和规范，确立了 7 项基本制度，即政府统一领导，农业主管部门依法监管，其他有关部门分工负责的农产品质量安全管理体系、安全标准强制实施制度、产地管理制度、包装和标识管理制度、监督检查制度、风险分析评估制度和信息发布制度、违法行为责任追究制度等①。

7.2.4 绿色有机农产品标准化体系建设的意义

绿色有机农产品标准化体系建设的最终目的是解决农产品质量安全问题，只有加快绿色有机农产品标准化建设，才能提高农产品质量安全水平，才能确保广大消费者能够真正吃到安全、优质、营养的农产品。可以说，人民生活水平的逐步提高，农产品市场竞争的日趋激烈，加快绿色有机农产品标准化体系建设，全面提升农产品质量，具有十分重大的意义。

7.2.4.1 市场竞争需要农产品标准化体系建设

优胜劣汰是市场运行机制的基本规律，只有按照农产品标准化的要求才能生产出安全优质的农产品，才能在市场竞争中立于不败之地。

7.2.4.2 人民生活水平逐渐提高需要农产品标准化体系建设

随着人们生活水平的提高，越来越关注和追求农产品的品质营养、安全卫生，要让人们吃得放心吃到安全优质的农产品，就必须加快农业标准化体系建设。

7.2.4.3 人民身体健康需要农产品标准化体系建设

实施绿色有机农产品标准化，保障农产品安全，才能确保人民群众的健康，维护人民群众切身利益，构建和谐社会。

---

① 《我国初步建立农产品和食品质量安全标准体系框架》，中央政府门户网站，2007-05-07。

7.2.5 绿色有机农产品标准化体系建设

7.2.5.1 建立良好的农产品标准化联动机制与投入机制

绿色有机农产品标准化建设工作涉及农业、质监、工商、食品卫生、媒体宣传等多个部门，技术、经济、管理多个领域，产前、产中、产后多个环节，综合性很强，因此，要建立“政府推动、市场拉动、部门联动、龙头带动、主体自动”的农产品标准化实施运行工作机制，形成合力全面推进。

资金缺乏是制约绿色有机农产品标准化建设的重要因素。各级政府要把绿色有机农产品标准化建设纳入经济社会发展总体规划，经费列入各级财政常年预算，切实加大资金投入的力度。要鼓励引导社会和企业加入农产品标准化建设中。逐步建立以政府投入为导向，生产经营者投入为主体，社会投入为补充的多元化投入机制。确保绿色有机农产品标准化建设资金所需。

7.2.5.2 搞好绿色有机农产品的标准、推广、监管体系建设

（1）搞好绿色有机农产品标准体系建设，其目的在于梳理、完善涉及农产品质量安全的各类相关标准的构架，使之覆盖到生产全过程，且相互之间有效衔接，建立起农产品标准化体系。

（2）搞好绿色有机农产品标准推广体系建设，其目的在于促进农产品标准的实施。各地要结合自己的实际，建立以农技、质监部门为核心，企业及专业合作组织为纽带，相关科研院所及大中专院校为补充的标准化技术推广体系。

（3）搞好绿色有机农产品标准监督检验体系建设，其目的在于监管检验标准的实施情况，保证农产品质量与安全。要按照“统筹规划、合理布局、资源整合、优势互补”的原则，加强对现有检测资源的整合，形成布局合理、分工明确、门类齐全的多元化农产品检测体系。

重点抓好县市农产品质量检测中心建设，开展例行监测。鼓励和支持农产品生产基地、批发市场、农贸市场和生鲜超市建立检测室（点），开展自律性检测。同时，要与加强农业行政执法紧密结合起来，做到有标准体系，有检测手段，有执法队伍，有检查督导机制。要提高检测、认证和监管的科学性和有效性，建立健全监测预警、风险评估和应急处置机制，切实增强事故预警、风险防范和突发事件的应对能力。

7.2.6 绿色有机农产品认证体系建设

目前中国已建立了无公害农产品、绿色农产品、有机农产品三大农产品质量认证体系。在抓好无公害农产品、绿色农产品、有机农产品“三位一体”认证的同时，应着眼于产品认证与体系认证相结合，引导农民、农业企业、生产单位、合作经济组织开展良好生产规范（GMP）、良好农业规范（GAP）、危害分析与关键点控制（HACCP）和 ISO 9000、ISO 14000 等体系认证，促进农产品生产、加工、营销逐步与国际接轨。

7.3 农产品质量安全

7.3.1 农产品质量安全的内涵

《中华人民共和国农产品质量安全法》释义农产品是指来源于农业的初级产品，即在农业活动中获得的植物、动物、微生物及其产品。农产品质量安全，是指农产品质量符合保障人的健康、安全的要求。

具体而言，农产品质量安全就是食用的农产品中不应含有可能损害或威胁人体健康的因素，如农药残留、兽药残留、重金属污染、亚硝酸盐污染等。不应导致消费者急性或慢性毒害或感染疾病，或产生危及消费者及其后代健康的隐患。

农产品受污染的来源、方式及途径是多方面的，在生产、加工、运输、贮藏、销售等各个环节均可能出现污染、化学物质残留及物理危害。目前，中国食用农产品安全存在的主要问题是农药或兽药残留超标、动物疫病、环境因素造成的有毒有害物质超标及人为的掺杂使假问题。这些农产品质量安全问题，对人们的身体健康构成了极大威胁。如 2008 年 9 月，中国爆发三鹿婴幼儿奶粉受污染事件，导致食用了受污染的婴幼儿产生肾结石病症，其原因也是奶粉中含有三聚氰胺。2010 年 1 月以来，海南豇豆在武汉连续 3 次被检测出含有禁用农药水胺硫磷，上海、广州等地也相继查出“有毒豇豆”，造成海南豇豆不能吃，甚至有豇豆不能吃的恐慌心理。2010 年 4 月，青岛检出 1 930 kg 韭菜农药超标，9 名市民中毒。2010 年 9 月，西安发现用硫黄熏制生姜占市场份额60%等。随着人们生活水平的不断提高，对农产品质量的要求越来越高，绿色有机农产品就在成为标示农产品安全、健康、环保的新概念。由此无公害农产品、绿色农产品、有机农产品就成为质量安全的农产品。

7.3.2 农产品质量安全的重要性

农产品质量安全事关国民身体健康和生命安全，是政府提供管制性公共服务，保障社会公共利益的重要内容。随着农产品综合生产能力不断提高和资源环境压力的不断增大，21 世纪农业发展的目标正由长期以来的保障供给逐步转向保障安全和可持续发展。加快农产品质量安全体系建设，对于深入实施《农产品质量安全法》，提高农产品质量安全水平，保障消费安全，增强农产品竞争力，促进农民增收和实现可持续发展具有重要意义。

7.3.3 农产品质量安全的控制

目前中国已初步形成了部、省、县相互配套、互为补充的农产品质量安全检验检测体系，为加强农产品质量安全监管提供了技术支撑。为了确保农产品质量安全应重点抓好以下工作：

7.3.3.1 积极开展农产品质量安全制度建设

（1）建立生产档案制度。要积极引导农民、企业和专业合作组织按标准组织生产，实行标准化管理，建立起完善的生产经营记录档案，确保农产品质量安全责任实现可追溯。

（2）建立质量监测制度。农业部门应积极建立起农产品质量安全例行监测及强制性检测制度，逐步确定一批强制性检测项目，由有资质的检测机构开展规范性、经常性检测。各地农产品质量检测中心要定期或不定期地进行抽样检测，随时掌握农产品质量安全状况，以便及时采取相应的对策措施。

（3）建立市场准入制度。各级农业部门要会同工商、卫生、质监等有关部门积极探索农产品实行市场准入的产品类别、方式、方法，建立起安全的农产品产销经营体制，切实把好市场关，让消费者吃上放心食品。质量指标达不到国家强制性标准要求的农产品不得进入市场销售和交易。

（4）建立考核制度。对出现农产品质量安全事故或造成重大经济损失的，应严肃追究有关人员的责任。同时，各级农业部门都应把农业标准化工作纳入农业农村工作年度考核的重要内容进行考核。

（5）建立激励制度。对在开展农产品标准化工作中取得显著经济效益、社会效益和生态效益的单位和个人给予表彰奖励，对社会各方参与投资的给予政策上的优惠，以此激励和保护开展农产品标准化建设的积极性。

7.3.3.2 努力做好农产品质量安全监控网络体系建设

建立农产品生产企业与监测部门的终端联网，要求农产品生产企业必须建立质量检验室和快速检测系统平台，对每一批次农产品进行农药残留、重金属等检测，通过网络实时汇总检测结果，由监测部门网络终端进行监测审批，自动生成农产品产地准出指令。完善大型农贸市场安全检测技术手段，要求大型农贸市场必须配备农产品残毒检测设备，可以进行快速定性检测。通过建立农产品质量安全监控网络体系，实现从产地到市场，从源头到消费者的全程智能信息监控，实现农产品“从田间到餐桌”的质量安全。

7.3.3.3 大力抓好农产品质量安全可追溯体系建设

农产品质量安全可追溯体系是通过条码能追溯到产品的生产班组、时间、流程的管理，对造成质量安全事故的责任人实行质量追究，从而强化生产经营者的质量安全意识。

农产品质量安全可追溯体系建设要对农产品实行产地编码，建立源头数据库。运用信息手段，根据本地区的实际情况，规范条形码标识，从而实现本地区农产品条形码编码的标准化和全覆盖。实现生产记录可存储、产品流向可追踪、储运信息可查询，将农产品从生产到加工直至销售等全过程结合起来，逐步形成产销区一体化的农产品质量安全追溯信息网络。例如，农垦系统按照“生产有记录、信息可查询、流向可跟踪、质量可追溯”的基本要求，已初步建立起以“四个系统”“一个中心”为核心的开放实用的农产品质量追溯信息系统，即集定制、采集、汇总功能于一体的农产品生产信息采集系统和网上填报系统；以短信、语音、网络为载体的消费者查询系统；以投入品监控为主的生产全过程质量安全监管系统，形成了全国农垦农产品质量追溯数据中心[①]。

---

① 《农产品质量追溯体系建设扎实推进》，经济日报，2011-05-10。

总之，建立农产品质量安全可追溯体系，可以从根本上保证农产品质量安全。实施农产品可追溯制度，使农产品生产、运输、销售等所有环节的每一步都有记录，是保障农产品质量的最有效手段之一，是一套非常有效监管农产品质量安全的重要举措。

7.3.4 农产品质量安全典型案例分析

7.3.4.1 农产品安全典型事件回顾

- ☞ 2004 年：“阜阳奶粉”事件
- ☞ 2005 年：“苏丹红”事件
- ☞ 2005 年：PVC 保鲜膜致癌事件
- ☞ 2006 年：苏丹红鸭蛋事件
- ☞ 2008 年：三鹿婴幼儿奶粉事件
- ☞ 2010 年：海南豇豆水胺硫磷污染事件
- ☞ 2010 年：青岛市“毒韭菜”事件
- ☞ 2011 年：双汇瘦肉精事件
- ☞ 2011 年：染色馒头事件
- ☞ 2011 年：塑化剂事件（台湾版的“三聚氰胺事件”）

7.3.4.2 海南豇豆水胺硫磷污染事件案例分析

（1）事件。2010 年 1 月 25 日至 2 月 5 日，武汉市农检中心对武汉市的多家农贸市场进行抽查时，连续发现豇豆含有禁用农药水胺硫磷。水胺硫磷是一种高毒性农药，禁止用于果、茶、烟、菜、中草药植物上。它能经由食道、皮肤和呼吸道，引起人体中毒。早在 2002 年，农业部就将水胺硫磷列入高毒农药禁售名单。这些毒豇豆样本均来自海南省凌水县英洲镇和三亚市崖城镇，于 2 月 6 日向海南省农业厅出协查函，3 个月内禁止海南生产的豇豆进入武汉市场。消息一出，全国震惊。全国各地加大了对海南豇豆的检测力度，又在广州、合肥、郑州等 11 个城市查出海南豇豆农药残留超标，被称为“豇豆事件”。豇豆事件让海南当地的农民、代购商和外省货商蒙受了不小的损失。海南豇豆滞销，价格下滑跌破 1 元，不仅海南农民利益和海南冬季果菜声誉受损，而且再次引发各地消费者对农产品质量问题的忧虑①。

（2）查处。海南省纪委、监察厅对“豇豆事件”进行了调查处理：对三亚市农业局局长宫建国、副局长罗宏伟、市农业综合执法支队支队长黎明等人分别做出全市通报批评、停职检查 6 个月、行政免职等处理；对陵水黎族自治县农委主任董存雄等人做出通报批评，并对相关人员进行诫勉谈话；省工商局党组对三亚市工商局崖城工商所长等人做出免职处理，还责成陵水县工商局相关副局长做出书面检查并在全系统进行通报批评②。

（3）原因。“毒豇豆”事件的直接原因是海南部分农民片面追求经济利益，使用国家明令禁止的高毒农药所致，根本原因则是当地农业生产方式落后、政府相关部门监管和服务不到位。

（4）反思。实际上，毒豇豆事件可以看作是中国蔬菜水果等农药残留超标的一个缩影。在我们日常接触的蔬菜水果中，残留有高毒农药的不仅仅是豇豆，生产地也不独是海南。最近两年，国际环保组织绿色和平对北京、青岛等大超市售卖的蔬菜水果进行随机抽取并送到第三方独立实验室检测时，经常发现一种蔬菜或者水果上同时有几种农药残留，有的甚至是国家禁用的高毒农药。毒豇豆事件更像一个警钟，敲给农民，敲给监管者，也敲给无法知道真相的消费者。

食品安全事关人民群众身体健康和生命安全，事关经济发展与社会和谐，食品安全问题已引起了社会各界的广泛关注。对于这起毒豇豆事件，我们要从中汲取教训，从生产销售环节杜绝同类事件的发生，期盼各级政府相关部门、农产品生产者都能以此次事件为鉴，抓紧研究解决农产品生产的标准化问题，为农产品质量安全提供系统、长效的机制保障，让老百姓吃上放心的农产品。

7.3.4.3 石家庄三鹿集团股份有限公司婴幼儿奶粉受污染事件案例分析

（1）事件。2008 年 9 月，石家庄三鹿集团股份有限公司婴幼儿奶粉受污染事件，导致食用了受污染奶粉的婴幼儿产生肾结石病症，其原因也是奶粉中含有三聚氰胺。到 2008 年 9 月 12 日至 17 日 8 时，各地报告临床诊断患儿一共有 6 244 例，死亡 3 例。事件经过时间表如下：

---

① 《食品安全面前毒农药将无“地”自容》，中国食品科技网，2011-07-09。

② 《海南“豇豆事件”13 名相关责任人被问责》，人民网，2010-04-09。

☞ 2008 年 6 月 28 日：兰州市的解放军第一医院收治了首例患“肾结石”病症的婴幼儿，据家长们反映，孩子从出生起就一直食用河北石家庄三鹿集团所产的三鹿婴幼儿奶粉。7 月中旬，甘肃省卫生厅接到医院婴儿泌尿结石病例报告后，随即展开了调查，并报告卫生部。随后短短两个多月，该医院收治的患婴人数就迅速扩大到 14 名。

☞ 9 月 11 日：除甘肃省外，陕西、宁夏、湖南、湖北、山东、安徽、江西、江苏等地都有类似案例发生。

☞ 9 月 11 日晚：卫生部指出，近期甘肃等地报告多例婴幼儿泌尿系统结石病例，调查发现患儿多有食用三鹿牌婴幼儿配方奶粉的历史。经相关部门调查，高度怀疑石家庄三鹿集团股份有限公司生产的三鹿牌婴幼儿配方奶粉受到三聚氰胺污染。卫生部专家指出，三聚氰胺是一种化工原料，可导致人体泌尿系统产生结石。

☞ 9 月 11 日晚：石家庄三鹿集团股份有限公司发布产品召回声明称，经公司自检发现 2008 年 8 月 6 日前出厂的部分批次三鹿牌婴幼儿奶粉受到三聚氰胺的污染，市场上大约有 700 t。为对消费者负责，该公司决定立即对该批次奶粉全部召回。

☞ 9 月 12 日：受省委、省政府委托，副省长咸辉带领有关部门负责同志，到解放军第一医院看望、慰问该院收治的肾结石患儿。

☞ 9 月 13 日：党中央、国务院对严肃处理三鹿牌婴幼儿奶粉事件作出部署，立即启动国家重大食品安全事故Ⅰ级响应，并成立应急处置领导小组。

☞ 9 月 13 日：卫生部党组书记高强在“三鹿牌婴幼儿配方奶粉”重大安全事故情况发布会上指出，“三鹿牌婴幼儿配方奶粉”事故是一起重大的食品安全事故。三鹿牌部分批次奶粉中含有的三聚氰胺，是不法分子为增加原料奶或奶粉的蛋白含量而人为加入的。

☞ 9 月 14 日：卫生部部长陈竺带领有关司局领导及专家飞抵兰州，针对有关三鹿奶粉事件应急处置工作展开专题调研。

☞ 9 月 15 日：甘肃省政府新闻办召开了新闻发布会称，甘谷、临洮两名婴幼儿死亡，确认与三鹿奶粉有关。

☞ 10 月 27 日：三元股份首次正式承认正与三鹿进行并购谈判。

☞ 12 月 25 日：河北省石家庄市政府举行新闻发布会，通报三鹿集团股份有限公司破产案处理情况。三鹿牌婴幼儿配方奶粉重大食品安全事故发生后，三鹿集团于 2008 年 9 月 12 日全面停产。截至 2008 年 10 月 31 日财务审计和资产评估，三鹿集团资产总额为 15.61 亿元，总负债 17.62 亿元，净资产–2.01 亿元，12 月 19 日三鹿集团又借款 9.02 亿元付给全国奶协，用于支付患病婴幼儿的治疗和赔偿费用。三鹿集团净资产为–11.03 亿元（不包括 2008 年 10 月 31 日后企业新发生的各种费用），已经严重资不抵债。至此，经中国品牌资产评价中心评定，价值高达 149.07 亿元的三鹿品牌资产灰飞烟灭①。

（2）处理。三鹿婴幼儿奶粉事件发生后，党中央、国务院迅速启动了国家重大食品安全事故 I 级响应机制，对患儿诊断治疗、问题奶粉封存回收、相关企业停产整顿、事故责任查处、所有奶制品检验和相关行业整顿等问题做了重大部署。经党中央、国务院批准，免去吴显国同志河北省省委常委、石家庄市委书记职务；同意接受李长江同志引咎辞去国家质量监督检验检疫总局局长职务的请求。

- 2008 年 12 月 31 日：石家庄市中级人民法院对原三鹿集团股份有限公司董事长田文华以生产、销售伪劣产品罪，被石家庄市中院一审判处无期徒刑。原三鹿高管王玉良、杭志奇、吴聚生分别被判处有期徒刑 15 年、8 年和 5 年②。
- 2009 年 3 月 26 日：河北省高级人民法院对三鹿系列刑事案件做出二审裁定，依法维持一审对张玉军以危险方法危害公共安全罪判处死刑，剥夺政治权利终身的判决；对耿金平以生产、销售有毒食品罪判处死刑，剥夺政治权利终身，并处没收个人全部财产的判决。
- 受河北省高级人民法院委托，石家庄市中级人民法院 26 日对田文华案和高俊杰案进行二审宣判。河北省高级人民法院裁定全案驳回三鹿集团田文华等人的上诉，维持一审以生产、销售伪劣产品罪判处田文华无期徒刑，剥夺政治权利终身，并处罚金人民币 2 468.741 1 万元的判决；核准了原审对高俊杰以危险方法危害公共安全罪判处死刑，缓期二年执行，剥夺政治权利终身的判决③。

① 《2008 年中国奶制品污染事件》，维基百科，自由的百科全书，2014-01-19。

② 《原三鹿集团董事长田文华被石家庄中院判处无期徒刑》，新华网，2008-12-31。

③ 《三鹿系列案：河北高院维持一审对田文华等人判决》，新华网，2009-03-27。

（3）原因。反思三鹿毒奶粉事件，我们不难发现，造成三鹿悲剧的三聚氰胺只是个导火索，而事件背后的运营风险管理失控才是真正的罪魁祸首。

☞ 企业管理失控：三鹿集团祸起奶粉，源于丧失奶源质量的控制。三鹿集团高层管理人员风险意识淡薄，盲目扩张规模与利益的追求，其散户奶源比例占到一半，且形式多样，要对数百个奶站在原奶生产、收购、运输环节实现实时监控是不可能的，只能依靠最后一关的严格检查，加强对蛋白质等指标的检测，但如此一来，反而滋生了层出不穷的作弊手段。但是三鹿集团的反舞弊监管不力。企业负责奶源收购的工作人员被奶站"搞"定了，这样就形成了行业"潜规则"。不合格的奶制品就在商业腐败中流向市场。同时，三鹿集团大打价格战以提高销售额，以挤压没有话语权的产业链前端环节利润。尽管三鹿的销售额从2005年的74.53亿元激增到2007年的103亿元，但是三鹿从未将公司与上游环节进行有效的利益捆绑，因此，上游企业要想保住利润，就必然会牺牲奶源质量。

另外，三鹿集团缺乏足够的协调应对危机的能力。在危机发生后，面对外界的质疑和媒体的一再质问，仍不将真实情况公布，引发了媒体的继续深挖曝光和曝光后消费者对其不可恢复的消费信心。

☞ 法律规范与社会监督尚不完善：三鹿集团婴幼儿奶粉受污染事件也反映了转型时期的中国市场体系尚不健全，市场进入、竞争和市场交易秩序也不规范。

☞ 地方政府对企业社会责任监督滞后：三鹿集团婴幼儿奶粉受污染事件也反映了地方政府官员对企业社会责任问题了解甚少，或者根本没有概念，对其利害没有清醒的认识，对企业里存在的很多情况也不了解。管理部门只注重企业的利润和税收，而对企业守法行为缺乏有力监督。

☞ 企业在履行社会责任方面缺乏诚信的经营理念：三鹿集团在履行社会责任方面没有树立正确的生产经营意识，没有正确的经营理念。

（4）反思。石家庄三鹿集团股份有限公司婴幼儿奶粉受污染事件的发生，又一次给我们敲响了食品安全的警钟。食品生产企业要引以为鉴，吸取教训，树立食品安全意识和对社会负责的责任意识，加强食品质量安全的检验检测，生产合格的产品。各级政府相关部门要加大食品质量安全监督管理力度，不能让不合格的食品流入市场，危害人民的身体健康和生命安全。

7.3.4.4 青岛市韭菜有机磷中毒事件案例分析

（1）事件。2010 年 4 月 1 日开始，青岛一些医院陆续接到 9 名食用韭菜后中毒的患者，他们都是食用韭菜之后出现了头疼、恶心、腹泻等症状，经医院检查属于有机磷中毒，也就是说韭菜上的残余农药严重超标导致中毒。被查出的毒韭菜主要是来自山东潍坊高密的夏庄镇、河崖镇及潍坊寿光的稻田镇等地，销售渠道全部是青岛早市和夜市。一共抽检韭菜近 2 000 批次，检出农药残留超标蔬菜 1 930 kg，目前已经全部销毁。

这次事件对消费者造成了伤害以外，对种植韭菜的菜农也带来了巨大的影响。在青岛地区韭菜的主要产地莱西市孙受镇，受毒韭菜的影响，还有 1 000 多亩韭菜没有卖出去，头茬韭菜 0.5 元/500 g 都无人问津①。

（2）原因。农产品缺乏标准化生产，由于受季节变换以及气温升高的影响，蔬菜的病虫害到了高发期，菜农加大了用药量和用药频率，蔬菜农药残留超标。生产者生产的韭菜不经检验进入市场，市场监管不到位进入消费者，消费者吃上中毒，引发事件。

（3）反思。韭菜有机磷中毒事件对于公共食品安全带来的冲击，以及由此公众对于食品安全检查导致的不信任，已成为一件关系到每个人身体健康和生命安全的大事。可以说几乎任何一个食品安全事件的事发，都是消费者以自己的身体健康受到伤害为代价发现的，食品安全监管每一次都严重缺位，如果我们监管部门总是在食品安全事件发生之后才匆匆表明自己的态度，那么谁知道自己吃的食品究竟是安全还是不安全？如果食品安全的监管总是在干着亡羊补牢的修补活，那么谁还会对食品安全放心？这就要求食品监管部门必须确实加强对食品质量安全的监督管理，防止类似事件的发生，让人们吃上放心的安全食品。

7.3.5 国外农产品质量安全的做法与经验借鉴

美国、加拿大、日本、韩国等一些发达国家在农产品质量安全方面起步较早，普遍建立了较为完善、实用有效的农产品质量安全监督管理体系，促进了农业发展，保护生产者的利益，维护消费者的权益，其经验与做法值得我们借鉴。

---

① 《青岛检出 1 930 kg 韭菜农药超标　9 名市民中毒》，中国广播网，2010-04-10。

7.3.5.1 规范的农产品质量安全管理模式

（1）美国模式。美国农产品质量安全管理实行的是多部门联合监管模式，不同部门间、联邦与各州和地方之间的食品安全职责分工明确和相互配合。美国负责农产品（食品）质量安全管理工作的主要管理机构是农业部、卫生和人类健康部、环境保护署。

- ☞ 农业部：对食品特别是农产品（农产食品）安全起着最关键的作用，主要负责建设和管理农产品质量安全标准、检测与认证体系。农业部下设食品安全检验局（FSIS）和动植物健康检验局（APHIS），这两个部门的主要职责是负责农产品进出口检验检疫与畜禽类食品安全等工作。除此之外，还有一些负责相应的质量安全管理工作的专门机构，如农业市场局（AMS）、粮食检验包装储存管理局（GIPSA）、联邦谷物检测局（FGIS）等。
- ☞ 卫生和人类健康部：主要是对食品添加剂、动物饲料和兽药进行监管，下属的疾病预防控制中心负责收集食源性疾病的数据，预防和控制食源性疾病的爆发，并建立疾病暴发应急体系，以提高各部门紧急状态下的协调性。
- ☞ 美国国家环境保护局：主要监控动物饲料、农药中杀虫剂的残留量，下属的动植物健康检验局主要负责检测动植物疾病，并对疾病进行风险评估。各部门之间职责明晰，通过相互的协调和配合，有力地保障了农产品质量安全。

美国还成立了食品传染疾病发生反应协调组、总统食品安全委员会、食品安全联合研究所、风险评估协会、食品安全和应用营养联合研究所等协调组织，以加强各食品安全机构之间的协调与联络。

（2）加拿大模式。加拿大负责农产品安全的主要管理机构是农业部下属的食品检验局（CFIA）。负责农业投入品监管、产地检查、动植物和食品及其包装的检疫、药残监控、加工设施检查和标签检查，管理联邦一级注册、产品跨省或在国际市场销售的食品企业，并对有关法规和标准执行情况进行监督，实施这些法规和标准等。

卫生部负责制定所有在加拿大出售的食品安全及营养质量标准，制定食品安全的相关政策，负责评估食品检验署有关食品安全工作的效果。

食品检验局制定农产品的安全卫生标准、农业投入品以及农作物种子的质量标准，同时还对进出口的农产品进行检测。

另外，加拿大消费者协会成立了“食品安全教育组织”，通过互联网向消费者提供有关食品安全的信息和知识。消费者也可以通过互联网向消费者协会等组织和管理部门反映食品安全问题。国际社会普遍认为加拿大的农产品（食品）安全管理体制是世界上最好的管理体制。

（3）日本模式。日本农产品监管相关政府部门的职责主要按照农产品从生产、加工到销售流通等环节来确定。农林水产省主要负责日本国内生鲜农产品生产环节的管理和监督，农业投入品的检验和检测，进口农产品的检验与检疫，国产和进口粮食的质量安全检查，国内认证产品的监督管理与农产品品质和标识认证，农产品加工过程中 HACCP 体系的大力推广，流通环节中相关市场的设施建设，搜集消费者反映的信息并与相关消费者进行沟通等。

厚生劳动省主要监管农产品加工和流通环节的质量，制定统一的农产品安全卫生标准，对本国农产品加工企业实行许可经营，设立食品安全局，及时发布农产品安全状况。农林水产省和厚生劳动省还共同负责农产品的市场准入工作，加强与地方农业部门的协调，切实对农产品质量进行全程监管。此外，各地的派出机构和一些行业协会在保证食品安全方面也起着较大作用。

（4）欧盟模式。欧盟负责农产品质量监管的部门主要有欧盟委员会、欧盟议会和食品安全管理局。在涉及农产品质量安全的问题上，欧盟委员会和欧盟议会共同协商，并实行欧盟——成员国的两级监管制度。食品安全管理局主要负责制定农产品质量监管的一般性法律，确立农产品安全的指导原则及方针政策，协调各成员国的农业政策目标。各成员国有自己独立的农产品质量监管机构，管理模式各不相同[54]。

（5）韩国模式。韩国的农产品质量安全监管实行垂直管理，主要包括 3 个部门：国立农产物品质管理院和国立兽医科学检疫院，负责畜产品、种植产品的安全检验工作。海洋渔业部下属的水产品检查所，负责水产品的检测。隶属于食品药品安全厅的检验所，负责进入市场的农产品的质量安全。

韩国政府在农产品质量安全监管中发挥了重要的作用。韩国的农产品认证实行官方认证，保证了农产品认证的权威性。负责农产品认证的是韩国国立农产物品质管理院，由其指定具体的认证机构并授权，如果认证机构不严格履行责任，将会被撤销认证资格并受到处罚①。

7.3.5.2 健全的农产品质量安全法律法规

随着社会分工的细化和国际贸易的扩大，农产品供给系统变得越来越复杂化和多元化。发达国家为了农产品的安全供给，根据各国的实际，都建立了较为完善的法律法规体系。

（1）美国。美国食品质量安全法律法规体系涵盖了农产品质量安全的各个方面，主要有《联邦食品、药品与化妆品法》《联邦肉品检验法》《食品质量保障法》《公共卫生服务法》《禽类产品检验法》《蛋类产品检验法》和《联邦杀虫剂、杀真菌剂和灭鼠剂法》，以及《联邦农作物保险法》《统一产品责任示范法》《食品质量保障法令》《公共健康事务法令》等。在这些法律法规的基础上，还有一系列用来规范立法程序和实施国家样本检验的程序性法规。

（2）加拿大。加拿大农产品质量安全的法律法规也较为完善，主要有《植物保护法》《谷物法》《肉类检查法》《消费者包装标签法》《肥料法》《种子法》等，除了基本的法律之外，加拿大还制定了相关的法规条例，作为法律的必要补充。

（3）日本。日本是围绕着农产品生产加工流通的环节，制定了较为完善的法律法规。主要法律有《食品卫生法》《农林产品品质规格和正确标识法》和《植物防疫法》等。日本还出台了较为完善的专项法律，包括《屠宰法》《食品安全基本法》和《健康促进法》等。基本法律和专项法律相互补充，为农产品（食品）安全提供了强有力的法律保证。

（4）欧盟。从立法方面看，欧盟共有 13 类 173 个关于食品安全的法规，其中最重要的是《食品卫生法》，对农产品生产及投放市场做出了详细的规定。欧盟要求所有农产品的卫生情况必须及时在网上公布，并根据实际情况不断健全农产品安全法律框架。

7.3.5.3 完善的农产品质量安全检验检测体系

世界各国都根据农产品质量安全监管的需要，都建立了农产品质量安全检验检测体系。特别是美国、加拿大、日本、韩国和欧盟等发达国家都制定了一系列比较完善的农产品质量安全检验检测体系，而且随着国际市场的不断变化和社会大众不断提高的需求，在不断地进行完善和加强。

---

① 《国外农产品质量监管制度的借鉴和启示》，中共河南省委农村工作办公室网，2013-10-12。

（1）欧盟。欧盟各成员国根据欧盟食品安全法令和本国法律，由农业行政主管部门按行政区划和农产品品种设立全国性、综合性和专业性监测机构，对农产品实施严格的市场准入和监管制度。如丹麦就有农业部授权的农产品质检机构 38 个，承担农业部下达的市场准入和市场监督执法检验任务。丹麦各地方政府也设有相应的农产品质检机构，负责农产品产地环境、农产品及生产过程的监督检测。欧盟农产品质量安全检验检测体系主要包括：①建立严格的动植物疫病监测体系，从根源上保障农产品质量安全；②加强农药、兽药残留量的检测，并对农产品实验室进行规范；③对进口农产品实行严格的市场准入制度，只有被列入安全名单的国家，才能向欧盟出口农产品。

（2）美国。美国农业部作为行政和执法部门负责农产品质量安全标准、检验与认证体系的建设和管理工作。根据农产品市场准入和市场监管的需要，美国建有农产品分品种的专业性监测机构和分区域设置的全国性、大区性农产品质量安全监测机构，形成了一个比较完善的农产品质量安全检验检测体系；同时，各州还根据需要建有州级农产品质量安全监测机构，主要负责农产品生产过程的质量安全监督和产地环境质量监督。

（3）加拿大。加拿大负责农产品检验的机构是农业部所属食品检验局（CFIA）。该机构在全国分 4 个大区，下设 18 个地区性办公室，185 个基层办事处，并在 408 个非政府机构设点。CFIA 拥有 22 个实验室和研究机构，从事新技术研究、组织测试和咨询指导工作。目前在国内开展了 14 个与食品、动植物有关的监控计划。

（4）日本。日本农林水产省建有一个完善的农产品质量安全检验检测体系，负责农产品的监测、鉴定和评估，以及地方政府委托的市场准入和市场监督检验工作。日本农林水产省设有独立的行政法人组织——农林水产消费技术中心，该中心除东京本部外，在神户、横滨等各大区设有 7 个分中心，具体负责农产品质量安全监测、质量认证、风险评估等多种技术服务与指导工作。

（5）韩国。韩国农林部设有国立农产品质量管理院、国立兽医科学检疫院，两院在各大区设有支院，各支院设有出张所，主要负责种植业产品和畜产品的质量安全监测、质量认证、技术服务工作；海洋渔业部下设水产品检查所及其各支所、出张所，主要负责水产品的质量安全监测工作；食品药品安全厅下设检验所。地方政府（省级）也设有食品药品安全检查所，主要负责市场农产品（不包括畜产品）的安全性检查检验工作。韩国的国家质检机构的仪器设备均由国家出资购置，层次高、门类全、配备齐，可满足大批量、多项目、高精度、高速度检验的需要。其检验技术人员开支统一纳入财政预算，从而保证了检测数据的公正性①。

7.3.5.4 建设多层次的质量认证体系

发达国家不仅对最终产品进行质量认证，而且普遍注重正在生产中的商品的质量监控，进行认证标签管理。同时，发达国家政府还通过农产品的质量认证体系，来向社会公正提供产品的质量信任证明。下面就澳大利亚农产品认证体系管理作一介绍，看发达国家是如何对农产品认证管理的。

澳大利亚农产品认证体系形式多样，注重本国特点，具有非常鲜明的特色。所有认证均按行业、市场、消费需求设置，突出专业性。很多的认证模式和食品安全项目由行业组织（协会）或大的集团（公司）发起。认证工作大多不发证，只加注、加贴相应标识标志。所有的认证都非常注重生产过程控制的评定和确认。在农产品方面目前受官方认可和生产者、经营者、消费者推崇的成功认证模式有：

（1）新鲜农产品放心认证（Freshcare）。由于 HACCP 不适用于种植业生产者，而 EurepGAP 不易操作，澳大利亚从 2000 年开始，将 HACCP 与 GAP 二者结合，针对澳大利亚农产品生产实际，创立了 Freshcare 认证，这是一套程序简化、易于操作、适合澳大利亚种植业生产特点的认证模式。目前澳大利亚有 4 000 多家种植业者通过了 Freshcare 认证，而且正以每年 1 200 多家的数量增长。加入 Freshcare 系统的农场主，产品销售顺扬有保证，但需每年接受农药、微生物等方面的审查。

（2）粮食等级认定。澳大利亚小麦局（AWB）及澳大利亚谷物协会（GrainCorp）对小麦等主要粮食作物产品，根据其大小、水分、营养成分等指标的不同，有严格的分等分级标准。澳大利亚的小麦等粮食产品交易活动都要根据分等分级标准进行定级销售，实现优质优价。

（3）质量保证（QA）。质量保证（QA）是澳大利亚 20 世纪 90 年代初期按照 ISO 9000 标准建立的一套适合农产品生产的质量保证体系。模式很大程度是一个“生产质量保证声明系统”，即生产者声明是否使用违禁药物，缺点是难溯源，但在改变人们质量安全生产观念和全程管理理念方面取得了极大成功。全澳目前有 43% 的农产品生产者采用了 QA 系统和生产质量管理模式，17%的牛场采用了其中的 Cattlecare 模式，2%的羊羔场采用了其中的 Flockcare 模式。

---

① 《国外农产品质量安全检验检测体系建设的通行做法》，山西省农业厅网，2011-12-31。

（4）畜产品识别追溯系统（National Livestock Identification System，NLIS）。畜产品识别追溯系统是澳大利亚联邦政府近几年开发的强制性畜产品识别追溯信息采集系统，建有国家数据库，可实现对动物从出生到屠宰及加工、销售全程追溯，被各州和农场主广泛采纳。

（5）AUS-MEAT 标志。AUS-MEAT 标志是澳洲肉类品质规格管理局（AUS-MEAT）制定的负责统一肉类及牲畜术语，并监管品质保证计划及产品规格的一项推动措施。凡符合指定标准的生产屠宰商户均可标称为 AUS-MEAT 认可屠宰场，认可商户必须正确使用相关术语，实行品质保证计划，遵守屠宰业商业守则，AUS-MEAT 聘请检查专员负责检查和监督商户的执行情况及诚信自律状况。

（6）Meat Standards Australia（MSA）。Meat Standards Australia（MSA）是一个牛肉和羊肉的质量标准项目，由澳大利亚肉类畜禽协会（Meat & Livestock Australia，MLA）推动。符合规定标准经审核合格，颁发证书和准予使用标识。获证产品必须标注安全等级和推荐的烹饪方法①。

7.3.5.5 强有力的农产品质量安全技术支撑

农产品质量安全体系中一个非常重要的组成部分就是技术支撑，发达国家普遍高度重视科学研究在农产品安全管理体系中的重要作用，都投入了大量的人力物力财力进行相关项目的研究，从而为农产品质量安全体系提供技术方面的支撑。

农产品生产过程中的技术支撑

（1）产地环境的调控技术。美国、加拿大等发达国家大力发展精准化管理的无公害农业，将 GIS、GPS 和计算机自动控制系统有机结合，对农产品生产过程产地环境中的耕地质量和耕作方式、农灌水、畜禽、渔业养殖水域、农区空气等受污染状况以及城市垃圾、工业废弃物污染等环节进行精准管理，特别是对灌溉用水开展水环境综合治理行动，将其质量控制在标准范围内。在现代化温室中，更是根据作物对光、温、水、气、养分等环境因子的要求，建立计算机模拟模型，用计算机自动控制系统进行监测和全程自动控制，提高了农产品生产的科技含量。

（2）生产投入的无公害技术。目前，世界各国已经开始重视安全农产品技术（优良新品种和高效、低毒、低残留投入品等）的研究。如美国为了防止农产品的污染和各种病毒，对种子的培育、纯度检测、播种技术的使用等都制定了严格的技术标

① 《澳大利亚农产品质量安全管理与认证》，食品伙伴网，2008-03-14。

准；以现代微生物发酵工程技术为基础的生物农药生产技术以其对环境更加安全而受到重视；研究开发的饲料生产、添加剂质量和畜禽养殖等的全程控制技术，实现了饲料生产环保化、添加剂产品生物化、畜产品健康化。为了解决大量使用化学农药来防治农作物病虫害和杂草所造成的污染，世界各国积极推广病虫害综合防治技术和生物防治技术。美国从 20 世纪 70 年代起，就开展了农作物病虫害综合防治的研究工作，现在其大部分农作物，包括小麦、玉米、水稻、大豆、蔬菜等，都先后使用了综合防治措施，农产品的质量也显著提高。

（3）耕作技术。免耕技术倍受世界各国青睐，采用免耕技术的面积不断上升。如美国 1963 年该国使用免耕技术的面积只占 1%，1993 年增加到 35%，2000 年又上升到 42%，该项技术措施主要在玉米、大豆以及小品种作物上得到了推广应用。无土栽培技术也受到各国的重视。无土栽培的蔬菜具有污染少、品质好、安全性强等特点，更受消费者欢迎。

（4）检测技术。为了彻底提高农产品的质量，国际上对其产前、产中和产后进行全程检测：产前主要是对生态环境——产地环境中的水、土、气及工业污染等的安全进行检测；产中则主要对肥料、各种生长激素和调节剂、种子、饲料、农药等农业投入品的质量安全进行检测；产后主要对各种农产品是否能够进入市场进行检测，其检测对象为植物、畜禽、水产品及其制品、转基因产品等。例如，韩国把生产过程质量监测检验体系建设作为重点，抓好生产环节中的标准化生产，规范使用农药、兽药、鱼药、肥料、饲料和添加剂，积极推行良好农业规范，切实在源头上把住产品的质量安全关。

高新技术在农产品质量的检测应用，其能力不断提高，灵敏度也越来越高，残留物的超痕量分析水平已达到 0.000 000 1 g，检测周期明显缩短；高效分离手段、各种化学和生物选择性传感器的使用，使在复杂混合体中直接进行污染物选择性测定成为可能，这些高技术化、智能化和高速化的检测技术的使用，对于提高农产品的质量安全起到了非常重要的作用。

农产品生产的技术标准化

对农产品质量安全来说，主要农产品标准有 FAO/WHO 关于食品的标准、国际兽医组织关于动物健康的标准、国际植物保护联盟关于植物健康的标准等多种农业国际标准。各国的技术标准因国情不同而有所差异。这些技术标准最后多以法规等形式予以颁发，以技术执法等形式强制执行。

目前，欧盟拥有技术标准 10 多万个，涉及食品和农产品的标准共有 550 个，其中欧洲标准（EN）220 多个，欧共体指令法规（EEC/ EC）有 330 多个。虽然这 550 个标准并未针对具体产品，但都是对产品的检测标准，进入欧洲市场必须符合这些标准和法令规定。美国《联邦法规法典》的农业篇中包含农产品标准（含等级标准）352 个，其中仅新鲜水果、蔬菜等产品的等级标准就有 160 个；经加工的水果、蔬菜和其他产品的等级标准有 143 个；美国已经公布的农药残留量的技术标准也超过了 8 100 项。

有力的技术研发支持

随着农产品质量安全问题在世界范围内得到越来越广泛的重视，世界各国也加大了对农业生产技术研发的支持。欧盟通过科学委员会专门向有关机构提供食品安全和食品消费方面的信息与建议，同时还投入大量资金开展对食品安全的研究和项目开发，如先进的食品技术，生产与流通中保证食品安全的方法，对污染、化学危险的评估方法等①。

美国为了加强农产品安全管理体系的技术支撑，更快速而确切地识别出哪些属于食源性危险，在准确识别的基础上进一步设计出有效的干预或防止危险发生的手段。美国不仅组织大量的在管理机构内部技术人员对当前的农产品技术方面的前沿问题进行研究，而且通过多种形式，如技术方面的咨询，充分调动所有管理机构以外的科学家和相关资源开展工作。另外，管理机构还注意与农产品技术相关的一些国际组织保持较为密切的联系，这样就可以及时分享世界各国农产品质量安全方面的最新技术成果②。

7.3.5.6 国外农产品质量安全的做法与经验的启示

（1）建立健全法律法规体系。目前，中国已颁布了《中华人民共和国农产品质量安全法》《种子法》《渔业法》《动物防疫法》《种畜禽管理条例》《农药管理条例》《兽药管理条例》《饲料和饲料添加剂管理条例》等法律法规，加大了对农产品、农业投入品和产地环境的监督、监测力度。但是，整体来看，在农产品质量安全管理方面法律体系还不完善。为此，应借鉴国外的经验，加快制定更加详细的专门性法律，如《药品法》《肉类检查法》等，形成门类齐全、相对独立的法律体系。同时应完善现有的《农产品质量安全法》，抓紧研究制定关于政府财政和技术支持、风

① 肖艳芬、颜景辰、罗小锋：《国外农产品安全生产的技术支撑及启示》，载《世界农业》2005 年第 8 期。

② 《国外农产品质量安全体系建设研究》，金乡三网，2013-10-09。

险评估等方面的法律规范，健全农产品监督检查和法律责任等配套制度建设，达到强化对农产品产地、农业投入品和农产品生产加工企业的管理的目的。为农产品质量安全管理提供法律依据。

（2）明确分工与合作。发达国家的农产品监管机构分工明确、合作协调，中国农产品质量安全涉农业、卫生、质检、工商等部门，应借鉴国外的经验，明确各个部门的职责，确保各个部门的工作到位。同时，发达国家对法律责任主体的确定也非常明确，很少出现各部门相互推诿的现象，中国应进一步明确各部门的权利和义务，形成各部门各司其职、各尽其责、合理监管、相互协调的工作局面。

（3）强化农产品质量安全的全程监管。发达国家注重对农产品实行从生产到消费的全程监管，中国农产品不可控制的因素较多，容易出现的问题也较多，更需要借鉴国外的经验，加强各个环节监管。

☞ 生产环节：要强化生产源头管理，重视农产品生产环境的保护，对农产品产地进行环境评价和监控。如果发现产地环境已经受到污染，不再适宜生产农产品，应尽快划为禁止生产区域。同时要重点控制化肥、农药、兽药、饲料等农业投入品对农业环境和农产品的污染，开展农产品重点生产基地环境监测，从源头上为农产品质量安全把关。

☞ 流通环节：要定期对进入市场销售的农产品和生产批发企业的成品进行抽检，一旦发现不合格的农产品，应立即要求企业、商场停止生产和销售，并进行深入调查，情况严重的要追究相关人员的法律责任。同时将相关信息及时向消费者公布，让违规企业和产品难以在市场上立足。

☞ 销售环节：要不断完善市场准入制度，提高农产品准入门槛，推行农产品认证制度，加强农产品包装和标志管理。初级农产品必须经过加工处理，并经质检部门检测确认后才允许销售。在这个过程中，要减少人为因素的干扰，营造公平合理的市场环境，使市场准入制真正成为保障农产品质量的坚固防线。

（4）制定统一的技术标准，积极推进农业标准化。发达国家有关农产品和食品安全的技术法规具有统一性和权威性。对涉及农产品和食品安全性及其产地环境的标准，都是通过政府主管部门发布技术法规、法令和指令来强制执行。在世界贸易组织的框架下，采用国际食品法典委员会推荐的食品安全标准。而且食品安全技术法规及其标准不断提高、越来越严格。我们应该借鉴这一经验，尽快制定全国统一的技术标准，并积极推进，逐步实现统一规范的农产品生产技术标准。

发达国家的农业标准化多是通过实施技术法规、操作规范和质量认证来实现的，我们应借鉴国外的经验建立农业技术法规、实施生产操作规范、实行产品质量安全和管理体系认证、提供多方面的社会化服务，把农业产前、产中、产后各个环节纳入规范的生产程序和管理轨道。

（5）加强农产品质量安全技术的研发。发达国家十分重视农产品质量安全技术的研发，我们要借鉴这一经验，积极组织科研院所、高等院校大力开展农产品质量安全标准的技术研究，加快对高水平技术标准的研制，开展检验检测技术的研究，引进国外先进检测技术和方法，为生产质量安全、营养的农产品提供强有力的技术支撑。

7.4 绿色低碳循环农业评价指标体系

7.4.1 绿色低碳循环农业评价指标体系认知

绿色低碳循环农业是集绿色、低碳、循环为一体的现代农业，是可持续农业发展的一种模式。如何对其评价，就须要建立一个评价指标体系。一般而言，评价指标体系是指由表征评价对象各方面特性及其相互联系的若干个指标，所构成的具有内在结构的有机整体。绿色低碳循环农业评价指标体系，就是反映其绿色、低碳、循环农业生产体现在生态效益、社会效益、经济效益方面内在联系的若干个指标的有机整体。绿色低碳循环农业评价指标体系是一个复杂的系统，它是由不同层次、不同要素所组成。它是科学、客观、定量地评价一个区域的绿色低碳循环农业发展现状，分析区域绿色低碳循环农业发展过程，有效提高绿色低碳循环农业管理水平，促进绿色低碳循环农业发展的战略管理。要建立一个全面地、客观地、科学地、定量地反映区域绿色低碳循环农业发展的评价指标体系难度较大，目前还没有一个成熟的指标体系，有待专家、学者共同努力建立一个科学实用有效的绿色低碳循环农业发展的评价指标体系。

7.4.2 构建绿色低碳循环农业评价指标体系的原则

为了使绿色低碳循环农业发展指标体系科学化、规范化，在构建指标体系时，应遵循以下原则：

（1）科学性与客观性相结合的原则。绿色低碳循环农业发展指标的选择、指标数据的选取、指标权重数量系数、指标的计算与合成都必须具有科学性与客观性，所选的指标数据一般要选用正式出版的《中国统计年鉴》、各省市统计年鉴和相关部门与产业的权威数据。

（2）系统性与层次性相结合的原则。绿色低碳循环农业发展各指标之间要有一定的逻辑关系，要从绿色低碳循环三位一体的不同的侧面反映出生态效益、经济效益和社会效益三大指标的辩证关系以及内在联系。每一个子系统由一组指标构成，各指标之间相互独立，又彼此联系，共同构成一个有机统一体。指标体系的构建具有层次性，自上而下，从宏观到微观层层深入，形成一个不可分割的评价体系。

（3）简易性与可行性相结合的原则。绿色低碳循环农业发展最终实施要落实到具体的县、乡、村乃至田间、地块和某一项目中。因此，评价指标的选取和制定要方便适用、具有可操作性，指标体系设置要充分考虑到当地农村经济管理与生产实践水平，并与之相适应，在实践中既可用指标体系进行指导生产，又可用实践成果检验指标体系的适应性和可操作性。

（4）动态性与静态性相结合的原则。绿色低碳循环农业发展指标要符合和满足大农业不断发展变化的需要，既要有动态指标，又要有静态指标，使指标既能静态地量化，又能通过一定的方法得到这些指标的未来动态变化值，以便能对绿色低碳循环农业发展做出长期的动态评价。

7.4.3 绿色低碳循环农业评价指标体系的构建

7.4.3.1 指标体系的框架设计

评价一个区域的绿色低碳循环农业发展水平，用指标体系去反映或描述绿色低碳循环农业发展的目标，其基本目的在于寻找一组具有典型代表意义，并能全面反映绿色低碳循环农业发展目标各个方面要求的特征指标，这些指标能够恰当表达人们对绿色低碳循环农业发展目标的定量判断。通过分析被描述对象的系统结构和要素，建立绿色低碳循环农业发展目标与系统结构以及要素间的对应关系，然后根据具体的实证分析去研究定量指标与准则，研究绿色低碳循环农业发展目标的相关程度，从而选择决定指标与设置。

根据我们多年对区域规划发展评价指标体系设计的经验，绿色低碳循环农业发展评价指标体系应按 3 个层次，即目标层、准则层、指标层进行设置。

☞ 目标层：反映区域绿色低碳循环农业发展水平或实现绿色低碳循环农业发展目标。

☞ 准则层：设立生态效益、经济效益、社会效益 3 个方面对绿色低碳循环农业发展目标满足程度的衡量，反映绿色低碳循环农业发展系统的运行效果。

☞ 指标层：在上述框架设计的基础上，根据实际情况相应选择若干个指标。

7.4.3.2 指标体系的建立

根据上述指标体系的框架设计，具体构建了如下绿色低碳循环农业发展评价指标体系（图 7-1）。

7.4.4 绿色低碳循环农业评价方法

建立绿色低碳循环农业评价指标的评价方法有多种，这里只简要介绍几种方法，供在实践中应用参考。

7.4.4.1 层次分析法（AHP 法）

这一方法是美国运筹学家 Aepaty 在 20 世纪 70 年代初提出的。它把复杂问题中的各种因素通过划分相互联系的有序层使之条理化。根据对一定客观现实的判断就每一层次的相对重要性给予定量表示，利用数学方法确定表示每一层次的全部元素相对重要性次序的数值，并通过排序来分析解决问题。具有系统性、简洁性、灵活性和实用性等优点。适合于绿色低碳循环农业的评价。

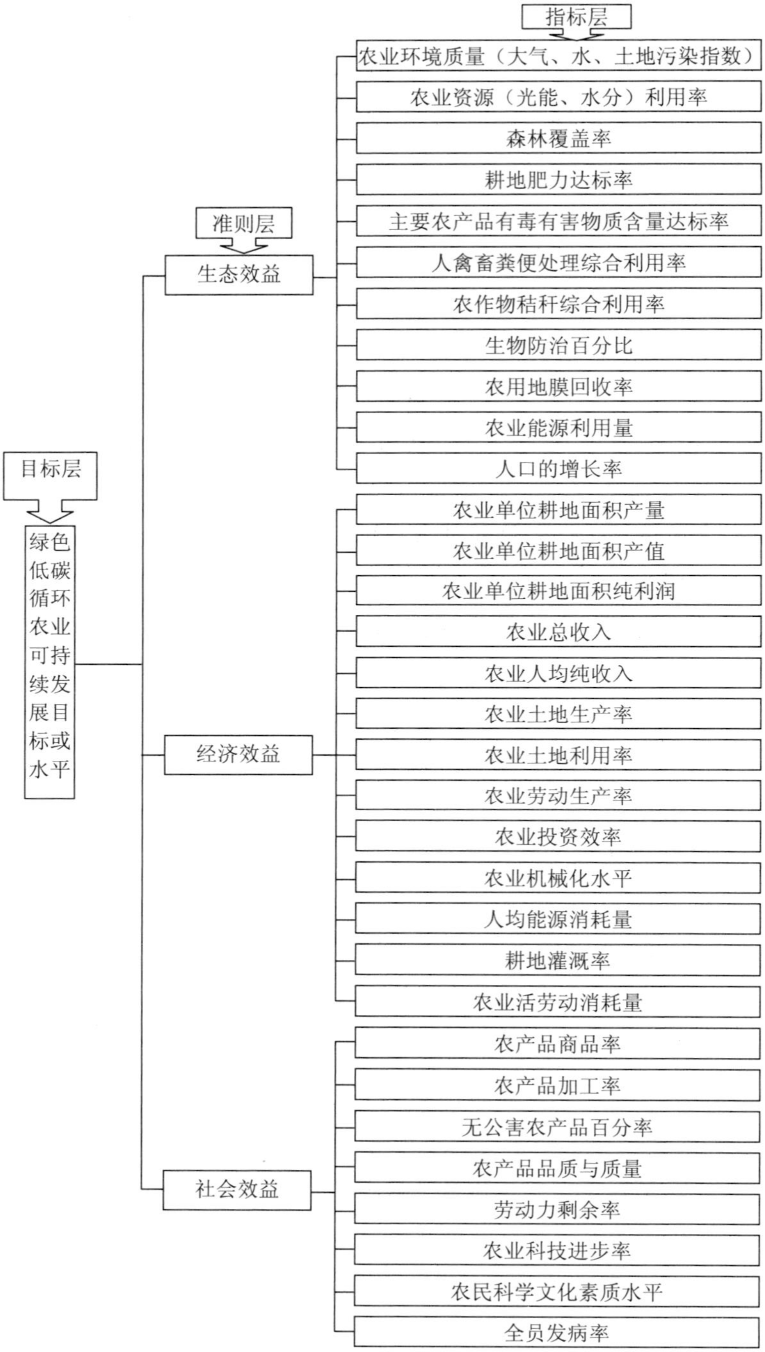

图 7-1　绿色低碳循环农业发展评价指标体系

7.4.4.2 专家经验评估法

主要是组织专家凭经验通过对绿色低碳循环农业的系统考察后进行优劣评价，适用于大范围的作临时性评估。专家组的成员主要选择对绿色低碳循环农业、农业区划和农业生产有实践经验的科技人员。组织专家应尽可能使专业领域比较广泛，有助于专业互相弥补、互相启发。参加专家要使指标评价体系能更全面地对绿色低碳循环农业做出客观实际的评估价。专家人数以 15 人左右为宜，专家专业应考虑农业、环保、农业经济、经济地理等相关专业。

7.4.4.3 多指标综合分级评分法

根据指标评价的实际情况分成若干级组，给每一个级组指标予以赋值，然后将评价指标的得分值相加，以总分数大小确定评价对象的优劣。这一评价需要在大量调查获取足够多信息的基础上进行。多指标综合分级评价有许多标值和公式，不同区域可以根据自身地域实际及指标评价体系的多少建立适于自己的绿色低碳循环农业指标评价体系公式。

7.4.4.4 模糊综合评价法

这一方法是综合分级评价的基础和延伸，是综合评价法的一类。模糊集是农业系统工程中的一个重要内容，是在传统综合评价的基础上，运用模糊变换原理的隶属函数等特别方法来评判带有模糊性的客观事物，一般适用于不好定量只能定性描述的系统，一般在生产实践中应用较少[55]。

第 8 章 绿色低碳循环农业管理与政策法规

绿色低碳循环农业管理的好坏事关其成败。在其系统管理的过程中要有效地应用经济的、行政的、法律的、政策的、规划的手段，以及市场经济的供求、价格、竞争 3 个基本要素，搞好从各级政府的宏观管理到生产者的生产经营微观管理的有机结合，实现有序运行。政策与法规是绿色低碳循环农业发展的重要保障，各级政府及财政、税务、发改委、金融、农业等部门要为绿色低碳循环农业发展在政策上给予支持。人大、政府及相关部门要研究制定与完善绿色低碳循环农业相关的法律法规体系，研究制定与完善绿色低碳循环农业技术法规与标准、行业市场准入机制，实行绿色产品标识制度，进一步完善无公害农产品、绿色食品和有机农产品管理制度，为绿色低碳循环农业发展提供法制保障。

8.1 绿色低碳循环农业管理

绿色低碳循环农业是一个十分复杂和巨大的复合系统，要实现系统的高效协调运行，就必须搞好管理。用系统论思想看待和分析管理，管理本身就是一个系统，管理的对象也是一个系统，管理的目标就是去创造一个新系统或改造一个旧系统，以达到预期目的的一种行为系统。绿色低碳循环农业管理作为一种管理系统，也是如此。它是中央政府和县以上各级政府管理、协调区域绿色低碳循环农业或区域之间农业资源与要素优化配置的一种手段。绿色低碳循环农业管理的目标是实现区域绿色低碳循环农业的可持续发展。绿色低碳循环农业管理是通过经济的、行政的、法律的、政策的、规划的手段来实现其发展目标的[56]。

8.1.1 建设一个高效指挥系统

要搞好绿色低碳循环农业管理，首先政府要有一个在整体上智商高、效率高、运转灵的指挥系统。这个系统要担当起规划、组织、调控和监督的职能。规划就是制定绿色低碳循环农业发展的规划，决策实施这些规划的原则、方法、步骤和措施等。组织就是对绿色低碳循环农业发展的具体安排部署。调控就是对绿色低碳循环农业发展运转的协调和操纵。监督就是对绿色低碳循环的健康发展保证。这个系统的指挥系统是各级政府及有关部门（农业、林业、水利、农机、工商、技术监督等），这个系统的组成人员都应该是懂农业、懂管理、具有指挥绿色低碳循环农业发展才能，特别是这个系统的指挥长（省长、市长、县长）必须胸中装有绿色低碳循环农业发展的整体蓝图与协调运转这盘棋，具有较高的组织、协调、领导能力，能够带领这个系统的全部人马指挥作战。否则，这个系统是个“低能儿”，或者常出“故障”都不能使绿色低碳循环农业发展这盘棋下好。现在的问题是在选人用人的问题上必须贯彻执行毛泽东同志倡导的“任人唯贤”的干部路线，必须彻底消除卖官鬻爵的这个“癌症”，让那些确有真才实学，愿为一个省、一个市、一个县的绿色低碳循环农业发展出力流汗贡献毕生的人成为这个系统的成员。这个“顽症”医治好了，绿色低碳循环农业发展这盘棋就下活了，也就搞好了。

8.1.2 建立一个整体优化的运行机制

系统论认为，做任何一件事，解决任何一个问题，完成任何一个任务，达到任何一个目的，一般总存在着不止一种相互可替代的方法、途径、手段、步骤，而其中必有一种或几种最优或较优（合理）的，我们就是要构建一种绿色低碳循环农业发展的整体优化运行机制。这种机制要按照社会主义市场经济的规律进行操作，加之必要的计划调节。市场经济是由供求、价格、竞争 3 个基本要素构成的，在这三者的联系中，体现了价值规律的作用，发挥着市场功能，合理地调节着经济的运行。为此，既要发挥好市场这只“无形的手”的运行作用，也要发挥好计划的宏观调控作用，使两者长短互补，形成整体优化运行的机制。这种机制要从指挥系统，包括有关绿色低碳循环农业管理部门；经营管理系统，包括一切绿色低碳循环农业生产经营组织；活的劳动系统，包括一切从事绿色低碳循环农业生产活动的劳动者。他们三者之间要形成一个有序的联系，使绿色低碳循环农业发展能正常、健康、快速、高效运转。

8.1.3 构建一个整体有序管理系统

绿色低碳循环农业发展的管理，是一个内容十分广泛而复杂的系统。它既涉及生产方面，又涉及生产经营管理方面，而且与市场管理密切关联。它的活动是推动绿色低碳循环农业发展的动力。因此，管理就尤为重要。要搞好管理就要有一个整体有序的管理系统。构想这个系统要有 3 个方面的管理体系。

8.1.3.1 宏观管理与微观管理结合的管理体系

绿色低碳循环农业发展既有系统宏观管理的整体性，又有系统微观管理的基础性。因此，绿色低碳循环农业发展的管理是一种宏观管理与微观管理结合的统一。宏观管理就是指挥系统（政府）对绿色低碳循环农业发展在总体上搞好有序管理，使其协调运行。微观管理就是绿色低碳循环农业的生产者、企业和经营组织的生产经营管理。从宏观到微观的有机结合形成一个整体有序管理系统，使绿色低碳循环农业发展整体有序运行。

8.1.3.2 城镇市场管理与乡村市场管理结合的管理体系

绿色低碳循环农业发展既有城镇市场管理，又有乡村市场管理，要架起城镇市场与农村市场联系的桥梁和纽带，形成城乡一体化市场管理的新格局。为此，绿色低碳循环农业发展市场管理也是城镇市场管理与乡村市场管理有机结合的统一。当前广大农村出现的绿色低碳循环农业产业化发展，实际上就是城乡市场结合管理的产物，要因势利导使城乡市场管理有机结合，形成一个整体有序管理体系，是绿色低碳循环农业发展的最有效的管理方式，应总结经验大力推广。

8.1.3.3 整体管理与部门管理结合的管理体系

政府负责绿色低碳循环农业发展的整体管理，农业、林业、水利、农机、工商、技术监督等部门各司其职，负责各自部门职责的管理。要把整体管理与部门管理有机结合与统一，形成一个系统管理的整体，不相互扯皮、推诿，要加强合作与沟通，促进绿色低碳循环农业的可持续发展[57]。

8.2 绿色低碳循环农业政策

8.2.1 财政政策

2014 年中共中央、国务院印发《关于全面深化农村改革加快推进农业现代化的若干意见》明确指出："健全'三农'投入稳定机制。完善财政支农政策，增加'三农'支出。公共财政要坚持把'三农'作为支出重点，中央基建投资继续向'三农'倾斜，优先保证'三农'投入稳定增长。拓宽'三农'投入资金渠道，充分发挥财政资金引导作用，通过贴息、奖励、风险补贴、税费减免等措施，带动金融和社会资金更多投入农业农村"。绿色低碳循环农业作为现代农业的发展方向，应在财政预算安排中，加大对绿色低碳循环农业的投入，形成稳定的资金投入机制，逐步建立财政支持绿色低碳循环农业发展的长效机制。要建立环境保护生态效益国家补偿机制，增加财政补贴力度，同时通过建立生态恢复和环境保护的经济补偿机制，激励农民自愿发展绿色低碳循环农业；要研究扩大绿色产品消费的补贴政策，促进绿色消费；要建立和完善财政对绿色有机农产品主产区的转移支付制度；继续完善农业保险保费补贴政策，增加农业保险品种，开展农作物制种、渔业、农机保险保费补贴试点，增加农业保险品种。

各级农业部门要积极争取计划、财政等部门的支持，创造条件，设立无公害农产品、绿色食品和有机农产品发展专项资金，用于标准制定、认定认证、基地建设、市场营销和监督检查等。要创新机制，将农业综合开发、技术推广、基地建设、示范园区创建等农产品生产性投资项目实施与无公害农产品、绿色食品和有机农产品发展有机结合起来。新建和在建的各类农产品生产性投资项目，要以标准化生产和发展无公害农产品、绿色食品、有机农产品为项目实施的重要目标和验收的基本条件。鼓励有条件的地方，将获得无公害农产品、绿色食品和有机农产品认证的企业和农户纳入财政支持、奖励范围。要积极将鲜活无公害农产品、绿色食品、有机农产品尽快纳入绿色通道实施范围，减免过桥过路等费用，减轻农民负担，增加农民收入[58]。

通过建立激励引导机制，对一些发展绿色低碳循环农业必需的重大基础设施项目直接投资或给予一定的补贴支持。利用税收、信贷等优惠手段，鼓励农户、企业使用环保设备和再生资源，实现农业发展与环境保护的协调。设立各种奖惩措施，包括制定各种收费政策，对实施绿色低碳循环农业发展的企业或个人给予政策优惠或奖金鼓励，对违反绿色低碳循环农业发展规则的企业或个人予以收费或惩罚，从而引导农民走绿色低碳循环农业之路。

8.2.2 税收政策

积极运用税收杠杆鼓励发展绿色低碳循环农业，如利用激励性税收政策，增大税收的优惠范围等。要考虑加大综合利用“三废”税收减免的范围，对节约和循环综合利用资源实行减免税收和增值税优惠等措施；对农业产品企业用于改进生产流程工艺、进行循环利用的营业所得，可在所得税前抵免；对从事绿色低碳循环农业投资和生产的农业产品企业实行农业产品减免税，以提高绿色产品的竞争性及提高农业产品企业发展绿色经济的积极性。继续税收优惠政策，对农民专业合作社销售本社成员生产的农业产品，免征增值税，生鲜农产品流通环节税费减免政策；一般纳税人从农民专业合作社购进的免税农业产品，可按13%的扣除率计算抵扣增值税进项税额；合作社向本社成员销售的农膜、种子、种苗、化肥、农药、农机，免征增值税；对农民专业合作社与本社成员签订的农业产品和农业生产资料购销合同，免征印花税。

在用电、用水政策上，对规模化生猪、蔬菜等生产的用水、用电与农业同价；电力部门对粮食烘干机械用电按农业生产用电价格从低执行的政策。

对从事绿色低碳循环农业技术研发的企业给予一定的所得税减免；完善促进绿色低碳循环农业技术发展的税收激励政策，对绿色低碳循环农业技术的研究、开发、引进、转让和使用予以税收方面的优惠。

8.2.3 金融政策

2014年中共中央、国务院印发《关于全面深化农村改革加快推进农业现代化的若干意见》明确指出：要加快农村金融制度创新。强化金融机构服务“三农”职责。强化商业金融对“三农”和县域小微企业的服务能力，扩大县域分支机构业务授权，不断提高存贷比和涉农贷款比例，将涉农信贷投放情况纳入信贷政策导向效果评估和综合考评体系。支持由社会资本发起设立服务“三农”的县域中、小型银行和金融租赁公司。发展新型农村合作金融组织。中共中央、国务院的这些意见为“三农”服务提供了优惠的金融政策，也为绿色低碳循环农业发展提供了有力的金融支持。

8.2.3.1 金融政策支持的重点领域

用农业政策性金融支持绿色低碳循环农业发展，重点应支持以下领域：

（1）支持大型绿色低碳循环农业标准化生产示范基地、绿色低碳循环农业示范园区、从事生态立体养殖的龙头企业等，建立工农链接、循环增值的深加工产业链，并与观光农业、采摘农业结合，不断推动规模化生产经营，以取得生态效益与经济效益的双赢。

（2）支持有机肥企业，通过对畜禽粪便进行无害化处理，生产环保有机肥，改善农村环境；支持国家推广的测土配方施肥、缓控释肥产品的生产企业，及其配套设备生产企业，促进肥料利用率的提高，减少环境污染。支持农作物秸秆等生物资源的综合利用项目，关注秸秆低碳化利用项目及其技术和设备的研究开发。

（3）支持农村清洁能源建设工程，促进节能减排。支持农村沼气推广工程建设，将生活垃圾、牲畜粪便、作物秸秆发酵成沼气；支持开发农村太阳能、风能工程，减少燃柴、燃气、燃煤等产生的温室气体；支持生物质能源开发工程，利用生物质发电。

（4）支持绿色低碳循环农业技术的研发和应用，把信贷与科技开发结合起来，支持绿色低碳循环农业科技成果的推广应用，并通过扶持试验示范基地和龙头企业形成集约化生产，提高效能。

（5）支持绿色有机食品行业，促进绿色低碳循环农业发展。有机农产品、绿色农产品由于不施加或少施加化学合成肥料，可以减少温室气体的排放，减少对环境的污染。而且，随着生活质量的提高，消费者也越来越追求健康饮食，青睐无公害食品、绿色食品、有机食品，这是农业政策性金融不可忽视的一块市场。

8.2.3.2 信贷策略

在农业政策性金融支持绿色低碳循环农业的信贷策略应重点考虑以下方面：

（1）制定绿色低碳农业信贷政策，丰富业务品种。重点支持绿色低碳循环农业示范基地、沼气工程、生物链工程、环保科研项目、生态环境基础建设、节能减排技术改造项目、生态种植养殖场等。对于符合环境保护、污染治理、节能减排和生态维护要求的绿色企业优先予以信贷支持，提高授信额度，简化审批手续，给予优惠利率等。对不符合环保生产标准、生产废物排放标准的贷款企业实施逐步退出政策。对准备支持的绿色低碳循环农业项目，要进行严密的评估论证，明确承贷主体，界定还款责任，保证贷款使用的有偿性，加强贷款使用的监督，防止支农资金被挤占挪用，保证信贷资金良性循环。

（2）以市场为导向，扶持绿色低碳循环农业发展。农业政策性金融必须以国际、国内市场为导向，选择适销对路的绿色低碳循环农产品予以支持，扶持经营效益较好、产品有市场的企业。重点支持科技含量高、发展潜力大、具有一定规模和辐射能力、实现农产品加工增值的大型项目或大型龙头企业，促进农业生产区域化、集约化、专业化，形成规模效益，充分发挥信贷资金的资源调配功能。

（3）积极争取政府的支持，建立风险补偿制度。农业政策性金融在实际工作中要与当地政府协调配合，争取政府出台一些鼓励绿色低碳循环农业发展的优惠措施，如新增清洁农业、循环农业等方面的补贴品种，为农业示范园区、重点绿色低碳循环农业项目提供贷款贴息，建立其农业风险补偿基金等，共同提高信贷支农资金的使用效益①。

8.2.4 科技政策

农业的发展一靠政策，二靠科学。美国科学社会学家普赖斯曾指出：最有意义的发明或研制……不是包含在雷达或原子弹中的技术奥秘，而是产生这些成果的管理系统和一套起作用的政策。为此制定正确的农业科技政策是实现绿色低碳循环农业发展的重要举措。要强化政府对农业科技工作的宏观指导，依靠科技创新发展绿色低碳循环农业。2014 年中共中央、国务院印发《关于全面深化农村改革加快推进农业现代化的若干意见》明确指出："将农业作为财政科技投入优先领域，引导进入信贷、风险投资等进入农业科技创新领域。"要研究制定增加农业科技投入的务实性政策和方法。进一步优化财政支持农业科技发展支出结构，加大对农民技能培训和农业科技推广支出，重点支持农业关键的技术创新项目。理顺各级财政科技

① 高铎山、孙蕾：《对政策性金融支持低碳农业经济的思考》，中国农业发展银行浙江分行网，2010-06-17。

支农体制，建立农业科技支出基金，加大对乡镇农业科技支出的转移支付力度。要健全农业科技投入保障制度，保证各级财政对农业科技投入增长幅度高于经常性收入增长幅度，提升农业科技的原始创新能力；引导农业相关企业增加农业科技投入，使之真正成为农业科技投入的主体；鼓励、扶持农业科研单位进入市场，向企业转制，并享受国家给予的科研单位的各项优惠政策；拓宽农业科技投入来源渠道，整合投资项目，建立以风险投资为核心的多元化农业科技投资体系，加强投资监管，提高资金使用效益。鼓励科技人员到农村兴办绿色低碳循环农业实体，在税收政策上给予一定的优惠。鼓励农业科技人员到农业第一线为绿色低碳循环农业服务，在经济上给予一定的补助。

8.3 绿色低碳循环农业法规建设

8.3.1 制定和完善绿色低碳循环农业的法律法规体系

研究制定《农业生态环境保护法》《应对气候变化法》《农业节水法》《绿色消费促进法》《生态补偿条例》《节能评估和审查条例》等；研究制定《农业清洁生产管理办法》《乡村环境清洁标准》和《农业清洁生产标准》；要进一步建立和完善无公害农产品、绿色食品和有机农产品管理制度，制定《无公害农产品监督管理规范》《绿色食品管理办法》《有机农业及有机农产品管理办法》，修订《绿色食品标志管理办法》；研究制定绿色低碳循环农业技术法规与标准、行业市场准入机制，实行绿色产品标识制度，要加大无公害农产品、绿色食品和有机农产品标准的制定及修订力度，优先推动农产品安全标准、大宗优势出口农产品的品质标准的制定。为绿色低碳循环农业发展提供法制保障。

借鉴国外成功经验，把农产品质量安全监督工作纳入法治化轨道，加快制定产地环境、投入品、生产技术、加工贮运、市场准入等相关的农产品质量安全配套技术方面的法规，以及地方法规。

8.3.2 依法保障和促进绿色低碳循环农业发展

当前，要严格执行《农产品质量安全法》《食品安全法》《农业法》《无公害农产品管理办法》《无公害农产品标志管理办法》《绿色食品标志管理办法》《有机产品认证管理办法》，以及已颁发的有关绿色低碳循环农业的相关法律法规。

要根据相关法律法规和制度要求，建立健全例行检查制度。对获证产品和企业（产地）要实行年度抽查、检查制度；对标志的印制、使用和登录要加大跟踪力度；定期检查认证质量体系、质量手册和程序文件的执行情况。要通过例行检查制度的建立和实施，不断提高无公害农产品、绿色食品和有机农产品认证的有效性。

加大农产品质量安全执法力度。整合农业行政部门执法力量，建立综合性执法队伍，将执法监管贯穿到农产品生产的全过程；建立农产品质量安全举报、投诉、查处制度和重大质量安全事故通报、调查制度，加大处罚力度。

建立农产品质量安全责任追究制度。明确生产者、经营者、管理者责任，并将农产品质量安全管理纳入政府目标考核范围，对因工作不力而发生重大急性中毒事故的，要追究领导责任。

要强化执法监督，加强法律监督、行政监察、舆论和公众监督。加大违法行为查处力度，解决有法不依、违法不究、执法不严的问题，依法保障和促进绿色低碳循环农业发展。

第9章

国外绿色低碳循环农业发展经验与借鉴

当今世界绿色低碳循环农业的研究、试验和推广，形成了一种普遍性的国家农业运动，成为农业发展的新潮流与必然趋势。从美国、日本、加拿大、澳大利亚和欧盟等发达国家发展生态农业、有机农业、循环农业、低碳农业的经验看，他们开发出许多新型的不同类型的绿色低碳循环农业发展模式，农产品特别是有机食品的生产、销售、管理、研究、培训、认证工作发展迅速，标准、法规比较完善。这些国家相继出台了绿色低碳循环农业的发展的相关法律法规，形成了一个严格的全方位的法律法规体系。国家财政、税收政策给予大力支持，保证每年一定比例的财政资金用于发展绿色低碳循环农业，并给予相应的税收优惠。政府十分注重对农业科技及其相关研发的投入，以及农业市场化建设，建立了相对完善的推动绿色低碳循环农业发展的技术创新体系与技术示范推广体系，建立了各级农产品管理与运销组织，以及多元化市场与流通体系，等等。发达国家发展绿色低碳循环农业这些好经验，值得我们积极借鉴、学习、消化、吸收，为我所用。

9.1 国外绿色低碳循环农业发展简况

9.1.1 世界绿色低碳循环农业发展过程简析

世界农业发展经历了原始农业、传统农业和现代农业（石油农业）3 个阶段。在 19 世纪 40 年代，世界发达国家结束了几千年的传统农业，进入了以机械化、水利化、化学化和电气化为标准的石油农业时期。高投入、高索取、高排泄的石油农业是以破坏环境、浪费资源为代价换取经济效益的农业发展模式，直接导致了能源过量消耗、农业生态系统退化、食物安全性降低、环境污染压力加大。面对农业生态环境不断恶化的现实，人们开始反思和重新审视农业的发展模式，寻求新的农业发展途径，于是各种各样的绿色低碳循环农业模式应运而生。本书所提绿色低碳循环农业是绿色农业、低碳农业、循环农业三位一体的现代农业。国际上与之相似的主要有“生态农业”“自然农业”“有机农业”“生物农业”“低碳农业”“循环农业”等形式，尽管概念表述上有所不同，但其目的都是为了保护生态环境，在洁净的土地上，用洁净的生产方式，生产洁净的农产品，提高人们的健康水平，促进农业的可持续发展。因此，我们从绿色农产品（食品）的视角出发分析其发展过程，大体经历了 4 个阶段。

（1）思想萌芽阶段（20 世纪初至 1945 年）。这一阶段是有机农业思想萌发和提出时期，主要是有关专家和学者对传统农业的挖掘和再认识。这里需要指出的是中国在几千年发展传统农业过程中所积累的优秀农艺思想和技术，如农林牧结合、精耕细作、培肥地力、合理轮作等对有机农业的出现起到了十分重要的影响作用。由于处于初创阶段，有机农业只是在小范围内运作，无论是理论基础还是技术体系都水平较低，其影响也很有限。

（2）研究试验阶段（1945—1972 年）。美国罗代尔有机农场的建立标志着有机农业进入了研究试验时期。人们在部分地区实践、操作有机农业，但由于现代农业体系的建立及运作的惯性，以及有机农业自身存在的一些问题，人们对有机农业尚处于观望、验证阶段。有机农业生产者的主要目的是为了保护环境，节约能源和资源，减少对农场外部系统的依赖。这一时期，消费者对绿色食品的需求非常少，大多用于自身消费或赠予亲朋好友品尝，因而缺乏市场需求拉动，难以形成规模效益。

（3）奠定基础阶段（1972—1990 年）。1972 年 11 月 5 日，国际有机农业运动联盟（International Federation of Organic Agricultural Movements，IFOAM）在法国的弗赛拉斯（Versailles）成立，标志着国际有机农业进入了一个新的发展时期。这一时期有机农业发展有如下特点：①通过发展组织会员，扩大有机农业在全球的影响和规模；②通过制定标准，规范有机农业生产技术；③通过制定认证方案，提高有机农业的信誉。由于有机农业运动是各国民间组织或个人自发开展的，加上自身具有分散性和不稳定性的缺点，因而这时期发展仍比较缓慢，其影响也没有得到大多数国家政府的足够重视和支持。

（4）加快发展阶段（1990 年至今）。进入 20 世纪 90 年代，实施可持续发展战略得到全球的共同响应，可持续农业的地位也得以确立，生产绿色农产品作为可持续农业发展的一种实践模式和一支重要力量，进入了一个蓬勃发展的新时期。无论是在规模、速度还是在水平上都有了质的飞跃。已由单一、分散自发的活动转向区域性有组织的民间活动，一些国家的政府十分重视，在法律上给予保护，在政策上给予支持。有许多国家已根据有机农业运动国际联盟的基本标准制订了本国和本地区的绿色食品标准，产品开发日益丰富，有区域特色的农产品和加工产品的比重日益扩大，绿色农产品已有一定规模的市场需求，已由乡村市场进入城市市场，由国内市场走向国际市场[59]。

9.1.2 国外绿色低碳循环农业发展趋势

近年来，在世界范围内，绿色低碳循环农业的研究、试验和推广，形成了一种普遍性的国家农业运动，已成为当代世界农业发展的历史潮流与必然趋势，而有机农业发展尤为迅速。从区域上看，欧洲、北美、日本、澳洲起步较早，有机食品的生产、销售、管理、研究、培训、认证工作发展较快，标准、法规相对完善。非洲、东南亚地区虽然起步较晚，但近几年发展较快。目前，世界尤其是发达国家的绿色低碳循环农业研究呈现以下趋势：

（1）围绕可持续农业发展体系的完善，进一步通过在生产实践中应用和推广相关技术，使“培育健康的土地，生产健康的动植物，为人类提供安全的食物”的理论基础更加巩固，内容更加丰富，且具有较强的可操作性。

（2）如何保持绿色食品生产技术本身的可持续进步，并提高对传统农业技术和现代农业技术筛选、组装的效率和效益。

（3）以标准制定和完善为切入点，提高绿色食品生产技术水平。今后，有机农业的标准不仅包括生产、加工环节，而且还将延伸到包装、运输、销售环节；不仅只注重生产、加工过程，而且还关注最终产品的质量卫生标准，即达到技术标准和优质标准的统一。

（4）围绕生物肥料、生物农药、天然食品及饲料添加剂、动植物生长调节剂等生产资料的研制、开发应用和推广的步伐将加快，以尽快解决绿色食品生产过程中面临的一系列技术及服务短缺问题。

（5）建立不同类型的绿色有机农产品的生产开发示范基地以及开展不同层次、不同类型的知识和技术培训，向规模化、区域化、专业化方向发展。这是各国绿色食品生产能否扩大规模、提高水平，成为现代农业模式的一个重要因素。

9.2 国外绿色低碳循环农业发展模式

9.2.1 美国的有机农业与可持续农业模式

早在 20 世纪 40 年代美国就开始从事有机农业生产，到 20 世纪 90 年代，有机农业已成为美国农业发展最快的领域之一。据统计，至 2001 年全美从事有机食品生产的农场有 6 949 个，面积是 93.1 万 hm^2，其中 52.6 万 hm^2 农作物生产，40.5 万 hm^2 属畜牧场，2001 年全美有机食品农场面积占全国农耕面积的 0.2%。从美国有机农业所涉及的作物种类来看，水果、蔬菜以及其他一些具有较高经济价值的作物的有机生产发展速度快于玉米、大豆、小麦等普通大田作物。2001 年美国玉米、大豆和小麦的有机生产面积分别约占种植总面积的 0.1%、0.2%和 0.3%，苹果的有机生产面积约占种植总面积的 3%，生菜的有机生产面积约占种植总面积的 5%，而药用植物和小宗蔬菜类作物的有机种植面积达到了其种植总面积的 1/3 以上。美国的有机农业是一种完全不用或基本不用人工合成的化肥、农药、生长素和牧畜饲料添加剂的生产体系，在生产过程中不准使用经过基因改良的作物品种、城市污泥及辐射技术。美国国家有机农业标准显著的特点是控制有机产品的生产、加工和运输过程，各环节严格按照国家有机标准执行的产品可以获得有机认证。食品认证机构具有独立性、中立性，确保经过认证机构认证的产品达到国家有机食品标准。

1990 年，美国所制定的《有机食品产品法案 1990》(Organic Food Production Act of 1990)，对国家有机食品的生产程序、有机食品的国家标准、国家的认证程序等作了规定。除该法案外，美国联邦农业部（USDA）的分支机构农业市场服务处（Agricultural Marketing Service）制定了美国有机农业条例（NOP），2002 年 10 月 21 日正式施行。该条例对有机农产品的定义、适用性、有机农作物等进行了详细的界定，列出了有机农产品中允许和禁止使用的物质，有利促进了新鲜食品或有机制成的加工食品的国内和国际市场的发展。该条例是强制性的，根据条例要求，所有出口到美国的有机农产品必须接受美国农业部认可的认证机构的检查和认证。

美国联邦农业部部长组建了“国家有机标准委员会”(NOSB)，该委员会由 15 个成员组成，分别由有机农产品的生产、消费、贸易、管理、研究等不同领域的代表组成，帮助农业部制定关于有机产品中允许使用物质的标准，协助制定美国国家有机农业标准，同样也建议农业部在其他方面实施国际有机程序。

美国的有机农产品须经美国农业部认可的认证机构的检查和认证，且该机构必须完全按照 ISO65 导则进行操作，认证机构可以是政府机构，也可以是私人机构。美国对农产品的认证监管十分重视，并有多个职能部门担此职责，其中主要有农业部、人类与健康服务部、食品和药品管理局、食品安全检验局、动植物健康监测检疫局、环境保护机构、海关等部门。美国有机农产品的标识分为 4 级，即 100%有机、有机（有机含量大于 95%）、含有机（有机含量 70%～95%）和非有机（有机含量小于 70%）。

美国对有机食品生产的监督管理主要以国家有机农业的统一标准为依据，实行从农场生产、加工、包装、运输、销售各环节，即“从农田到餐桌”全程质量监控，每个环节都有可追溯的详细记录，以备检查。美国农业部和认证机构是有机食品生产的检查监督机构，对已通过认证农场或企业实行年审制，检查之前农场或企业必须向认证机构提供最新的资料信息。生产者在生产过程中如果不按标准规定生产，如在农田中施用禁用的农药一定要向认证机构如实地报告。检查监督机构有权随时对任何企业或农场进行检查，采样进行残留物的检测，如发现有禁用物质残留存在，还要进行更深入的调查，查出其来源，提出相应的处理措施。

美国政府的农业政策的核心就是补贴支持，有机农业的政策也不例外，尽管有机农产品生产在美国蓬勃发展，但由于有机农产品生产成本往往高于常规的生产成本，特别是转换过渡时期的生产风险以及人们对有机食品还需有一个认识过程，因此，政府需要对生产者进行扶持，对消费者进行宣传教育。主要做法是：制定全国统一标准，由国家农业部制定全国统一的有机农产品生产和认证标准，对国外进口的有机农产品也执行该标准，保证有机产品都达到统一的标准和要求；促进有机农产品的国内贸易和国际贸易，美国农业部下属的农业市场服务司除了负责制定有机农产品的标准和授权有机食品认证机构外，也与民间的有机农产品，贸易协会（OrganicTradeAssciation）一起，为有机食品生产企业提供市场信息服务，与国外政府签署有机食品互认协议，帮助企业开拓海外市场；补贴政策，对有机农产品生产者认证给予补贴，在 2002 年的农业预算案中，联邦政府提供 500 万美元来给予有机认证补贴，每个农场主可以获得高达 75%认证补助费，但补助金额绝对值每户不超过 500 美元；开展有机农业的研究，从 2003—2007 年 5 年间联邦政府每年提供 300 万美元用于开展有机农业生产、加工、包装、储运等领域的科学研究，为美国有机农业提供技术支撑；宣传教育，美国农业部的有机农产品项目通过其网站介绍，回答公众关于有机农产品的问题。2002 年有机食品贸易协会成立了有机食品教育和推广中心，该中心的主要职责是宣传有机农业的重要性，有机农产品的安全性、食用有机食品的好处，有机农业对农业环境的保护作用，使农业可持续发展，从而提高人们对有机农产品的认识[60]。

20 世纪 80 年代初，美国在生态农业、有机农业的基础上，提出了可持续农业的概念，以及可持续农业的农作制度，该制度由水土保持耕作、农牧混合和作物轮作等技术作为支撑，更多地强调农业生产经济效益。近年来，美国可持续发展农业模式是通过尽可能减少化肥、农药等外部合成品投入，强调资源的充分利用，并以法规的形式把化肥、农药等施用量控制在安全水平上，并强调维护资源的自然属性，以求获得理想经济效益。目前，美国已形成了一套完整的可持续农业理论和目标、措施。

9.2.2 德国的生态农业与绿色能源农业模式

生态农业在德国具有重要的经济地位，截至 2006 年 1 月 1 日，德国有 16 791 家生态农场，占德国农场总数的 4.1%；占地面积约 811 724 hm^2，占德国整体农业面积的 4.8%；此外从事生态农产品加工的企业还有 6 361 家。2005 年德国生态食品销售额为 40 亿欧元，比上年增长 14.0%，约占全部食品市场销售额的 3.0%。德国的生态食品市场占整个欧盟的 30%，是生态食品的消费大户。德国对生态农产品的监管采用依靠国家监管的民间系统对生态产品进行检验的方式，德国的生态产品生产除了要符合德国对传统食品的食品法和饲料法的规定，还要符合欧盟生态条例。从 1989 年起，德国采取了一系列措施促进生态农业，包括对生态农业的生产、生态农产品的加工和销售进行资助。据统计，2004 年德国生态农产品共获得 1.2 亿欧元的资助，从 1993—2004 年，对加工和销售相关资助费用超过 1 800 万欧元。此外，德国农业部每年还设立了生态农业奖，奖励对促进生态农业改善、开发产品技术等有突出贡献的企业，奖金总计 25 000 欧元。

德国生态农业较为规范，严格要求不使用化学合成的杀虫剂、除草剂，而使用有益天敌或机械除草方法；不使用易溶的化学肥料，而使用有机肥或长效肥；利用腐殖质保持土壤肥力；采用轮作或间作等方式种植；不使用化学合成的植物生长调节剂；控制牧场载畜量；动物饲养采用天然饲料；不使用抗生素；不使用转基因技术。

严格执行生态农业的规定。1991 年 6 月 21 日欧盟颁发了《关于生态农业及相应农产品生产的规定》，明确指出作为生态产品的生产必须符合国际生态农业协会（FOAM）的标准。在生产过程中，生态产品所采用的原料必须是生态的。所采用的附加料，如在生产过程中必须使用，则允许部分附加料来自传统农产品，但不得高于 25%。一旦使用了传统农业附加料，就应在产品中标明使用的比例。只有 95% 以上的附加料来自生态的，才可作为纯生态产品出售。德国生态农业协会（AGOEL）的标准高于欧盟的规定。如一企业欲加入 AGOEL，将其产品作为生态产品销售，必须经过 3 年的完全调整方可。由国家授权的检测中心对申请转入生态农业生产的企业进行检查，每年至少进行 1 次。此外，也可不定期进行抽查。如检查不合格，则要延长调整期。

统一的生态印章，符合欧盟“生态规定”的产品，允许标以生态标识。由于产品类型不同，市场上出现了许多不同的生态标识，仅德国就有 100 多个生态标识。统一的生态印章提高了德国生态食品的信任度和透明度，给消费者提供了巨大的便利，也为经营者提供了机遇。

20 世纪末，德国高度重视对生态环境的改善与保护，使农业生产与自然环境保持平衡，尤其在工业产品的应用上尽可能保持物流的平衡和土壤生物多样性，避免掠夺式生产经营，同时把生态农业作为可持续发展的生产方式。主要措施是禁止使用化学农药，采用与自然控制力相协调的病虫害防治措施，包括利用抗病虫害品种、使用天敌益虫、采用物理措施等；禁止使用化学肥料，采用农家肥，种植豆科植物，使用绿肥和缓释的有机肥，实施秸秆还田措施；采用合理多样的轮作和间作制度；畜禽饲养中禁止使用抗生素；禁止使用化学合成的生长调节剂；禁止使用转基因技术；限制单位面积畜禽饲养数量；实现饲料因地制宜，自给自足；每年 7%的耕地休闲以此改善土壤的理化环境。生态农业逐步成为德国农业发展的新趋势，主要是采取建立国家森林公园、农业自然保护区及杂草保护区等措施，来保护农业生物多样性。政策上，实施环境保护补贴，使得生产对环境的影响向着有利于环境保护的方向发展。在德国的一些州，如果参与环保项目还可以得到另一份补助。州农业局的任务之一就是核查申请有机农业种植的面积，落实补助金。目前有些州环保型土地已达 2/3 左右，农户可以从政府那里得到补助，各项补助费加起来，约占农业生产成本的 70%左右。德国还十分注重对森林的保护，森林总面积 1 080 万 hm^2，森林覆盖率 30%，森林生长量在欧洲属于最高水平，每年达到 6 000 万 m^3，但采伐量只有 4 000 万 m^3，严格的林业政策、林业标准，使德国森林对环境和人类的保护及其在疗养和休闲方面所具有的价值可观。

早在 20 世纪 90 年代，德国科学家发现可从一些农作物中提取矿物能源和化工原料的替代品，以实现农产品的循环再利用，德国政府开始重视发展此类经济作物。德国政府每年用于“工业作物”的研究和开发拨款达 40 亿欧元以上，2006 年德国政府拨付约 6.15 亿欧元给各个州，各州再按政府拨付资金的 40%比例进行配套，专门用于农业的发展。据资料显示，如果按农民的人均来计算，德国每年每位农民享受的补贴约为 1.7 万美元；如果按照耕地面积计算，德国每公顷土地补贴在 300 美元以上，远远高于大多数国家。通过几年的努力，德国科学家对部分作物进行了定向选育，先后从甜菜中获取乙醇、甲烷，从菊芋植物中制取酒精，从羽豆中提取生物碱，从油菜籽中提炼植物柴油代替矿物柴油作为动力燃料。这些能源和原料均是绿色无污染的，符合德国人注重环境保护的理念，从而实现了农业模式的创新[61]。

9.2.3 瑞典的生态农牧模式

瑞典生态农业的发展水平居世界领先地位，随着生态农业的发展，瑞典生态农业户不断涌现。在种植业方面，瑞典提倡只能施用牲畜粪便等天然肥料，不使用化肥、农药和除虫剂。为使土地保持肥力和减少病虫害，要实行轮作，特别是要种植豆类作物和牧草。每 4 年循环一次，即第 1 年种小麦，第 2 年种豌豆，第 3 年种燕麦，第 4 年种牧草。生态农作物产量相对于普通作物要低，如生态小麦产量比普通小麦低 15%～20%，但销售价格却高出两倍以上。

瑞典生态饲养禽畜主要采用室外放养、喂养生态饲料等方法。对禽畜传染病以预防为主，一般不用药，用过抗菌类药的禽畜要满 1 年后才能出售，以保证禽畜体内不残留对人不利的成分。在瑞典，生态农作物产量比普通农作物产量稍低一些，但其售价要比普通农作物高出 1 倍。为大力发展生态农业，瑞典政府也做出了相关规定，要把国内 10%的耕地转为生态农业种植。为了生产高质量食品，保持土地持久肥力，限制对非可更新自然资源的使用，瑞典政府还采取了各种措施来确保经营生态农业农民的合理收入。如今瑞典有机农场的发展相当普遍，在整个欧盟中位居前列。

9.2.4 日本有机农业与生态农业模式

日本的有机农业，在生产中不采用通过基因工程获得的生物及其产物，不使用化学合成的农药、化肥、生长调节剂、饲料添加剂等物质，而遵循自然规律和生态学原理，协调种植业和养殖业的平衡，采用一系列可持续发展的农业技术，维持农业生产过程的持续稳定。其主要措施有选用抗性作物品种，利用秸秆还田、施用绿肥和动物粪便等措施培肥土壤，保持养分循环；采取物理和生物的措施防治病虫草害；采用合理的耕种措施保护环境，防止水土流失，保持生产体系并不断把国际上生态农业的先进技术结合本国国情进行开发并推广。

日本农林水产省在 1988 年的《农业白皮书》中首次正式提出发展有机农业，制定了有机农产品的标准，并颁布实施。地方政府十分注重有机农业的发展，并鼓励农民从常规农业生产向有机农业生产转换，推行积极的有机农业政策，促使有机农业的广泛应用。目前，日本从事有机农业生产占农户总数的30%以上，提供的有机农产品达到130多种，其中有40多种出口到欧美等国家。

日本从国土狭小、农产品自给率低的实际出发，有机农业政策的重点是保护土地、自然资源以及景观，水源涵养等功能，通过土壤改良以及减少或尽量不使用农药、化肥，减少对环境的污染或减轻环境的负荷，在兼顾环境保护的基础上，有效地提高农业生产效率，生产出高档次的优质绿色食品。

日本有机农业主要以农作物栽培为主。在实行有机栽培的作物中，有机稻米占50%，有机蔬菜占35%，其余为有机水果、有机茶和有机奶肉蛋等。除有机农产品外，日本还有各类特别栽培的农产品，如无农药、减化肥栽培的农产品，减农药、无化肥栽培的农产品，减农药、减化肥栽培的农产品等。

日本的有机农产品及加工食品生产要求非常严格，生产基地从播种或耕作起两年以上不使用禁止的农药和化学合成肥料的水田和旱地，特殊情况下，只能使用基准所列出规定的品种；种子或种苗来自自然界，不使用转基因种苗或基因工程技术改造过的；生产单位需制定长期的土地培肥、植保、作物轮作和畜禽养殖计划；生产基地无水土流失及其他环境问题；作物在收获、清洁、干燥、贮存和运输过程中未受化学物质的污染，并且在加工过程中必须是在不受到农药和洗净剂等污染的工厂生产的；产品在整个生产过程中严格遵循有机食品的加工、包装、储藏、运输标准；所加工的产品必须除去水分和盐后原材料重量的95%以上是有机农产品或其加工食品的实物；要求有从生产到上市的生产流程管理和规格、数量的全程记录；从常规种植向有机种植转换需两年以上转换期，新开垦地、撂荒地需至少经12个月的转换期才有可能获得有机农业认证书：必须通过独立的有机食品认证机构的监督以及符合有机农作物加工食品规定的认证。

日本的有机农业实行认证制度。2001年4月1正式实施有机农产品的表示制度。有机食品的表示是依据1999年的JAS法修订案所制订的有机农产品及其加工食品的日本农林标准（有机 JAS 标准）生产的产品，并通过独立的有机食品认证机构认证的农副产品才能贴有机标识，以区别于非有机产品。JAS法对农户、加工厂、包装以及进口商都提出了具体标准和要求，符合 JAS 基准的商品包装袋和农产品上必须贴有机JAS标识。

JAS法实际上是日本有机农产品生产标准化和品质的法律制度，是为了促进有机农产品的品质改善、生产的合理化、交易的公正和公平化、使用或消费的安全性而制订的有机农产品生产基准。有机农产品和有机农产加工食品认证条件必须是符合有机 JAS 标准和县、市的有机认证基准以及符合有机 JAS 标准实施规则即技术认证基准。检查分别对申请的文件和实地进行审查，实地检查的内容有生产设施状况、相关生产设备，如农田和储藏设施、生产管理和产品鉴别机构、担当生产管理和产品鉴别者的资格和人数，生产过程中必须要有生产记录。

日本的有机农业认证建立监督机制。认证机构负责进行有机农产品生产加工各个环节的检查，各县、市分别申请、成立了农林水产省授权的登记认证机构，实施有机食品的检验和认证业务。由有机农业协会负责生产者的生产、销售的咨询服务以及生产者之间的相互协调；促使农民自发并自愿地按照有关标准进行生产。生产过程严格控制，农户从事有机农业的一切活动，必须有详细记录，以便认证机构的检查员随时审查，发现违规，轻者罚款，重者取消资格。

日本的有机农业实行严格的认证程序。①确定生产计划。生产者个人可以申请认证，但必须满足学历和具有农业经历等条件，最好是若干农户组成的生产小组较为合适。其中包括选择生产过程管理者，选任产品鉴定者，制订生产小组公约，制订栽培指导材料。②栽培管理记录的整理。需要有生产有机农产品前的两年（多年生作物为 3 年，其中轮作 1 年）栽培管理记录。③制作向登记认证机构提交的认证申请书。需要有当前的农田图、水系图、设施平面图等，以及要申请从事生产过程管理者和品质鉴别者参加登记认证机构举办的培训证明材料。④实地检查与判定。由登记认证机构的检查员进行文书审查和实地检查，认证委员依据审查报告书，决定是否给予认证资格。⑤认证。被认证后由登记认证机构发给“认证书”。认证后所播种或种植的农作物可以实行 JAS 有机标识。⑥认证后的业务。取得认证后必须提出播种或种植前的栽培计划、收获前的栽培管理记录、收获完成时的品质记录以及每年 6 月末的上年度品质检查实际记录[①]。

日本十分重视生态农业的发展，生态农业的形式多种多样。主要有再生利用型，就是通过充分利用土地的有机资源，对农业废弃物进行再生利用，减轻环境负荷。例如，将家畜粪便经堆放发酵后就地还田作为肥料使用，将污水经处理后得到的再生水用于农业灌溉等，这都是充分利用农业再生资源的措施。

稻作—畜产—水产三位一体型，就是在水田种植稻米、养鸭、养鱼和繁殖固氮

① 《日本有机农业认证制度分析》，http：//www.chinairn.com，2005-04-14。

蓝藻的同时，形成稻作、畜产和水产的水田生态循环可持续发展模式。这种模式的做法是在种植水稻的早期开始养鸭，禾苗长大后，田中出现的昆虫、杂草等为鸭提供饲料，鸭的粪便作禾苗的肥料，又可为水田中的红线虫、蚯蚓、水蚤及浮游生物提供食物来源，同时又给鱼等提供饵料，从而实现生态循环。这种生态农业技术已在日本农村推广和普及，该技术所产生的综合效益亦被众多水稻种植农户所认可。

畜禽—稻作—沼气型，就是农民在养鸭、牛等家畜过程中，将动物的粪便作为制造沼气的原料。同时，农作物的秸秆经过加工用来作家养畜禽的饲料，或作为沼气的原料，沼气又可为大棚作物提供热源等。这样，经过能量转换实现生态的均衡，并且生产的农作物比较环保，又能实现经济效益[①]。

9.2.5 以色列的节水农业与无土农业模式

以色列从水资源、土地资源极其匮乏的实际出发，走出了一条成功的节水农业与无土农业模式。目前，以色列已形成了完整的节水农业体系，其特点主要是：

9.2.5.1 开发和应用先进的精准微灌技术

以色列已经研制出世界上最先进的喷灌、滴灌、微喷灌和微滴灌等节水灌溉技术，完全取代了传统的沟渠漫灌方式，实现了农业节水技术的又一大飞跃。其先进的灌溉技术使水肥用率高达 80%，比传统的灌溉方式节水、节肥 30%以上。

9.2.5.2 大力开辟水源

兴建“北水南调”工程，使以色列一半以上的耕地得到了灌溉；收集和利用天然降水，建设集水设施，最大限度地收集和贮存雨季天然降水资源，用于农业生产；加大循环水使用力度，将城市污水进行处理，主要用于农业生产。

9.2.5.3 调整农业种植结构

在市场经济条件下，以色列减少对土地资源要求较高的粮食作物的种植，改种和增种对土地资源要求低、技术含量较高、经济效益较高的经济作物，如棉花、番茄、柑橘、花卉等，小麦等谷物的生产逐渐集中到西北部地中海沿岸的旱作农业区，而高耗水的养殖产品、饲料主要依赖进口。

发展无土农业是以色列的又一特色。以色列充分利用自己的高科技优势，采用

---

① 《日本发展生态农业的经验》，百度文库，2014-01-02。

无土栽培直接向植物提供无机营养液确保作物生长发育所必需的营养；采取将太阳能直接转化为热量的栽培方式，发展无土农业。目前，以色列的无土玫瑰年均产量可达 150 枝/m^2，苹果、樱桃、油桃、杏、葡萄等也采用无土双倍篱壁式栽培技术，都取得了很好的收益。这种无土生产方式既无污染又节约土地资源，具有可持续性，是发展现代生态农业的成功模式[62]。

9.2.6 菲律宾玛雅农场生态模式

玛雅农场位于菲律宾首都马尼拉附近，从 20 世纪 70 年代开始，经过 10 年建设，农场的农林牧副渔生产形成了一个良性循环的农业生态系统。玛雅农场的前身是一个面粉厂。经营者为了充分利用面粉厂产生的大量麸皮，建立了养畜场和鱼塘；为了增加农场的收入，建立了肉食加工和罐头制造厂。随着农场的发展，他们又找到一块 24 hm^2 的丘陵地，扩大了生产规模，取名为玛雅农场。到了 1981 年，农场已拥有 36 hm^2 的稻田和经济林，饲养了 2.5 万头猪、70 头牛和 1 万只鸭。为了控制粪肥污染和循环利用各种废弃物，他们陆续建立起十几个沼气生产车间，每天产生沼气十几万立方米，提供了农场生产和家庭生活所需要的能源。另外，从产气后的沼渣中，还可回收一些牲畜饲料，其余用做有机肥料。产气后的沼液经藻类氧化塘处理后，送入水塘养鱼养鸭，最后再取塘水、塘泥去肥田。农田生产的粮食又送面粉厂加工，进入又一次循环。像这样一个大规模农工联合生产企业，不用从外部购买原料、燃料、肥料，却能保持高额利润，而且没有废气、废水和废渣的污染。这样的生产过程由于符合生态学原理，合理地利用资源，实现了生物物质的充分循环利用。

9.2.7 国外绿色休闲农业模式

9.2.7.1 意大利的绿色假期模式

意大利是最早发展休闲农业的国家之一。意大利最先成立的“农业与旅游全国协会”专门介绍城市居民到农村去体味农业野趣，与农民同吃、同住、同劳作，或者在农民土地上搭起帐篷野营，或者在农民家中住宿。

意大利休闲农业发展的巅峰时期，学术界称之为“绿色假期”，始于 19 世纪

70 年代，发展于 80 年代，到 90 年代到达鼎盛时期。目前，休闲农业已成为意大利现代农业的一部分，它融合了当地自然、人文、社会等环境，综合开发和利用当地农业资源，对城乡统筹具有重要意义。至 2002 年，意大利大约有 1.15 万家专门从事“绿色农业旅游”的经营企业，当年夏季就招来了 120 万本国旅游者和 20 万外国游客前来休闲度假。“崇尚绿色、注重提高生活质量”，在“绿色假期”出现后成为意大利人的新追求。同时，“绿色农业旅游”的发展使得农村成为一个“寓教于农”的“生态教育农业园”，有效地扩大了生态农业耕地面积。此外，在休闲农业发展中意大利还通过合作经济组织的桥梁作用，为休闲农业提供了完善的管理体系。

9.2.7.2 法国的专业农场模式

早在 1855 年，法国有一位名叫欧贝尔的国家参议院带领一群贵族来到巴黎郊区农村度假，他们品尝野味、伐木种树、观赏田园、学习养蜂，与当地农民同吃、同住，开创了观光农业旅游先例。真正发生于法国的休闲农业浪潮是在 19 世纪 70 年代的农庄旅游。法国休闲农业的发展得益于多个非政府组织机构的联合，具体是指各行业协会在政府的政策指导下制定相关的行业规范和质量标准，推动以农场经营为主的休闲农业得到快速发展。

据统计，法国现有农场 101.7 万个，其中大于 50 hm^2 的农场数量为 17.2 万个，占农场总量的 17%；50 hm^2 以下的中小型农场 84.5 万个，占农场总量的 83%。这些农场基本上是专业化经营，其中主要有 9 种性质：农场客栈、点心农场、农产品农场、骑马农场、教学农场、探索农场、狩猎农场、暂住农场以及露营农场。

1998 年，法国农会常务委员会（APCA）设立了农业与旅游接待服务处，并联合其他社会团体，如互助联盟（CNMCCA）、国家青年农民中心（CNJA）等组织，建立了“欢迎莅临农场”的组织网络，为法国农场划出明确定位区域，连接法国各大区农场，成为法国农场强有力的促销策略。据统计，2005 年法国已有 1.77 万农民经营休闲农业，超过 5 800 户农民加入全国性的联合经营组织；2007 年有 2.92 亿人次前往乡村进行休闲，占全国旅游总人数的 33.4%；农业旅游收入约 244.6 亿欧元，相当于全国旅游收入的 1/5。

9.2.7.3 美国的社区参与的市民农园模式

美国休闲农业的兴起可追溯至 19 世纪上流阶层的乡村旅游。第一个休闲牧场于 1880 年在北达科他州诞生。1925 年，为加强与铁路公司联系和整体推介休闲农业品牌，许多地区休闲牧场纷纷成立协会。1945 年左右，许多东部的富裕家庭前往西部的怀俄明州或蒙大拿州度长假，慢慢地这种颇为贵族化的度假方式逐渐普及至中产阶层而成为一种大众化的休闲方式。到 1970 年，仅美国东部就有 500 处以上的休闲农场。

美国休闲农业得以发展的主要原因之一，是为解决第二次世界大战后食物生产过剩的局面，由美国农业部（USDA）协助进行农地转移计划，政府在经费和技术上协助农民转移农地非农业使用，其中一部分即转移为野生动物保育与游憩。美国市民农园采用农场与社区互助的组织形式，参与市民农园的居民与农园的农民共同分担成本、风险和赢利。农园尽最大努力为市民提供安全、新鲜、高品质且低于市场零售价格的农产品，市民为农园提供固定的销售渠道，双方互利共赢，在农产品生产与消费之间架起一座连通的桥梁。这种市场农园在北美发展很快，至 19 世纪 90 年代中期已有 600 多个。这种市民农园极大地加强了农民和消费者的关系，增加了区域食品的有效供给，有效促进了当地农业的顺利发展。

9.2.7.4 德国的市民农园农家生活体验模式

德国休闲农业以市民公园为代表。市民公园起源于中世纪德国的 Klien Gorden。那时德国人多在自家的庭院里划出一小部分作为园艺用地，享受亲手栽培作物的乐趣。而德国都市农业的真正发端一般认为始于 20 世纪。20 世纪德国政府为每户市民提供一小块荒丘，市民用作自家的“小菜园”，实现生产自给自足。20 世纪后半叶，德国正式建立了“市民农园”体制，其主旨是从建立健康的理念出发，让住在狭窄公寓里的都市居民能够得到充足的营养。

德国的休闲农业大致可分为度假农场、乡村博物馆及市民农园 3 种类型。1919 年，德国制定了《市民农园法》，成为世界最早制定市民农园法律的国家。1983 年，德国修订《市民农园法》，其主旨转向为市民提供体验农家生活的机会，使久居都市的市民享受田园之乐，经营方向也由生产导向转向农业耕作体验与休闲度假为主，生产、生活及生态三生一体的经营方式，并规定了市民农园五大功能：提供体验农耕之乐趣；提供健康自给自足的食物；提供休闲娱乐及社交的场所；提供自然、绿化、美化的绿色环境；提供退休人员或老年人最佳消磨时间地方。

市民农园土地来源于两大部分：一部分是镇、县政府提供的公有土地，一部分是居民提供的私有土地。每个市民农园的规模约 2 hm^2。大约 50 户市民组成一个集团，共同承租市民农园，每个承租人租地 100 m^2。租赁者与政府签订为期 25～30

年的使用合同，自行决定如何经营，但其产品不能出售。若承租人不想继续经营，可中途退出或转让，市民农园委员会选出新的承租人继续租赁，新承租人要承担原承租人合理的已投入费用。2006 年，德国市民农园呈兴旺之势，承租者已超过 80 万人，其产品总产值占全国农业总产值的 1/3。

9.2.7.5 日本的都市农业模式

日本的休闲农业（又称观光农业）可分为自然景观、高品质农产品和体验型农业 3 种基本形态，有市民农园、观光果园、观光渔业、自然休养村、观光牧场、森林公园、自助菜园、农业公园等多种类型。日本观光农业主要以城郊互动型的都市农业著称，日本的都市农业主要集中于东京圈、大阪圈和中京圈三大都市圈。

日本都市农业形成于 20 世纪 40 年代至 60 年代中期的战后经济高涨期，当时农场主结合生产经营项目的改造，兴建多种观光设施，先后开辟了 40 多 hm^2 的观光农园。农园内设有动物广场、牧场馆、花圃、自由广场、跑马场、射击场等。1961 年日本政府出台了《农业基本法》，鼓励城市近郊农业由水稻生产向果蔬、园艺等劳动密集型作物栽培转型。1966 年日本出台了《日本蔬菜生产上市安定法》，1971 年又颁布了《批发市场法》，这两大法规推进了农村地区大规模园艺产品生产基地的建设，在日本国内形成了园艺产品广域流通体制和城市消费的农产品产地远程化体系。日本都市农业主要针对特大国际化都市的局部地区，进行规模化生产。1990 年，日本实施《市民农园整备促进法》，推动 50～100 m^2 的大面积的体验型市民农园面世，这一法案的颁布使得农场主不仅可赚取高额的土地租金和管理费，而且有时还可获得农园的农产品。1995 年 4 月《农山渔村停留型休闲活动的促进办法》规定了“促进农村旅宿型休闲活动功能健全化措施”和“实现农林渔业体验民宿行业健康发展措施”，推动绿色观光体制、景点和设施建设，规定都府县及市町村要制定基本计划，发展休闲旅游经济，国家需协调融资，确保资金的融通，从而规范绿色观光业的发展与经营。同时，随着日本加入 WTO，日本通过采取相应激励措施（给予贷款及贴息），小规模的产区得到较快发展，生产手段也逐渐向自动化、设施化、智能化，生产经营管理向网络化发展。日本的都市农业模式主要有 3 种：①观光型农业，即设立菜、稻、果树等田园，吸引游人参观体验，其实质是农业与旅游业的结合；②设施型农业，即在一定范围内运用现代科技与先进的农艺技术，建立现代化的农业设施，一年四季生产无公害农副产品；③特色型农业，即通过有实力的农业集团建设一些有特色的农副产品生产基地，并依托先进的科技进行深层次开发，形成在国际市场上具有竞争力的特色农业。

日本都市农业的发展呈现出以下趋势：生产逐渐规模化，以提高都市农业产品的国际竞争力；农业结构逐步调整，淘汰效益低、成本高的农产品，绿色保健品大量生产；生产手段向全自动化、设施化、智能化发展，尤其是蔬菜、水果特别明显；农产品批发市场逐步完善；生产经营管理向网络化方向发展。其经验主要是：各级政府给予保护政策；模式多样化；政府关注农业劳动力素质的提高[63]。

9.2.7.6 荷兰的园艺（花卉）发展模式

荷兰是一个农业高度发达的国家，花卉业和奶牛业是特别重要的产业，以“欧洲花园”和“花卉王国”而驰名于世。荷兰花卉业从 20 世纪 70 年代起，向高度专业化、集约化发展，至今在世界花卉产业中形成霸主地位。荷兰的土壤和气候条件比较适宜花卉业发展，有着悠久的历史和文化渊源。加之荷兰工商业发达，城市繁荣，人口密度大，园艺业产品从农村（相当于郊区）到城市不但距离短，而且畅销。在土地利用上，经济效益以花卉为代表的园艺业要优于一般的大田种植业，温室园艺业又优于露地园艺业。荷兰温室产业具有高度工业化的特征，摆脱了土地的约束和天气的影响，温室园艺产品可以实现按工业方式进行生产和管理，其种植过程不仅可以安排特定的生产环节和生产周期，在产后的包装、销售方面，也同工业生产如出一辙，真正成了“工厂化农业”。荷兰园艺业和奶牛业的发展又带动了农村合作社和加工业的发展。其主要经验是：政府有效的宏观调控；高度的专业化大生产和科学的社会化分工；健全高效的流通体系；分工明确协调一致的花卉中介组织管理；重视现代化设施和高新技术的应用；严格的质量监控等。

9.2.7.7 澳大利亚的葡萄酒旅游模式

澳大利亚的休闲农业特别重视葡萄酒旅游产业主要依托葡萄庄园的田园风光、酿造工艺生产设备、特色美食、葡萄酒历史文化吸引游客，同时开发观光、休闲和体验等农业旅游产品，带动餐饮、住宿、购物、娱乐等产业延伸，促使休闲农业向第二产业和第三产业延伸，实现了特色农业产业与旅游业的结合，为地区带来了巨大的综合效益。

澳大利亚葡萄种植始于 1788 年，从 1810 年开始，葡萄酒酿造和销售开始走向商业化，目前已经形成了 60 多个葡萄酒产区，2008 年澳大利亚葡萄酒产量为 1 257.14 亿 L，出口量为 714.17 亿 L，成为世界第六大葡萄酒生产国和第四大葡萄酒出口国，吸纳了农村剩余劳动力，产生了巨大的经济效应。据澳大利亚资源、能源和旅游部统计报道，2009 年澳大利亚葡萄酒旅游就吸引 410 万国内游客和 66 万国外游客，创汇达 48.9 亿澳元。

为了扶持葡萄酒旅游产业发展，澳大利亚各级政府实施了政府主导战略，不仅直接提供资金用于开发葡萄酒旅游项目，而且由政府牵头，成立专门的组织机构负责葡萄酒产业发展协调事宜，落实葡萄酒旅游业规划的内容。

在科研创新方面，澳大利亚十分重视葡萄酒旅游“产、学、研”的紧密结合。为了推动葡萄酒旅游的发展，1998 年澳大利亚著名的酒业协会、酿酒商、政府机构、大学科研机构在西澳组织召开了首届澳大利亚葡萄酒旅游大会，对澳大利亚葡萄酒旅游的发展战略、产品开发方向等议题进行了深入探讨，并决定每年组织一次全国性的葡萄酒旅游大会。

在葡萄酒旅游产品开发方面，澳大利亚不仅充分依托其自身的葡萄酒特色资源优势，而且深度挖掘葡萄酒文化底蕴，开发了许多具有差异性、创新性的特色产品项目。

葡萄酒旅游（WineTourism）是指游客对葡萄酒厂及葡萄酒产地的访问，以体验其独特的与品尝葡萄酒相关的生活方式，包括品酒、赏酒、美食以及游览参观酒厂周围风景、体验葡萄酒文化等娱乐活动。澳大利亚开发的葡萄酒旅游项目主要有以下几种：

（1）葡萄酒科技旅游项目。葡萄酒科技旅游指以葡萄酒工业厂区、农业园区的各种科技旅游资源（如酒厂布局、生产设备、罐装线等）为吸引物，满足旅游者增长知识、开阔视野、丰富阅历等旅游需求为目的，融参观、考察、学习、娱乐、购物等活动于一体的一种专项旅游。开发的具体旅游项目包括：组织游客深入生产一线参观葡萄酒厂现代化的生产设备，如罐装车间、库房、储藏运输罐；观看葡萄酒酿造工艺生产线，了解葡萄酒制作的全部过程，从葡萄的接收与处理、发酵、勾兑酒的澄清、过滤等具体生产流程；各种品牌、不同年代葡萄酒样品的展览与品尝等。

2004 年澳大利亚共有 1 798 家酿酒厂，其中 78%涉及旅游业务；酒厂普遍对公众开放，通过向公众展示其高新技术设备及产品、现代化生产流程、高效的经营管理模式，以树立企业品牌形象，代表性的知名葡萄酒厂有 Southcorp、Tyrells、McWilliams、Rosemount、Rothebury 等。葡萄酒科技旅游不仅给酒厂带来了酒窖直销收入和旅游门票等直接的经济效益，而且还获得了宣传企业形象、打造企业品牌、建立良好客户关系、拓展业务领域等间接效益。

（2）葡萄酒体验旅游项目。葡萄酒体验旅游指以不为都市人所熟悉的乡村葡萄资源为旅游吸引物，以形式多样的参与性旅游活动为主要内容，以满足游客休闲娱乐、身心健康、自我发展等需求的旅游形式。葡萄酒体验旅游在产品特色上更加强调形式的创新、互动以及知识性。澳大利亚的许多庄园将当地的葡萄资源优势与旅游有机结合，策划开发出了许多融参与、知识、娱乐于一体的特色旅游项目。每年有数百万游客到澳大利亚远离城市的偏远酒庄，住进条件简陋的农舍，品尝葡萄酒产地的特色饮食，欣赏诗情画意的田园风光，参观各种具有特色的农业生产设施；旅游者可以自由参观园内的葡萄作物；参与各种农业健身运动，如用机械或手工采摘葡萄，用简单的酿酒工具自酿葡萄酒；品尝甜美的葡萄和葡萄酒，还可以学习品酒知识；葡萄酒浴则是美容健身的特色项目；专人授课的农场学校能够让游客在轻松舒适的学习环境中学到很多葡萄及葡萄酒知识。

（3）葡萄酒节庆旅游项目。葡萄酒节庆旅游指以各种葡萄酒主题节庆活动为核心旅游吸引物的一种特殊旅游形式。它以其巨大的经济增量效应、关联产业带动效应、综合就业乘数效应、地区形象传播聚焦效应而普遍受到地区政府及企业的重视。在澳大利亚的主要葡萄产地，葡萄收获季节和葡萄酒装瓶的日子都是当地重要的节日。在葡萄酒节期间，政府和商家会举办策划一系列的庆祝活动、旅游活动以吸引游客，扩大地区知名度。例如，举办集文化展示、产品推介、销售于一体的葡萄酒会、品酒会、评酒会，传统歌舞表演、音乐、佳肴、烟火等大型庆祝活动。澳大利亚最著名的葡萄酒节是每年 2 月在玛格丽特河区卢因葡萄酒庄园举办的卢因音乐节。

（4）葡萄酒文化旅游项目。葡萄酒文化旅游是以葡萄酒文化、葡萄酒历史、葡萄酒产地的地域民族风情为主题的旅游产品形式。在澳大利亚很多葡萄酒产地都建有葡萄酒博物馆。参观者可以通过观看文字材料、图表图片、工具器皿以及不同品牌的陈年酒和新酿酒来感受葡萄酒酿制文化发展，了解酿酒、葡萄种植历史以及地域历史文化的演绎。在葡萄庄园，星级酒店往往是古建筑式样的民居；葡萄酒专卖店、酒吧、餐馆在店内装饰、服务礼仪、员工服饰等方面都极具地域特色和文化内涵；游客在品尝美酒、美食的过程中可以聆听当地酒窖典故和奇闻逸事[①]。

① 《澳大利亚葡萄酒旅游发展概况》，中国行业研究网，2007-08-08。

9.3 国外发展绿色低碳循环农业的经验

9.3.1 完善的法律体系保障

完善的法律是保障绿色低碳循环农业的基础。发达国家一般都颁布了一系列保障绿色低碳循环农业的法律法规。例如，美国政府从20世纪80年代初期开始注重与农业生产、开发相关的资源、生态和环境保护，制定了一系列旨在促进农业可持续发展的保护耕地、水等自然资源及生态环境的法规和长期计划。1983年美国制定了有机农业法规，对有机农业进行界定，并要求所有农药都必须在联邦农业部登记，在使用的州注册，使用者必须经过培训合格方可领证。1985年美国依据《土壤保护法》，对占全美耕地24%的“易发生水土流失地”实行10～15年休耕，休耕还林、还草的农户可从政府拿到补助金。1990年美国政府制定了《有机食品生产法》，成立了国家“有机标准委员会”。1991年在原来《有机食品生产法》的基础上，制定了《有机食品证书管理法》。1996年，美国政府修改《农业法案》，增加了资源保护等方面的管理办法。2000年12月，隶属于美国农业部（USDA）的农业市场服务处制定了美国《有机农业条例》（NOP），对有机农产品的定义、适用性、有机农作物等作了详细的界定。2002年，美国出台《2002年农场安全与农村投资法案》。该法案规定，“农业部通过实施生态保护补贴计划，以现金补贴或技术援助等方式把资金直接分发到农民手中或用于各种生态保护补贴项目”。2010年美国政府颁布《健康、无饥饿儿童行动》法令，该法令提出有机贸易协会将提供10亿美元的资金用于进行有机食品的试验计划，用于学校食品计划中有机食品的提供。2011年1月，美国总统奥巴马签署《FDA食品安全现代化法案》（FSMA），使该法案成为美国第111届国会第353号法律。《FDA食品安全现代化法案》不仅有助于加强美国的食品安全监督和保护消费者权益，还有助于保护有机农业生产者[①]。

① 丁溪：《国际生态农业与有机农业发展政策与启示》，百度文库，2012。

欧共体于 1988 年规定，为控制生产和保护环境，实行 20%的农地不耕作，对恢复自然植被的农户损失进行直接补偿。1991 年 6 月欧洲共同体（简称为欧共体）就制定了首个《欧共体生态农业条例》，它明确规定了那些被确定为生态产品的农产品和食品应该或者说必须如何被生产出来，它不但对生产者如何生产和在生产过程中允许使用的物质作了具体规定，而且也对加工者如何加工和在加工过程中允许使用的物质作了明确规定，并明确说明那些未在肯定可以使用的物质单列中出现的物质即为不允许使用的物质，这同样适用于那些非农产品的食品配料。所采用的附加料，如在生产过程中必须使用，则允许部分附加料来自传统农产品，但不得高于 25%。一旦使用了传统农业附加料就应在产品中标明使用的比例。只有 95%以上的附加料来自生态的，才可作为纯生态产品出售。这一条对于那些向德国等欧盟国家出口农产品的国家和地区非常重要，因为德国已经明确规定，只允许进口生态农产品和生态食品，而这些商品要进入其国内市场，就必须经得起严格的检验，不得出现任何德方认为可疑或不明的成分。欧盟各国在发展生态农业时，都运用行政和法律等手段加强对生态农业的管理，通过制定支持生态农业建设的政策和法规，为生态农业的良性发展提供了有利的外部环境与内部环境。瑞典政府早在 1969 年就制定了环境保护法规，20 世纪 80 年代，又相继出台了 15 个单项法规，在此基础上，1999 年颁布了一部完整的《农业保护法》，对农药、化肥、水等的使用上升到法律的高度，明确了污染者补偿原则，节约原材料与能源的生态环境原则等，并在法律中特别强调了政府的监督作用。欧共体于 1988 年规定，为控制生产和保护环境，实行 20%的农地不耕作，对恢复自然植被的农户损失进行直接补偿，农户有义务按一定比例将低产农地转为生态用地，用于野生生物栖息，保护生物多样性。政府就此与农户立下契约，最低期限 5 年，最长期限为 20 年。

德国的农业有一套较完善的法律、法规，一般农产品种植必须遵循 7 项法律法规，即种子法和物种保护法、肥料使用法、自然资源保护法、土地资源保护法、植物保护法、垃圾处理法、水资源管理条例。

德国在 2003 年根据欧盟的《欧共体生态农业条例》制定了本国的《生态农业法》，对农业的产前、产中、产后都有相应的标准规范，涉及水、土壤、大气、耕作制度、生物多样性、农产品质量等各个方面。英国的《控制公害法》，将污染物流入水中视为犯罪，实行严格的污染者负担制。2000 年以来，WTO 贸易谈判形成的新的《农业协定》，促使欧盟诸国要强化以促进生态农业发展为主导的绿箱补贴政策，以代替原有的直接补贴政策。以可持续发展、食物质量和食品安全保障为目标指向的生态农业发展政策正在逐渐成为德国最主要的农业保护手段。亚洲的日本在生态农业发展方面也制定了完善的法律法规。生态农业方面的法律法规有 4 部，分别是《食物、农业、农村基本法》《可持续农业法》《堆肥品质管理法》《食品废弃物循环利用法》。其中，1999 年 7 月 12 日颁布的《食物、农业、农村基本法》，是在对 1961 年实施的《农业基本法》进行评估后制定的具有新理念的政策法规，该法规的核心在于实现农业可持续发展与农村振兴，确保食物的稳定供应，发挥农业与农村的多种功能，是 21 世纪发展生态农业的基本方针。

9.3.2 有力的财税政策支持

政府提供有力的财税政策支持是发展绿色低碳循环农业的资金保障。例如，德国政府对生态农业的扶持政策有 3 个方面：①对生产的扶持。在生态农业的范围内，转型企业每公顷农田和绿草地可得到 300 马克的补贴在蔬菜栽培的土地上，转型中的生产实体每公顷可得到 700 马克的补贴。②对营销的扶持。德国为帮助其生态农业尽快实现产业化，启动了《有机农业联邦计划》，动用 7 000 万欧元作为专项基金，用于生态农业的宣传、信息服务、职业培训、科技研究与推广。③对生产合作社的扶持。启动扶持补贴用于“生态生产者合作社”，最高可达建立“生态生产者合作社”费用的 50%，最高限额为 7.5 万马克。德国对农业基础设施建设提供补助，并且联邦财政和州财政每年都要安排这方面的预算。如在布兰登堡州，1997 年财政支农支出 13 亿马克，其中的 4.27 亿马克用于农业基础设施建设，约占该州农支出的 32.85%。对农业机械可以加速折旧，农民购买新机械费用的 20%由国家给予补贴。国家规定单位面积施肥限量，对土地休耕和免耕、少农药和化肥施用量、粪便垃圾有效处理等保护生态的农业措施国家都给予相应的补贴。在税收优惠政策上，德国政府对资源回收及利用效率较高的企业或公民给予一定的税费减免。另外，对农业企业的所得税、土地税等给予减免或征收。政府每年征收农业所得税 10 亿马克，仅占全部所得税的 0.8%，但各级政府每年给予农业的优惠税收却达到 13.3 亿马克，占整个经济界税收优惠的 7%。

英国政府采取了多项财政补贴制度。1993 年以来。英国政府对农作物生产者实行了可耕地面积支付的“直接补贴”计划。同时还引入了“环境许可证”制度，即只有农业生产达到环保指标的农场主才能从政府那里得到补贴，将农业生产与环境保护更加紧密地结合在一起。此外，英国政府还提高了“环境补贴”的基金额度，把其欧盟共同农业政策基金中 4%～5%的金额用于环境保护补贴，并且这个比例将被提高到 10%。为保持本国绿色农业，每年以 40%的速度递增，自 2006 年起 7 年内政府将向农民提供 14 亿英镑的资助款项。目前，英国政府在努力把财政政策从以单纯补贴为主的形式转向强调农业全面发展和统一规划的方向。

美国，据农业部测算，2002—2011 年，政府补贴农业的资金为 1 900 亿美元，比 1996 年《农业法》预算增加了约 830 亿美元，平均每年增加 190 亿美元。日本农林水产省规定，对审查合格的环保型农户，银行可以提供额度不等的无息贷款，贷款时间最长可达 12 年。奥地利于 1995 年开始实施支持有机农业发展的特别项目，国家提供专门资金鼓励和帮助农场主向有机农业转变。

欧盟，2003 年 6 月确定农业补贴与环境保护完全挂钩，形成以环境保护为核心的农业补贴政策体系，农业补贴的环境保护功能改造完成。同年欧盟出台了农业生态环境的最低标准体系，并以此作为指导欧盟成员国进行农业生态环境补贴的纲领性文件。欧盟各成员国依据农业生态环境的最低指标体系并结合本国的实际情况制定出本国国情的农业生态环境最低指标体系。构建确保农业生态环境标准指标体系实施的激励机制：①设置奖励机制，补贴标准以农业生态建设的投入额度为参照系。②设立惩罚措施，农业生产经营者申请农业生态补贴项目是必须承诺预期成果和保证措施，若不能达到最低标准要求则不能获得农业补贴。欧盟各国所有的资助项目都规定，农民必须按照生态农业标准耕种 5 年才能得到资助，否则必须退还所领款项。③设置评估监督机制，成员国每年对本国农业生态建设进行绩效评价并向欧盟监测委员会提交评估报告，欧盟监测委员会综合各成员国过的评估报告形成欧盟农业生态建设绩效评估报告，通过农业生态建设绩效评估报告对欧盟农业生态建设进行动态监测和管理。

法国政府于 20 世纪 90 年代制定实施了生态农业发展计划，目前，法国生态作物种植面积约为 100 万 hm^2，从事生态农业的单位或农户达 2.5 万个。近年来，法国生态农产品每年以 10%的速度增长。为进一步鼓励生态农业和农产品加工业的发展，法国政府于 2008 年再次颁布了生态农业 2012 年规划，旨在提高生态农业产量，同时将生态农业面积扩大 3 倍，力争达到占可耕地面积的 6%。这一规划的主要措施包括：①设立专项基金，用于支持生态农业结构调整，形成产品生产、收购、加工、销售的渠道；②对从非生态农业向生态农业转变的农户提供免税等优惠待遇；③加强对生产部门的技术支持和对相关人员的知识培训；④在制定农业法规时，充分考虑生态农业的特性和要求，从政策层面上放宽限制；⑤在生态农产品消费方面，政府加强引导，到 2012 年使生态农产品的消费比重超过 20%。法国用于农业环境的资金，1992 年为 800 万欧元，1993 年上升到 1.5 亿欧元，增长近 20 倍，到 2001 年已高达 3.7 亿欧元。现在法国已成为世界上最大的有机农产品的生产国和出口国。

瑞士支持将生态保护的费用支付问题综合纳入全面的税收改革计划，包括激励性税收应该与财政和公共开支的规定相一致、重要的环境目标应该被这些税收措施所支持、各类新旧补贴都不得与生态系统保护目标相冲突等政策。

韩国政府针对农业发展中由于依赖高投入、求增产伴生的环境污染而导致的一系列影响农业可持续发展的环境问题，自 20 世纪 90 年代初期就着手促进亲环境农业发展，从 90 年代末以来大幅扩充和完善促进政策，制定和实施一系列亲环境农业政策促进计划，在政策建设与实践方面进行有益的探索并取得了显著成效。为了补偿实践亲环境农业的农民可能得到的收入减少，奖励农业、农村的环境保护和安全农产品生产，1999 年韩国政府开始引进并实施亲环境农业直接补贴制度。亲环境农业直接补贴制度是指政府向亲环境农产品生产者即获得亲环境农产品认证证书的农民，直接支付补助金的一种支持收入的政策，与提高价格收购政策等形成对比。与亲环境农业直接支付制度相配套，韩国政府为了通过发展亲环境畜产业改善农村景观、减轻环境负担等，构筑可持续畜产业基础，从 2004 年开始尝试亲环境畜产业直接支付制度即政府向参与政府的亲环境畜产业发展计划的农民补偿因参与而导致的收入减少，或支持所需追加费用。亲环境畜产业直接支付制度支持对象应在最近两年内没有因违反《家畜传染病预防法》《有关污水、粪尿及畜产废水处理法律》而受到行政机关等部门的行政处分，没有因畜舍内及周边环境不清洁而发生民事纠纷，并且满足亲环境畜产业发展要求，即基础项目条件和激励项目条件。其中，基础项目条件为，以养猪和鸡为例，降低饲养密度，保证粪尿产生量比通常（允许）标准低 20%～30%，同时把产生的粪尿按相关规定全部堆肥化和液肥化。另外，不论饲养何种家畜，都要在一定期间禁止使用抗生素类药，参加并完成专门机构举办的环境、防疫教育。激励项目条件为在畜舍及粪尿处理设施周边栽植景观树[64]。

9.3.3 坚实的科技支撑

绿色低碳循环农业发展需要强有力的科技支撑。世界各国、特别是发达国家十分重视农业科学技术研究与应用，逐步建立和完善了适合本国农业发展的支撑保障体系。

9.3.3.1 健全的农业科技创新与应用体系

世界各国都十分重视农业科研体系建设、技术推广和人才培养，建立了适合本国农业发展需要的农业科技创新与应用体系。在农业科技创新与应用体系方面主要有美国农业科研、教育、推广三结合模式，日本科研、推广、教育分开自成体系模式，法国以国家农业研究院为主导的创新体系模式，韩国以农村振兴厅负责全国农业科研项目管理的体系模式，印度农业研究理事会体系模式。尽管模式不同，但各国都形成了机构齐全、设施先进、运转高效的农业科研、教育、推广体系。如美国联邦农业部农业研究局的四大研究中心和 56 个州农业试验站，构成了美国农业科研体系的主体。日本国立农业科研机构占全部农业科研机构的 56%。法国农业科学研究院是法国农业领域中唯一从事农业科学研究的政府机构，它在全国形成完整的农业科研体系。

9.3.3.2 严密的动植物疫病防控体系

欧、美等畜牧业发达国家都建立了制度严密的动物防疫体系，包括疫病的诊断、监测、流行病学分析、疫情控制和扑灭等多个工作系统，以及应急行动组织应急计划和应急资源储备，制定了一系列科学、有效的防治技术措施、疫病消灭计划、重大动物疫情应急方案以及疫情追溯、扑杀赔偿和进口风险评估等制度，建立了完善的、具有系统性、可操作性、科学性、时效性及透明性等特征的法律和标准体系，并且都建立兽医官制度和官方兽医垂直管理为核心的官方兽医体系。

9.3.3.3 全方位服务的农技推广体系

农业社会化服务与管理体系的主体是农技推广体系。国际上的农技推广体系主要有 3 种类型：

（1）以政府推广机构为主导的农技推广体系。以日本为典型，包括荷兰、意大利、泰国、菲律宾等国。其特点是推广体系隶属政府农业部门直接领导，包括推广局、推广站等机构，直接负责组织、管理和实施相应级别的农技推广工作。澳大利亚建立了完善的农业科研与应用推广体系。联邦科学与产业研究院主要从事农牧业基础理论研究，联邦及各州农林渔业部的研究和推广机构主要从事农牧业科研成果的开发应用，高等院校则主要是面向市场的科研合作，推进生态农业实用技术产业化。

（2）以政府领导、农业大学参与的农技推广体系。以美国为典型，包括印度等国家。其特点是农业教育、科研、推广三位一体，大学建立农技推广站或中心，并负责组织、管理和实施基层推广工作。

（3）非政府组织主导的农技推广体系。以法国、英国和新西兰为典型，包括丹麦、墨西哥、智利、挪威等国家。其特点是，多数推广活动由私人咨询公司或者非政府组织进行推广，政府或者农会组织与这些私人公司或者非政府组织签订合同，政府或者农会组织承担全部或者部分农技推广经费[①]。

9.3.3.4 过硬的农业科技投入保障体系

世界农业发达国家都建立了农业科技投入保障体系，例如，以色列每年用于农业科研开发的投资占国民生产总值的3%，用于教育的资金投入比重占 GNP 的 9%，特别是在节水农业建立了一整套科技体系，成为世界节水农业的典范。德国政府每年拨款 5 000 万马克用于“工业作物”的研究和开发，并成立了生物原料和生物能源研究中心，专门负责这方面的科研以及促进和协调全国“工业作物”的种植和新技术、新工艺的推广。德国从 1935 年开始对土地划分等级，国家免费为农民进行土壤测试。农民根据检测结果改良土壤。对于垃圾处理、土地保护、地下水及气候和土壤保护等方面先进技术的应用政府给予补贴。20 世纪 90 年代以后，德国研究在农业生产中采用将地理信息系统、全球定位系统和卫星遥感等项技术结合在一起，建立了精准农业技术，这些技术的运用不仅大大提高了农业生产效率、增加了产量，也有效减少了化肥和农药的使用量，对环境的保护起到了积极的作用；除此之外。德国政府还大力支持生物技术研究。努力促进综合农业和生态农业的开展。

9.3.4 严格的农产品质量安全体系保障

为了确保农产品质量安全，发达国家十分重视农产品质量安全体系建设。例如，

① 陈华宁：《国外农业支撑保障体系建设的做法与启示》，中国农经信息网，2006-09-24。

美国、欧盟、日本、加拿大、澳大利亚等国家，根据本国农产品生产和进出口贸易的发展、保护国民食品消费安全的需要，历经数十年甚至上百年的建设积累与发展创新，形成了一套设计科学、架构合理、机制完善、协调配套、运行高效的农产品质量安全管理体系。主要包括质量标准体系、检测检验体系、认证认可体系、法律法规体系、技术支撑体系、信息服务体系等。例如，美国认证机构制定了有机农产品标准：土地上的有机农作物在认证前，必须停止使用禁用物质 3 年，在执行有机栽培时是符合有机计划的申请发照的生产经营者，必须向认证机构递交一份有机农作物生产计划从事生产的农民需要记录所有栽培过程，并保持该记录 5 年。

德国根据《欧洲有机法案》制定了有机食品的统一标准，对有机食品的生产过程、各种生产资料的使用、原料的使用、单位畜禽的最小饲养面积、单位面积上的畜禽数量、监控操作程序、登记和标签内容等均做了规定。日本以欧盟标准为范本，于 2000 年 4 月制定了有机农业标准，并出台了有机农产品加工标准。

9.3.5 货畅其流的农产品市场体系

欧美等发达国家都建立了货畅其流的农产品市场体系，实现了农业生产者与市场的有效对接。如美国，农产品市场体系主要由期货市场和现货市场两大系统构成，其特点是：门类齐全，大中小市场、期货与现货市场有机结合；范围宽广，涉及整个农业产前产中产后的所有经济活动环节；分布广泛，产地与销地、城市与农村合理布局；设施先进，技术装备水平高；实行统一的宏观管理和调控体制，农产品的生产、加工、运输、内销和外贸统一归农业部管理，协调运转；依法管理，执法严格，维护公平；遵循市场经济规律，实行自由竞争，追求经济效率。日本建立了“小生产加大流通”的农产品市场体系，明显的特点是：以批发市场为中心的流通体系占主导；规范市场运作的法律制度十分完备；销售市场基本由紧密联系广大分散农户的农协控制；主要采取拍卖交易方式。英国、法国和意大利为代表的欧盟国家，虽仍然坚持以大批公益性的农产品批发市场为中心的流通体系，但是随着市场信息网络的发达，农产品直销的比例在不断增大。荷兰、比利时等国家和地区还是坚持以批发市场拍卖交易方式为主导的农产品市场流通体系。

9.3.6 传递快捷的农业信息服务体系

发达国家都建立了完善、快捷的农业信息体系，其主要特点如下。

9.3.6.1 充分发挥信息对政府和经营者决策的基础性作用

美国农业部在全国建立了庞大的市场信息网络，收集和发布官方的信息，对世界小麦、玉米、稻谷等主要农产品的生产、进出口、价格、供求形势及市场态势进行及时有效的跟踪分析和监测预警。

9.3.6.2 建立功能完善的农业信息体系组织机构

以美国农业部外国农业服务局为例，它的主要功能是帮助美国的农产品进入外国市场，它的所有项目工作都是以开拓新的市场，增强美国农业在全球范围内的竞争力为核心，同时它还承担着一系列美国农业在海外的项目活动。

9.3.6.3 信息主体多元化

加拿大和法国的农业信息主体多元化，充分利用各种信息传播渠道，为农民提供信息服务。

9.3.7 农业资源开发利用与生态环境保护有机结合

欧美日韩等国家在其高度发达的现代工业及现代农业生产背景下，高度重视环境保护和资源的可持续开发利用，注重法规和制度建设，从源头和过程进行预防控制，形成了有效农业资源和生态保护机制，有效克服了农业资源利用与环境保护方面的一些弊端，建立了一种确保产品供需平衡，永续利用资源和良性循环的农业生态环境。欧盟国家加强土地、水等资源的保护与开发利用，政府投资支持土地改良、兴修水利、田间围栏等建设。日本强化土地保护与集约利用，政府投资实施土地改良长期计划，支持农田改造、国土保护等项目建设。韩国注重农业生产环境及农村生活环境的改善，政府投资不仅积极支持农业生产的各种亲环境技术的开发与研究，而且积极实施“新农村运动”，大力推进农村生活环境的改善和美化。

德国的农业除为本国供应食物、原材料和能源外。德国政府还赋予了农业保护自然资源。特别是保护物种多样性、地下水、气候和土壤等的功能。2001 年 9 月，德国政府推出了“绿色生态”农业计划，对外源物质污染或经营措施不当而造成的对生态环境的破坏进行了严格的限制。在农业生产中，德国政府对抗生素、转基因技术、易溶的化学肥料和化学合成的除虫剂、除草剂以及植物生长调节剂等的使用和用量都有明确要求。另外，政府还积极倡导使用有机肥或长效肥，应用诸如轮作或间作种植等生态化、环保化的耕作和畜牧方法。由于德国政府的引导和限制，德国农业的磷肥、氮肥、农药用量分别比 10 年前减少了 60%、25%和 30%。

9.4 国外绿色低碳循环农业发展的启示与建议

9.4.1 加快法律法规建设，促进绿色低碳循环农业发展

从发达国家发展生态农业、有机农业、循环农业、低碳农业的经验看，国家出台相关的法律法规来规范绿色低碳循环农业的发展，形成了一个严格的全方位的法律法规体系为绿色低碳循环农业“保驾护航”。目前，中国已形成了一个以《农业法》为基础，《农村土地承包法》《种子法》《农业机械化促进法》《农业技术推广法》《农民专业合作社法》等近 10 部农业法律和大量的法规、规章相配套的初步的农业法律体系，对农业基础地位的巩固提供了法制保障。但是，这些法律法规体系仍不健全，许多法律缺乏可操作性。为此，借鉴国外经验，应建立健全符合中国国情的法律法规体系。①进一步完善农业基本法。农业立法不但作用于包括种植业、养殖业、林业、渔业、畜牧业在内的广义农业领域，还适度扩展到与广义农业密切联系的工业（如农产品的加工业、农用工业）和第三产业（如金融业、保险业）等领域。也强调对贸易、营销、信息体系等环节的法律规范，真正巩固农业的基础地位。②完善农业投入、农村建设、农民权益保障的配套法规，如农业投资法、农村财政转移支付法、农村公共投资法、农业补贴法、农民权益保护法、农业产业促进法等。③完善绿色低碳循环农业配套法规，在绿色低碳循环农业生产方面、资源环境方面、监督管理方面、标准化方面都应制定相应的法律法规，如《农业清洁生产法》等。

9.4.2 制定积极的财政与税收政策，支持绿色低碳循环农业发展

国外经验，特别是美国、日本、德国、英国等发达国家的实践经验说明，发展绿色低碳循环农业需要国家财政、税收政策的大力支持，国家每年应该保证一定比例的财政资金用于发展绿色低碳循环农业，并在必要时给予相应的税收优惠。这是发展绿色低碳循环农业、实现农业可持续发展的基本保证。应大力实施奖励性的财税政策，如宏观的税收减免和补贴手段，对于发展绿色低碳循环农业具有积极的推动作用，能够让农民得到利益的同时提升农户进行绿色低碳循环农业耕作的信心。应对绿色低碳循环农业生产进行补贴，在生态环境建设、商品基地建设、农业综合开发和技术推广等项目中的资金向其倾斜，保护和提高有生产者的积极性。应设立国家级绿色农业、有机农业示范区、示范园、示范基地、龙头企业、合作社等，并对有示范效应的园区、基地、企业、合作社等提供一定的优惠政策支持。

9.4.3 加强农业科技投入，支撑绿色低碳循环农业发展

国外十分注重对农业科技及其相关研发的投入。农林院所是进行农业科研的主要机构，国家应重视对这些院所的投入，加大对绿色低碳循环农业的立项支持，加大科技投入，建立相对完善的推动绿色低碳循环农业发展的技术创新体系与技术示范推广体系，促进绿色低碳循环农业向高科技含量的现代农业发展。绿色低碳循环农业生产基地禁用化学合成物质，势必要求较高的生产技术与之配套，只有通过先进的科学技术来解决生产中遇到的问题，绿色低碳循环农业基地才能健康稳定发展，因此，要加强绿色低碳循环农业生产关键技术、病虫害防治、食品加工、包装、运输、储存技术等方面的研究，将农业科研与生产紧密结合，为绿色低碳循环农业发展提供技术支撑。要建立、培育和完善农业技术社会服务组织，把农民、企业、科技人员等各个环节紧密联系起来，逐步形成完善的农业科技服务体系。要加大绿色低碳循环农业的培训力度，依托农业科研院校与科研机构，有针对性地对绿色低碳循环农业推广人员、种植者与经营者等不同群体开展相关培训，提高其业务与技术水平。

9.4.4 加大农业市场化建设力度，让绿色低碳循环农业的生产者与市场有效对接

发达国家都建立了货畅其流的农产品市场体系，实现了农业生产者与市场的有效对接。

应积极借鉴国外的经验，加强绿色低碳循环农业市场化建设，建立各级农产品管理与运销组织，协调各方力量，实行地区间的相互配合，采取产销联合、定点销售、开设专卖店（市场）等办法，建立便捷而完善的多元化市场与流通体系，可重点建立和完善销售龙头企业带动式和产销直挂式相结合的流通模式，同时要开拓灵活多样的绿色有机农产品零售渠道，重点加强消费者服务策略、品牌形象策略和销售保证策略的建设。

9.4.5 构建农业信息化网络，为绿色低碳循环农业发展服务

当今世界是信息时代，发达国家都建立了完善、快捷的农业信息网络，为绿色低碳循环农业发展起到了积极作用。中国在这方面还比较落后，因为信息闭塞，许多绿色低碳循环农业生产者不知其产品的市场定位，造成了产品优质不优价的局面。政府主管部门应该建设国家层次的绿色低碳循环农业信息交流平台，协同民间的各类组织和机构，为绿色有机农产品生产企业提供切实有效的市场信息服务；绿色有机农产品经营者应高度注重农业信息的有效利用，通过网络及时获悉有用的市场信息，有条件地区可以实行农产品网上订购与邮购，准确把握市场和商机，利用多渠道解决绿色低碳循环农业生产产前、产中和产后过程中出现的问题。

9.4.6 完善绿色有机农产品认证与监管体系，保障农产品的质量安全

发达国家十分重视农产品质量安全体系建设，如美国、日本、加拿大、澳大利亚和欧盟等国家。2014 年中共中央、国务院印发《关于全面深化农村改革加快推进农业现代化的若干意见》明确指出："强化农产品质量和食品安全监管。建立严格的覆盖全过程的食品安全监管制度，完善法律法规和标准体系，落实地方政府属地管理和生产经营主体责任。支持标准化生产、重点产品风险监测预警、食品追溯

体系建设，加大批发市场质量安全检验监测补助力度。”为此，应尽快建立和完善绿色有机农产品的生产的质量标准体系、检测检验体系、认证认可体系，对绿色有机农产品生产、加工、包装、运输、销售各个环节实行全程质量监控，保障绿色有机农产品的质量安全。

9.4.7 大力开展宣传培训，提高民众对绿色低碳循环农业的认知度

充分利用大众媒体，加大绿色有机农产品的宣传，快速、便捷地传播绿色低碳循环农业。一方面使农业经营者思考自然资源的有限性，适应形势发展的需要调整经营理念，提高实施绿色低碳循环农业的积极性；另一方面通过大力推介和推广绿色有机农产品，树立安全优质农产品的品牌形象，扩大消费需求，从而拉动绿色有机农产品的生产、贸易和流通。

9.4.8 加强农业资源开发与生态环境保护力度，实现和谐发展

发达国家十分重视农业资源开发与生态环境保护，这既是绿色低碳循环农业本身的内在要求，更是实现农业可持续发展的客观规律。借鉴国外的先进经验，处理好农业资源开发利用与保护的关系，在自然承载限度内和确保永续利用的前提下科学合理地开发利用农业资源，争取以较少的农业资源消耗获得较高的农业生产效益。2014 年中共中央、国务院印发《关于全面深化农村改革加快推进农业现代化的若干意见》明确指出：“促进生态友好型农业发展。落实最严格的耕地保护制度、节约集约用地制度，强化监督激励约束。分区域规模化推进高效节水灌溉行动。大力推进机械化深松整地和秸秆还田等综合利用，加快实施土壤有机质提升补贴项目，支持开展病虫害绿色防控和病死畜禽无害化处理。加大农业面源污染防治力度，支持高效肥和低残留农药使用、规模化养殖场畜禽粪便资源化利用、新型农业经营主体使用有机肥、推广高标准农膜和残膜回收等试点。”[64]为此，按照依法、自愿、有偿的原则促进农民土地承包经营权流转，形成集中成片规范化生产和合理经营规模，推动耕地集约利用。加强耕地质量管理和建设发展保护性耕作。依法治水管水促进水资源合理利用。加快大中型灌区节水设施建设，大力推广节水技术和设备，逐步建立节水型栽培模式和灌溉制度。引导农民科学施肥，大力推广测土配方施肥

技术，坚持有机肥与化肥合理匹配，搞好有机肥综合利用与无害化处理。加快高效、低毒、低残留农药新品种的研发与推广应用，回收农用塑料薄膜减轻农业面源污染。大力实施资源循环利用，逐步形成资源—产品—再生资源的循环流动，最大限度地减少对农业资源的消耗和对生态环境的污染。根据不同类型的农业生态问题有针对性地制定预防和治理的政策和方案。增强全社会农业资源节约、环境保护的能力。改善农业生产条件，提高农业资源利用率[66]。

参考文献

[1] 严文明. 农业发生与文明起源. 北京：科学出版社，2000.

[2] 冯开文，李军，等. 中国农业经济史. 北京：中国农业大学出版社，2008，12.

[3] 张宝文. 现代农业：一项重大而紧迫的历史任务. 农业经济导刊，2007（2）.

[4] 张秉福，叶海芹. 绿色农业发展中的误区与对策. 中外企业家，2005（4）.

[5] 闵九康，等. 低碳农业——全球环境安全和人类健康必由之路. 北京：中国农业科学技术出版社，2011，1.

[6] 新能源与低碳行动课题组. 低碳经济与农业发展思考. 北京：中国时代经济出版，2011，1-3.

[7] 宋洪远. 循环农业——农业发展新模式. 农民日报，2010-02-20.

[8] 郭铁民，等. 福建发展循环农业的战略规划思想和对策. 福建论坛：人文社会科学教育版，2004（4）.

[9] 翁伯琦. 发展循环农业大有可为. 福建日报，2010-02-18.

[10] 崔军. 循环经济理论指导下的现代农业规划理论探讨与案例分析. 农业工程学报，2011（11）.

[11] [德]konrad Martin Joachim Sauerbom. 农业生态学. 马世铭，封克，译. 北京：高等教育出版社，2011，1.

[12] 余韬. 生态经济的相关理论及实践. 剑南文学（经典教苑），2012（5）.

[13] 刘思华. 绿色经济论. 北京：中国财政经济出版社，2001，333，3.

[14] 辜胜阻，石璐珊. 让绿色经济成为稳增长与调结构的引擎. 中国经济时报，2012-10-11（5）.

[15] 张兵生. 探索绿色经济学. 建设绿色新上党. 长治日报，2004-03-11.

[16] Department of Trade and Industry. Our energy future creating a low carbon economy[R]. ENERGY WHITE PAPER，2003.

[17] Nicholas Stern. Stern Review on the economics of climate change[M]. Cambridge University Press，Cambridge，UK，2006.

[18] 张坤民. 低碳世界中的中国：地位、挑战与战略[J]. 中国人口·资源与环境，2008（3）：1-7.

[19] 付允. 低碳经济的发展模式研究[J]. 中国人口·资源与环境，2008（3）：14-19.

[20] 丁丁，周囧．我国低碳经济发展模式的实现途径和政策建议．环境保护和循环经济，2008（3）：3-5.

[21] 王文军．低碳经济发展的技术经济范式与路径思考[J]．云南社会科学，2009（4）：114-117.

[22] 任奔，凌芳．国际低碳经济发展经验与启示[J]．上海节能，2009（4）：10-14.

[23] 刘传江，冯碧梅．低碳经济对武汉城市圈建设“两型社会”的启示[J]．中国人口·资源与环境，2009，19（5）：16-21.

[24] Kaya Yoichi. Impact of Carbon Dioxide Emission on GNP Growth：Interpretation of Proposed Scenarios[R]. Presentation to the Energy and Industry Subgroup，Response Strategies Working Group，IPCC，Paris，1989.

[25] 中国科学院可持续发展战略研究组．2005 中国可持续发展战略报告．北京：科学出版社 2005，110，349-351.

[26] 孙洪波．大力发展循环经济．光明日报，2004-08-18.

[27] 梁吉义．区域经济通论．北京：科学出版社，2009.

[28] 冷志杰，等．发展农业循环经济的机制与对策研究．北京：科学出版社，2012，2.

[29] 梁吉义．区域经济与可持续发展．太原：山西经济出版社，2002.

[30] 梁吉义．区域发展系统论文稿．太原：山西经济出版社，2012.

[31] 梁吉义．自然资源总论．太原：山西经济出版社，2011.

[32] 刘康婷．绿色农业经济发展的支撑条件分析．现代商贸工业，2008（12）.

[33] 吴殿廷，等．区域经济学．北京：科学出版社，2003，153.

[34] 崔功豪，等．区域分析与规划．北京：高等教育出版社，2002，153.

[35] 梁吉义，等．区域发展规划实证．太原：山西人民出版社，2004.

[36] 刘选武．颍上县培育多种循环型生态农业模式．安徽日报农村版，2007-10-21.

[37] 顾骅珊．农业废弃物循环再利用模式探讨．嘉兴学院学报，2009（1）：47-51.

[38] 马天胜，李兴如．农家庭院生态种植与养殖法．养殖技术顾问，2008（5）.

[39] 彭方平，等．庭院三位一体高效生态农业模式及效益探讨．农业环境与发展，2008（5）：64-66.

[40] 王丹青，李澍奇，罗尧．农业循环经济的建设经验和发展对策——以遂溪县马六良村为例财经界（学术版），2010（5）.

[41] 孔令亚．科普教育基地模式创新与探索．陕西农业科学，2008（5）.

[42] 尹成杰．积极发展农业产业化经营．求是，1998（21）.

[43] 吴晓华. 农业产业化经营的问题与出路. 人民日报，1997-12-26.

[44] 严立冬，邓远建，李胜强，杜巍. 绿色农业产业化经营论. 北京：人民出版社，2009，88.

[45] 王珑. 农业产业化问题研究概览. 人民日报，1998-02-28.

[46] 屠友金. 推进农业产业化. 掀起农村产业革命. 农业科技管理，1998（5）.

[47] 白玉良. 农业产业化经营中的三要素：规模、技术、效益. 农业科技管理，1998（6）.

[48] 黄连贵. 推进农业产业化经营体制机制创新. 农村经济管理，2009（3）.

[49] 杨庆才. 强化农业产业化经营机制. 人民日报，2009-09-17（20）.

[50] 曹志平，乔玉辉，等. 有机农业. 北京：化学工业出版社，2012，10.

[51] 席晓东，杨柳. 我国绿色食品发展存在的问题与对策. 吉林工商学院学报，2009（9）.

[52] 王南，汪学才，等. 农产品质量安全标准化体系建设内涵浅析. 上海农业科技，2011（2）.

[53] 张光辉，李大胜. 我国农业标准化建设中存在问题及对策. 经济纵横，2009（4）.

[54] 李淑文，赵晓英. 借鉴国外先进模式完善我国农产品质量安全政府监管体系. 湖南农业科学，2010（15）.

[55] 张振中. 建立榆林地区生态农业评价指标体系原则与方法探讨. 榆林高等专科学校学报，2000（1）.

[56] 梁吉义. 区域经济现代管理发展过程与要素系统分析. 系统科学学报，2008（2）.

[57] 梁吉义. 县域经济发展整体论. 系统辩证学学报，2000（1）.

[58] 农业部. 关于发展无公害农产品绿色食品有机农产品的意见. 中华人民共和国农业部公报，2005（9）.

[59] 梁志超. 国外绿色食品发展的历程、现状及趋势. 世界农业，2001（1）.

[60] 唐展其. 美国有机农业的发展和启示. 广西农业科学，2004（6）.

[61] 肖体琼，吴崇友，张文毅，等. 国内外生态农业的差异对比研究，安徽农业科学，2007（14）.

[62] 任爱华. 国外生态农业发展的比较借鉴. 农村农业农民，2004（12）：26-27.

[63] 詹玲，蒋和平，冯献. 国外休闲农业的发展概况和经验启示. 世界农业，2009（10）.

[64] 秦守勤. 简述国外发展生态农业的经验. 光明日报，2008-09-19.

[65] 中共中央、国务院印发《关于全面深化农村改革加快推进农业现代化的若干意见》. 山西日报，2014-01-20.

[66] 周文海. 处理好农业资源开发与生态环境保护的关系. 人民日报，2009-09-29.

后　记

掩卷沉思，回首《绿色低碳循环农业》的撰写过程及对其的认识，深感在当今世界发展绿色低碳循环农业的重要性、必要性和紧迫性。民以食为天，农业是国民经济的基础。绿色低碳循环农业已成为全球现代农业发展的方向，成为全球农业可持续发展的必然，成为全人类健康发展的生活所需，成为全球绿色经济的重要组成部分或有机整体。经查询，目前国内已有绿色农业、低碳农业、循环农业 3 个方面研究发表的论文和出版的著作，以及列为研究的科研项目。这些论文、著作与课题研究基本上是绿色农业、低碳农业、循环农业以及生态农业进行单方面研究发表的论文和出版的著作，但把绿色、低碳、循环三者融为一体，形成绿色低碳循环农业进行研究，发表论文和出版著作尚未见到。因此，开展绿色低碳循环农业的研究，撰写一部《绿色低碳循环农业》著作，意义深远，十分重要与必要。

《绿色低碳循环农业》是国家“十二五”重点图书规划项目“绿色经济与绿色发展丛书”之一，是一部论述绿色低碳循环农业的研究成果。其中心思想是把绿色农业、低碳农业、循环农业三者融为一体，构建绿色低碳循环农业系统，研究探讨其理论依据、发展模式和途径、政策法规与对策，以推动这三者在中国的发展。根据上述中心思想，本著作的基本构思是：把绿色低碳循环农业作为一个系统，从绿色低碳循环农业的产生与发展入手，论述绿色低碳循环农业的概念或内涵，绿色低碳循环农业的理论基础和依据，绿色低碳循环农业发展战略与途径，绿色低碳循环农业发展模式与标准（评价指标体系）以及技术支撑与创新，绿色低碳循环农业产品的开发与质量安全，绿色低碳循环农业发展的管理与政策，绿色低碳循环农业发展的国外经验借鉴，绿色低碳循环农业发展的实践案例，试图使其成为一部具有自主创新和特色的农业新型著作。

《绿色低碳循环农业》的理论与实践创新是本书追求的灵魂、主要目标和重中之重。本书力图在以下几个方面有所创新和构成特色：①应用系统论把绿色农业、低碳农业、循环农业三者融为一体，形成绿色低碳循环农业系统，即绿色低碳循环农业有机整体。从系统整体出发研究探讨绿色低碳循环农业，起“它山之石，可以攻玉”之作用。②依据生态、绿色、低碳、循环等经济（农业）理论与可持续发展理论，寻求这些理论的结合点，将其融为一体，构建绿色低碳循环农业基本理论体系。③借鉴吸收国内外生态、绿色、低碳、循环等农业发展经验，创建有地域特色、简单易行、便于操作、农民适用的绿色低碳循环农业模式与“傻瓜”技术，开辟其新的发展途径，为中国绿色低碳循环农业发展提供新思路、新方法、新模式、新技术、新途径，真正促进中国农业发展绿色化、低碳化、循环化。④理论与实践有机结合，理论指导实践，实践提升理论，提供理论与实践结合的绿色低碳循环农业案例，通过案例分析让农民接受绿色低碳循环农业，自觉积极发展绿色低碳循环农业。⑤构建绿色低碳循环农业发展的评价指标体系，为地方政府在实践过程中指导、考核当地发展绿色低碳循环农业提供依据和标准。以上 5 点综合起来，就是研究应用系统论，绿色、低碳、循环三位一体新理论，利于实践建模式，案例分析供借鉴，指标体系作考核。

《绿色低碳循环农业》从投标、中标到收集资料、调查研究，到撰写书稿、修改定稿，历时三载得以完成。这是一个对绿色低碳循环农业认识不断提高与理论升华的过程，也是付出心血与汗水的过程。在这个过程中衷心感谢“绿色经济与绿色发展丛书”主编刘思华教授及“丛书”办专家为本书提出的宝贵意见，中南财大高红贵教授给予的信息沟通。衷心感谢山西财经大学梁枫、刘瑞莲两位博士对目录的翻译，山西农科院张定一、潘大丰、张志力、冀宪武、王呈祥五位研究员提供资料与信息给予的莫大帮助。衷心感谢中国环境出版社陈金华编审、宾银平编辑在本书出版中给予的大力支持。由于自己水平所限，书中还有许多没有考虑到的地方和不足，甚至是错误与缺憾，恳请专家学者不吝赐教。希望本书的出版能为绿色低碳循环农业发展起到抛砖引玉的作用，为绿色低碳循环农业发展尽一点微薄之力。愿绿色低碳循环农业在中国 960 万 km^2 的国土上绽放出灿烂之花，结出丰硕之果，造福人民。

最后，感怀著书，写小诗一首，略表寸心，以作纪念。

著农书

闭户著书忙岁月，文堆满案探农卷。
神凝贯注思要点，心静耕耘修字篇。
电脑当簿还作笔，百科疑释细深研。
三春汗水浇书稿，知惠禾农润绿田。

梁吉义
2014 年 1 月 28 日　于太原
2014 年 8 月 1 日修订